Provokationen der Technikgeschichte

Martina Heßler | Heike Weber (Hg.)

Provokationen der Technikgeschichte

Zum Reflexionszwang historischer Forschung

Ferdinand Schöningh

Bibliografische Information der Deutschen Nationalbibliothek

Die Deutsche Nationalbibliothek verzeichnet diese Publikation in der Deutschen Nationalbibliografie; detaillierte bibliografische Daten sind im Internet über http://dnb.d-nb.de abrufbar.

Internet: www.schoeningh.de

Einbandgestaltung: Evelyn Ziegler, München
Herstellung: Brill Deutschland GmbH, Paderborn

ISBN 978-3-506-79233-4 (paperback)
ISBN 978-3-657-79233-7 (e-book)

Inhaltsverzeichnis

Martina Heßler und Heike Weber

Provokationen der Technikgeschichte. Eine Einleitung

Mit „Unruhig bleiben" wurde Donna Haraways Essaysammlung *Staying with the Trouble. Making Kin in the Chthulucene* (2016) kürzlich ins Deutsche übersetzt. „Es ist unsere Aufgabe, Unruhe zu stiften", schreibt die amerikanische Biologin und Philosophin.[1] Denn das „Bewahren von Unruhe" sei, so ironisiert sie den üblichen Aufruf, Ruhe zu bewahren, „ein ernsthafter und produktiver Zugang".[2] Haraway plädiert für das Denken neuer Formen der Verwandtschaft zwischen verschiedenen Organismen und Lebewesen, für fortdauerndes Lernen und Neudenken, um angesichts der ökologischen Katastrophen im „Kapitalozän" weiterleben zu können.

Eine Aufforderung zur Unruhe, die ein neues Denken provoziert, könnte sich auch für andere Themen und Disziplinen als produktiv erweisen. Angesichts der anstehenden gesellschaftlichen, technologischen und ökologischen Herausforderung wäre gar zu fragen, ob ein solches „Bewahren von Unruhe" möglicherweise ein Erfordernis unserer Zeit ist.

Die Jahrzehnte des Übergangs vom 20. zum 21. Jahrhundert werden oft als eine Zeit der Transformation bezeichnet. Begriffe wie Digitalisierung, Künstliche Intelligenz, Globalisierung, Klimawandel, Migration, Terrorismus, Finanz- oder Demokratiekrise sind eine Auswahl von Schlagworten aus den aktuellen Debatten, welche die Zeiten der Unruhe markieren oder teils auch deren vermeintliche Auslöser zu benennen suchen. Umweltwissenschaftler/innen mahnen überschrittene „planetary boundaries"[3] an; beunruhigte Stimmen seitens der sozial- und politikwissenschaftlichen Analyse ließen sich hinzufügen.[4] Innerhalb der Geistes- und Sozialwissenschaften und in den

1 Haraway: Unruhig, S. 9.

2 Ebd., S. 13.

3 Rockström u. a., Feature; Will u. a.: Planetary.

4 So beschreibt John Urry kritische Tendenzen in Wirtschaft und Gemeinwesen: *Offshoring* höhle als weitgehend opakes Prinzip inzwischen in fast allen Bereichen, von Arbeit über Freizeit bis hin zu Energie oder Müll, das Prinzip des Gemeinwesens aus und definiere staatliche Autorität um. Saskia Sassen wiederum diagnostiziert innerhalb der Wirtschaft seit dem späten 20. Jahrhundert trotz gestiegenen Umweltwissens ein „enthemmtes Profitstreben" und eine „Gleichgültigkeit gegenüber der Umwelt". Vgl. Urry, Offshoring; Sassen, Ausgrenzungen, S. 252.

 | DOI:10.30965/9783657792337_002

Ingenieurwissenschaften ist vermehrt von *grand challenges* die Rede – ein Begriff, der in den 1990er Jahren virulent wurde, mittlerweile mehrdeutig verwendet wird und zum wissenschaftspolitischen Schlagwort des frühen 21. Jahrhunderts avanciert ist. Allgemein werden darunter globale und im Deutschen zumeist als „groß" angesprochene gesellschaftliche Herausforderungen wie die existentielle Sicherung von Gesundheit, Trinkwasserzugang oder Biodiversität, im Einzelnen aber auch je verschiedene Wissenschafts- und Technikfelder verhandelt, so etwa in der Forschungsagenda *Grand Challenges for Engineering* der amerikanischen *National Academy of Engineering* von 2007.[5] Wo die einen damit komplexe naturwissenschaftlich-technische Forschungsrichtungen zu begründen suchen, fordern die anderen eine verstärkte Berücksichtigung von sozialökologischen Nachhaltigkeitsaspekten.[6]

Die Herausforderungen der Zeit zeigen sich zudem in Debatten in Feuilletons, in einer kaum noch zu überblickenden Fülle von Populärliteratur zu Künstlicher Intelligenz, zur Digitalisierung oder zum Klimawandel oder gleichermaßen in Museen und Ausstellungen. Ausstellungen der letzten Jahre, beispielsweise im Haus der Kulturen der Welt in Berlin oder im Deutschen Museum in München, thematisierten weithin wahrgenommen das Konzept des Anthropozäns. Kunstaktionen, Museen und Ausstellungen rufen mit teils provokativen Stellungnahmen zu Debatten über Roboter, Mensch-Maschinen-Verhältnisse, digitale Welten oder die Macht der Algorithmen auf.[7]

5 Die Agenda fasste die in der Sicht der NAE wichtigsten Technikfelder des 21. Jahrhunderts zusammen; diese reichten von verbesserter medizinischer Versorgung oder dem Verhindern nuklearen Terrors bis hin zur Kernfusion oder dem Nachbau des menschlichen Gehirns. Die *grand challenges of engineering*-Debatte wird inzwischen von der NAE, der Royal Academy of Engineering (Großbritannien) und der Chinesische Akademie für Ingenieurwesen weitergetragen, vgl. Mote, Power S. 4-7; van der Vleuten u.a., Future, S. 163f.

6 So hat die EU im Rahmen von „Horizon 2020" sieben Felder (Gesundheit, Ernährung, Energie, Mobilität, Klima und Ressourcen, europäische Gesellschaften, Sicherheit) als *grand* bzw. *societal challenges* benannt, deren Erforschung gefördert werden soll; es soll ein transformativer Wandel durch eine Innovationsförderung erreicht werden, die auch soziale und ökologische Nachhaltigkeit berücksichtigt, vgl. https://ec.europa.eu/programmes/horizon2020/en/h2020-section/societal-challenges (acc. 16.08.2018); van der Vleuten u.a., Future, S. 166. Auch die UN hat sich 2015 auf 17 Nachhaltigkeitsziele („Sustainable Development Goals", SDG) geeinigt; in Deutschland wird die vom WBGU (Wissenschaftlicher Beirat der Bundesregierung Globale Umweltveränderungen) verfasste Forderung nach einer „Großen Transformation" debattiert.

7 Die digitale Gegenkultur war gleichfalls Thema eine Ausstellung im Haus der Kulturen der Welt. Weitere Ausstellungen zu Digitalisierung, Robotik und Künstlicher Intelligenz liefen im ZKM, Karlsruhe, (z.B. *Open Codes. Leben in digitalen Welten*) oder auf der Vienna Biennale 2017 (*Hello Robot*); eine Ausstellung zur Zukunft der digitalen Arbeitswelt wird am Museum der Arbeit in Hamburg 2018/2019 gezeigt – um nur einige Beispiele zu nennen.

Historiker/innen reagieren meist abwartend bis gelassen auf solche Proklamationen neuartiger Herausforderungen, auf die Diagnose krisenhafter, disruptiver Veränderungen oder auf die Ausrufung neuer Hypes, zumal soeben noch gehypte Techniken im längeren Blick oft schnell wieder aus dem beherrschenden Diskurs verschwinden.

Gleichwohl liefern aufgeregte Zeitdiagnosen der geistes- und kulturwissenschaftlichen wie auch der geschichtswissenschaftlichen Reflexion wichtige Impulse. Als Diagnose verwendet, verweisen die gegenwärtigen Reden von *grand challenges*, von Herausforderungen oder von der Rückkehr großer Fragen auf die Unruhe der Zeit und somit auf die Dringlichkeit und Unausweichlichkeit, aber auch die potentielle Lösbarkeit von globalen Problemkonstellationen am Schnittbereich von Gesellschaft, Technik und Umwelt – und in diesem Sinne werden wir im Folgenden von Herausforderungen sprechen: Sie provozieren neues Denken.

So wurden in letzter Zeit neue Fragestellungen und Konzepte formuliert und in neuartigen, fachübergreifenden Kooperationen innovative Querschnittsfelder wie z.B. *mobility studies, digital humanities* oder *environmental humanities* entwickelt. Resilienz oder Kritikalität als Konzepte oder auch Haraways eingangs genanntes Buch zum *Chthuluzän* sind Produkte aufmerksamer und besorgter Reflexionen der Gegenwart.

Angesichts der jüngeren Debatten zu Herausforderungen und Veränderungen durch, mit und über Technik ist unseres Erachtens insbesondere auch das historische Forschen zu Technik unter Reflexionszwang geraten. Der vorliegende Band müsste allerdings scheitern, wollte er die umrissenen Probleme, Prozesse und Herausforderungen sämtlich thematisieren. Er fokussiert daher auf die Rolle und Bedeutung von Technik in den gegenwärtigen Problemlagen und widmet sich dabei exemplarisch sechs Herausforderungen bzw. Fragen, die zudem eine kritische Standortbestimmung der Technikgeschichte als Disziplin anregen sollen.

1. Ziel des Bandes

Ziel des vorliegenden Buches ist es mithin, sich von gegenwärtigen Herausforderungen in Unruhe versetzen zu lassen und diese Unruhe als produktive Kraft zu nutzen, um neue technikhistorische Forschungen zu provozieren. Gemeint ist also eine konstruktive Provokation, die dazu einlädt, festgetretene Pfade anders zu begehen, etablierte Perspektiven umzukehren oder neu zu justieren und neue Konzepte zu entwickeln. Der doppelte Genetiv des Titels *Provokationen der Technikgeschichte* ist dabei Programm. Denn einerseits wird das Fach Technikgeschichte provoziert: Es muss sich fragen, ob die bestehenden Methoden, Ansätze und interdisziplinären Kooperationen für derzeitige und zukünftige Forschungen noch ausreichen. Welche weiteren Themenfelder wären erstmals oder anders anzugehen, vor allem auch im Anschluss und in Kooperation mit weiteren Disziplinen wie z.B. der Medien- und der Kulturwissenschaft oder den *Gender Studies*? Andererseits bedeuten derart neujustierte Perspektiven und neu gelegte Pfade auch eine Provokation für andere: für Wissenschaftler/innen anderer Disziplinen, für die sogenannte „allgemeine" Geschichte und nicht zuletzt für populäre Bilder und Vorstellungen von Technik.

Technische Entwicklungen waren häufig Antworten auf definierte Probleme; sie haben aber stets auch neue Fragen und Probleme generiert, die dann wiederum nach neuen Antworten und Konzepten verlangten. Dies ist auch heute der Fall, denn Technik ermöglicht z.B. Globalisierung oder Ressourcenextraktion. Sie wird aber ebenso als möglicher Lösungsansatz für Probleme, die aus der Globalisierung oder durch Umweltkonflikte entstehen, betrachtet. Technikgeschichte sollte mithin, so das Plädoyer dieses Bandes, am Diskurs über die Herausforderungen der Zeit partizipieren und sich mit ihren Erkenntnissen und Einschätzungen einmischen. Technikgeschichte verstünde sich demnach als *Reflexionsmodus der Herausforderungen und Fragen unserer Zeit.*

In diesem Sinne folgt der Band einer gegenwartsorientierten Geschichtsschreibung, wie sie derzeit auch in der Zeitgeschichte betrieben wird.[8] Deren Ziel ist es, „Problemlagen [zu] erklären, die unsere Gegenwart kennzeichnen"[9], diese historisch einzuordnen und damit zu deren tieferem Verständnis beizutragen. Gegenwartsorientierte Geschichtsschreibung ist zudem von Bedeutung, um der derzeitigen Geschichtsvergessenheit argumentativ etwas entgegenzusetzen. Gerade für die Technikgeschichte wurde dieser Anspruch bereits verschiedentlich formuliert. Mikael Hård und Andrew Jamison schrieben dem Fach gar die Aufgabe eines „cultural assessment" zu.[10] Das von Technikhistoriker/innen getragene, europäische Netzwerk *Tensions of Europe* wiederum steckt derzeit unter dem Titel *Technology and Societal Challenges* Forschungsfelder ab, die eine technikhistorische Reflexion in die von der EU formulierten *societal challenges* einbringen sollen.[11] Eine gegenwartsorientierte Technikgeschichtsschreibung wird dabei darauf zu achten haben, nicht als

8 Vgl. beispielsweise: Reitmayer/Schlemmer (Hg.), Anfänge; Doering-Manteuffel/Raphael (Hg.), Vorgeschichte.

9 Süß/Süß: Zeitgeschichte, S. 346.

10 Hård/Jamison, Hubris, S. 293.

11 Vgl. die Homepage des Netzwerks: https://www.tensionsofeurope.eu/second-flagship-program-technology-societal-challenges/ (acc. 16.08.2018). Zu den *societal challenges* vgl. Fußnote 6.

Anwendungswissenschaft zu fungieren; sie muss sich vielmehr als Reflexionswissenschaft verstehen, die hinterfragt, einordnet und kritisch kommentiert.

In diesem Band haben wir sechs Beiträge versammelt. Sie greifen zum einen exemplarisch einige der zentralen gegenwärtigen Herausforderungen auf, welche die Technikgeschichte in besonderer Weise unter Reflexionszwang setzen: nämlich die Prozesse von Globalisierung und Digitalisierung sowie das Konzept des Anthropozäns. Zum anderen reflektieren drei weitere Beiträge die technikhistorischen Kategorien Mensch, Zeit und Objekt und schlagen Neujustierungen bisheriger technikhistorischer Perspektiven vor. Es wird nach „dem Menschen" in einer technisierten *conditio humana* gefragt und die prekäre Rolle von Zeit und dem Alten im sich angeblich stetig beschleunigenden technischen Wandel untersucht; weiter wird in den Blick genommen, wie eine objektgesättigte Gesellschaft mit ihrer überlieferten und bestehenden Materialkultur und deren systematischer Bewahrung, Sammlung und Erforschung umgehen soll.

2. Große Herausforderungen als Provokationen des Fachs

Es sind einerseits Techniken selbst, die als gesellschaftliche Herausforderungen empfunden werden. Beispielhaft dafür stehen in unserem Band der Computer und die Digitalisierung. Die Digitalisierung dürfe nicht verpasst werden, heißt es heutzutage allenthalben. Wie derzeit kein zweiter Begriff wird sie mit Transformation, Disruption und Neuheit assoziiert. Die Arbeitswelt, der Haushalt, das Private unterliegen massiven Veränderungen. Digitalisierung ging mit dem Versprechen einer neuen Transparenz und Egalität einher. Zugleich entstanden damit neue Problemfelder wie *fake news, shitstorms*, intransparente Algorithmen, neue Dimensionen der Überwachung und Kontrolle oder die marktbeherrschende Stellung der GAFA (Google, Apple, Facebook, Amazon). Digitalisierung muss daher auch bewältigt und gestaltet werden. So wird es im derzeitigen Diskurs vielfach betont. Die Geschichte der Computerisierung ist als Forschungsfeld der Technikgeschichte inzwischen etabliert. Neue Herausforderungen entstehen jedoch gerade durch die *Digitalisierung*, die historisch zu reflektieren ist. Beispielsweise wären Kontinuitäten zur Informatisierung und Computerisierung systematisch zu befragen und insbesondere technikdeterministische Redeweisen zu dekonstruieren. Hierzu bedarf es neuer Perspektiven.

Andererseits sind Techniken eng mit als Herausforderung wahrgenommenen Entwicklungen verflochten, etwa der Globalisierung und dem Anthropozän. Globalisierungsprozesse wurden von Technik mit vorangetriebenen. Sie gelten mindestens seit dem letzten Drittel des 20. Jahrhunderts als gesellschaftliche Herausforderung. Es ist daher kein Zufall, dass die Geschichte der Globalisierung und die Globalgeschichte inzwischen dynamische und vielfältig bearbeitete Forschungsfelder darstellen. Allerdings wissen wir gleichzeitig noch viel zu wenig zu den Globalgeschichten von Technik, etwa zu Fragen von Macht, Transfer und Abhängigkeiten, lokalen soziotechnischen Spezifika und zu nicht-technischen Alternativen im Zuge der globalen Ausbreitung von Technik, so dass hier weitere Forschung wichtig sein wird.

Ohne die globalen Technisierungsprozesse wäre auch das sogenannte Anthropozän undenkbar. Die Umweltkrise verstärkte sich seit den 1970er Jahren und wurde dann zunehmend als global wahrgenommen. Die Frage, ob, seit wann und welche Spuren Menschen auf der Erde als unserem übergeordneten Umweltreferenzsystem hinterlassen haben und ob sie derart gewichtig sind, dass ein neues Erdzeitalter, das Anthropozän, auszurufen ist, verweist auf eine weitere fundamentale Unruhe der Gegenwart. Sie ruft Technik- wie Umwelthistoriker/innen unmittelbar dazu auf, die Geschichte von Technik aus einer neuen Warte heraus zu befragen.

Auf den skizzierten Feldern sind Technikhistoriker/innen mithin aktuell wie künftig herausgefordert, mitzuforschen und mitzudiskutieren. Zugleich rücken mit den derzeit diskutierten Herausforderungen aber auch altbekannte „große Fragen" wieder auf die Agenda, so etwa die nach Kontinuität und Wandel, nach der Rolle der Menschen, ihrer Verantwortung gegenüber Gesellschaft und Erde, ihrem Verhältnis zu Umwelt, aber auch zu Dingen, zur Materialkultur. Der Band präsentiert daher neben den Beiträgen zu Digitalisierung, Globalisierung und Anthropozän drei weitere Artikel, die für zentrale Untersuchungskategorien der Technikgeschichte – Mensch, Zeit und technische Objekte – Neujustierungen der bisherigen technikhistorischen Perspektiven vornehmen.

So wird das Konzept einer Historischen Technikanthropologie präsentiert, um die Rolle, Positionierung und Bedeutung der Menschen in einer technischen Kultur zu untersuchen. Im Zentrum steht die Frage nach dem Wandel des Menschseins in einer technisierten *conditio humana*. Aktuell provozieren insbesondere jüngste Entwicklungen im Kontext der Digitalisierung und der Künstlichen Intelligenz-Forschung, die Frage nach den in neuem Maße technisierten Menschen und nach technisierten Lebenswelten neu zu stellen.

Zeit wiederum ist in der Technikgeschichte bisher primär eine Kategorie, an welcher der technische Wandel als Auftauchen des Neuen gemessen wurde. Temporale Dimensionen der Technik wie z.B. das wirkmächtige Beharren alter Technik oder Nachnutzen, Ausrangieren oder Verfall von Technik sind demgegenüber in das Hintertreffen historischer Forschung geraten. Die historische Analyse derartiger Zeitbezüge von Technik bildet nicht nur ein Korrektiv zu den bestehenden Narrativen. Sie wäre auch deswegen vonnöten, um der Fixiertheit der Gegenwartsgesellschaften auf das Neue, ihrer Begeisterung für stete Innovation und ihrer Hoffnung auf schnelle Technikwenden historische Beispiele der langen Wirkmächtigkeit von Technik entgegen zu setzen.

Schließlich wird nach dem Potential und den Herausforderungen technischer Objekte für das technikhistorische Forschen gefragt. Mit Blick auf die Digitalisierung und virtuelle Welten wurde in den 1990er Jahren in einer Art digitalen Überschwangs vom Verschwinden der Dinge geredet. Jedoch leben wir nach wie vor in einer materiellen Welt, in der die Anzahl der Dinge weiterhin wächst. Zum einen stellen die steigenden Objektmengen für Technikmuseen eine Herausforderung dar; zum anderen gilt es aber auch, diejenigen, die sich historisch forschend mit der technisierten Welt befassen, zu provozieren, selbstverständlicher die Objekte selbst in den Blick zu nehmen und sich in neuer Weise mit Objekten, deren Sammlungen und Sammlungsstrategien auseinanderzusetzen.

3. Technikgeschichte als Provokation populärer Vorstellungen

Technikgeschichtsschreibung stellt in vielfacher Hinsicht eine Provokation für populäre Bilder und Vorstellungen von Technik und Fortschritt dar. Sie hinterfragt das populäre Denken, Wünschen und Hoffen zu Technik und zum technischen Wandel auf mehrfache Weise. So zeigt Technikgeschichte die Pluralität und Verschlungenheit technischer Entwicklungen auf. Globale Technikgeschichten, die sich längst vom tendenziellen Eurozentrismus der älteren Globalisierungsgeschichte verabschiedet haben, entlarven „Meisternarrative" einer westlich gedachten Technisierung. Auch der Kurzschluss von Technik und Fortschritt gehört aus technikhistorischer Perspektive zu den längst überkommenen Denkmustern.

Welche Provokationen technikhistorische Studien hier parat halten, mögen zwei Beispiele illustrieren, nämlich die Idee des *technological fix* sowie jene eines *linearen technischen Fortschritts*. Beide halten sich hartnäckig im Bild der Öffentlichkeit. Sie sind aber auch Teil der Innovationsrhetorik von Industrie und Wirtschaft sowie der Forschungspolitik.

Der vor allem im angelsächsischen Sprachraum gebräuchliche Begriff des *technological fix* bezeichnet die technikgläubige Vorstellung, gesellschaftliche, politische, ökonomische und ökologische Probleme ließen sich technisch lösen.[12] Auch in den derzeitigen *grand challenges*-Debatten wird Technik beispielsweise immer wieder als Lösung oder gar Allheilmittel der komplexen und längst nicht nur technischen Herausforderungen gehandelt: Geo-Engineering soll uns aus der Klimakrise herausführen, Gen-Editing per CRISPR/Cas9-Methode nicht nur genetische Krankheiten verbannen, sondern über effizientere Pflanzen auch Nahrungsmittel und Energieressourcen erzeugen.

Im technikhistorischen Blick zerfallen vergangene Hoffnungen, einen *technological fix* gefunden zu haben, allerdings vielfach zu gescheiterten Hoffnungen. Statt einfacher Techniklösungen herrschen komplexe Aushandlungsprozesse zwischen verschiedenen Akteuren aus Politik, Industrie und Gesellschaft und ihren Interessen vor. Die jeweils neuen Techniken generierten über die Zeit hinweg und in der wechselseitigen Formung von Technik und Gesellschaft andere als die erhofften Resultate sowie mitunter neue, unvorhergesehene Problemlagen. Galt beispielsweise die Digitalisierung zunächst als Weg in eine künftige Dematerialisierung, so belehren uns Problemfelder wie toxischer Elektronikschrott, Altlasten der Halbleiter-Produktion oder energiehungrige Server-Anlagen längst eines Besseren.[13]

In gleicher Weise lässt sich das Bild einer linearen Technikentwicklung hin zu überlegenerer Technik historisch dekonstruieren. Es ist allerdings in populären Bildern zu Technik ebenso gegenwärtig wie in der Rhetorik der Innovationspolitik. Schlagworte wie „Industrie 4.0" suggerieren eine reibungslose, sich Stufe für Stufe vollziehende technische Weiterentwicklung. *Moore's law*, das die exponentielle Zunahme der technischen Integration von Mikrochips in den vergangenen Dekaden beschreibt, wird als technikdeterministisches Gesetz gehandelt, welches die Innovationsbeschleunigung im Feld von Kommunikations- und Informationselektronik unausweichlich gemacht habe und mache; entsprechend ist es zum Paradigma von Forschungspolitik und Marketing geworden. Diese scheinbar gesetzmäßige Entwicklung basiert allerdings nicht nur auf der Technik der Integrierten Schaltungen, sondern ebenso auf sozioökonomischen Faktoren wie dem Generieren und Erhalten von Massenkonsum-Märkten für digitale Geräte.[14] Ohne die User, die massenhaft

---

12 Zu seiner Prägung durch den Atomphysiker Alvin Weinberg und seiner Karriere in der amerikanischen Wissenschaftspolitik der Nachkriegszeit vgl. Johnston, Parables sowie Rosner, Fix.

13 Dass diese aber selbst den meisten *digital natives* nicht bewusst sind, berichtet Ensmenger, der seine Studierenden mit Informationen zum Wasser- und Energieverbrauch von Servern genauso überraschte wie mit Hinweisen auf die vielen mit Altlasten belasteten Flächen des Silicon Valley. Vgl. Ensmenger, Computation.

14 Mody, Moore's Law.

zum Handy oder Tablet griffen und diese schnell austauschen, wäre das Gesetz nicht zustande gekommen.

Zudem werden jenseits der technikhistorischen Forschung technische Entwicklungen meist dichotom interpretiert. Technik erscheint entweder als Heil bringend oder als Unheil stiftend, während die Komplexität ihrer Genese und der weiteren Entwicklung ausgeblendet wird. Nicht einmal das erste von Kranzbergs sechs Gesetzen (*Kranzberg's Laws*), dessen 60jähriges Bestehen die *Society for the History of Technology* 2018 beging, hat es zu weiter Rezeption gebracht:[15] dass Technik per se nämlich weder gut noch böse und keinesfalls neutral ist.

Die Dichotomie von guter und böser Technik findet sich allenthalben in populären Narrativen. Wo Technik auf der einen Seite Lösungen für die Klimakrise oder Hunger verspricht, gilt sie auf der anderen Seite als deren Verursacher. Gilt sie auf der einen Seite als Befreiung, Assistenz und Garant von Wohlstand, droht sie die Menschen auf der einen Seite zu überrollen, weil sie Arbeitsplätze vernichtet, die Dinge schon bald im Internet untereinander reden und wir nolens volens im Smart Home wie auch im autonomen Fahrzeug unsere bisherige Autonomie zunehmend abgeben. „Die Evolution unserer Technologien hat längst die unserer Gesellschaften überholt", konstatiert beispielsweise der Historiker und Bestseller-Autor Philipp Blom in seiner Gegenwartsanalyse, die von der Krise der Demokratie bis zum Klimawandel reicht.[16] Der öffentliche Diskurs zur Digitalisierung der Arbeitswelt ist dominiert von wenigen, immer wieder zitierten Publikationen, die vor allem die Ersetzung der Menschen durch Maschinen oder ihre Unterlegenheit gegenüber Künstlicher Intelligenz beschwören. Die häufige Rede von der „Evolution" der Technik suggeriert dabei einen naturwüchsigen Prozess. Angesichts derart reduktionistischer Technikvorstellungen, die noch dazu Prognosen zur Technikentwicklung der Zukunft behaupten, wird überdeutlich, dass technikhistorisches Wissen in der Gesellschaft notwendiger als je zuvor ist.

Aufgabe der Technikgeschichte bleibt es mithin, ihr Wissen zur Komplexität des technischen Wandels stärker über die Grenzen der Disziplin hinweg und an die Öffentlichkeit zu tragen.[17] Dies gilt umso mehr in einer Zeit, die von Unruhe geprägt ist und daher umso mehr versucht, die Zukunft zu gestalten. Technikgeschichte/n öffnen nicht nur den Blick für Pfadabhängigkeiten, für die Bedeutung der *longue durée*, sondern auch dafür, dass Technik in der Vergangenheit anders war als heute und die Zukunft der Technik mithin anders

---

15 Zu allen sechs Gesetzen vgl. Kranzberg, Technology.

16 Blom, Spiel, S. 177.

17 So auch Heymann, Konsolidierung.

werden wird als die heutige und anders, als es unsere Vorhersagen antizipieren. Denn Geschichte ist kontingent und die kommenden Entwicklungswege von Technik werden sich nicht mit den vergangenen decken. Insofern wären in einer unruhigen Zeit gerade auch dort technikhistorische Stellungnahmen gefordert, wo historische Parallelen bemüht werden, etwa wenn der kommende Datenaustausch im Modell der Elektrizität gedacht wird, Daten als das Öl des 21. Jahrhunderts gelten oder in beruhigender Absicht formuliert wird, bislang seien mit jedem Technologieschub mehr Arbeitsplätze entstanden als verloren gegangen.

Um in diesen selbstberuhigenden Diagnosen Unruhe zu stiften, muss die Technikgeschichte sich als eine gegenwartsorientierte Geschichtsschreibung den gesellschaftlichen Herausforderungen stellen, ihre bisherigen Fragen verschieben, ihre Perspektiven umkehren und neue Pfade suchen. Sie muss sich provozieren lassen und dabei ihrerseits provozieren. Zu klären ist allerdings zunächst, wo die Disziplin derzeit steht.

4. Rückblick: Zum Stand des Fachs

Die Technikgeschichte ist inzwischen ein international etabliertes Fach.[18] Es ist selbstverständlicher Teil der Geschichtswissenschaft und hat zugleich eine Nähe zu den *Science and Technology Studies* und im deutschsprachigen Bereich zur sozial- und zur kulturwissenschaftlichen Technikforschung. Längst forschen Technikhistoriker/innen im interdisziplinären Austausch, sei es, dass techniksoziologische Konzepte aufgegriffen werden, dass ethnologische Studien für das historische Befragen des Technikumgangs genutzt werden oder gemeinsam mit Ingenieurwissenschaften Fragen der vergangenen Technikgestaltung behandelt werden.

Die Disziplin verfügt dabei über eine Vielfalt von eigenen Ansätzen und Konzepten wie *Social Construction of Technology* (SCOT), *Large Technological Systems* (LTS) oder nutzerorientierte Ansätze, um nur einige zu nennen. Ihr steht mithin ein gut erprobter und weit ausgefächerter „Werkzeugkasten" zur Verfügung. Dieser wurde wesentlich in den 1980er und 1990er Jahren geschaffen und im letzten Jahrzehnt weiter ergänzt, etwa um die Akteur-Netzwerk-Theorie oder um spezifischere Perspektiven wie z.B. „soziotechnische Transitionen" oder „soziotechnische Imaginationen".[19]

---

18 Vgl. zum Stand des Faches den Literaturüberblick: Heymann, Konsolidierung.

19 Vgl. Sovacool/Hess, Theories.

Die Neukonzeptionierung des Faches war noch in den 1980er Jahren von der Debatte zwischen Sozialkonstruktivismus und Technikdeterminismus geprägt, also der Annahme der Gestaltbarkeit der Technik durch die Gesellschaft versus der Sicht, dass Technik ihren eigendynamischen Lauf nehme.[20] Das Konzept der sozialen Konstruktion von Technik glich damals einer Offenbarung, die das Fach über Jahrzehnte prägte.

In den 1990er Jahren dominierte, wie in der Geschichtswissenschaft, eine kulturgeschichtliche Perspektive, die Diskurse, Technikaneignungen und Techniknutzer/innen in das Zentrum des Fragens stellte. Demgegenüber wurden andere wichtige Perspektiven wie die wirtschafts- und sozialgeschichtliche an den Rand gedrängt. Neu hinzu kamen außerdem Ansätze der transnationalen Geschichte, die insbesondere im Kontext des *Tensions of Europe-* bzw. *Inventing Europe*-Netzwerks aufgegriffen wurden.[21] Anstatt Technikgeschichte im nationalstaatlichen Zuschnitt zu untersuchen, lag der Fokus auf der Bedeutung von Zirkulation, Austausch und Verflechtung für Technikentstehung und -verbreitung.

Dass die Technikgeschichte über ein etabliertes Instrumentarium zur Erforschung technischer Entwicklungen verfügt, hat aber offensichtlich zu einer gewissen Zufriedenheit geführt. Nach den hitzigen Debatten um den Technikdeterminismus vs. der *Social Construction of Technology* in den 1980er Jahren wurde die deutsche Technikgeschichtsschreibung noch einmal aufgerüttelt, als wenig später um die „Frage der Technik" gestritten wurde:[22] Sollten und mussten Technikhistoriker/innen über technische Sachkenntnisse verfügen oder gar über eine Ingenieursausbildung? Oder war es möglich eine Sozial- und Wirtschaftsgeschichte der Technik als „Allgemeinhistoriker/in" zu schreiben?

Seitdem fehlen derartige *Kontroversen*, in denen grundlegend über zukünftige Perspektiven, über Ansätze und Methoden, über blinde Flecken und wichtige Themen, über die Art und Weise, wie Technikgeschichte zu betreiben ist, debattiert wird. Auch Matthias Heymann resümierte 2013 in seinem Überblick über das Fach, dass „heute eine Vielzahl von methodischen Zugängen und Narrativen gefordert, entwickelt und erlaubt [sei], ohne vehemente Konflikte auszulösen."[23]

---

20 Vgl. MacKenzie/Wajcman: Essay.

21 Vgl. die homepage https://www.tensionsofeurope.eu (acc. 16.08.2018) sowie die sechs Bände der Reihe „Making Europe": Schot/Scranton, Europe.

22 Vgl. die Beiträge in: Blätter für Technikgeschichte, 57./58. Heft, 1995/1996.

23 Des Weiteren zitiert Heymann hier Wolfgang König, der 2009 monierte, dass es „ein gravierendes Defizit hinsichtlich der kritischen Diskussion konzeptioneller Ansätze" gäbe. Vgl. Heymann, Konsolidierung, S. 408 und König, Technikgeschichte, S. 52. Kürzlich dazu: Wengenroth, Ballast.

Gleichwohl gab und gibt es wichtige Impulse, Technikgeschichte anders zu schreiben. Dazu gehörten die an den Nutzer/innen orientierten Ansätze zweifellos genauso wie die Geschlechtergeschichte sowie neue Perspektiven aus der Globalgeschichte oder der Umweltgeschichte. Diskursgeschichtliche Ansätze wiederum waren anfangs umstritten,[24] bevor sie zu einer Selbstverständlichkeit im Fach wurden.

Derzeit wären zudem jüngere Bestrebungen zu diskutieren, so etwa Versuche, den *new materialism* auf technikhistorische Fragestellungen anzuwenden.[25] Und schließlich ist die Forderungen zu nennen, Technikgeschichte solle sich ähnlich der sozialwissenschaftlichen Innovationsforschung oder Technikfolgenabschätzung stärker in Politikberatung und -gestaltung sowie in Entscheidungsprozesse von Wirtschaft und Industrie einbringen[26] – eine Forderung, die zu Kontroversen führen sollte, denn sie läuft auf eine Ausrichtung der Fragestellungen und Perspektiven der Disziplin an aktuellen politischen und ökonomischen Erfordernissen und den möglichen Verlust reflektierender Distanz hinaus.

Der Band möchte dazu beitragen, solche Debatten zu führen und frischen Wind in die Technikgeschichte zu bringen. Im Folgenden werden die Beiträge des Bandes vorgestellt und ihre Themen und Thesen in die bisherige Technikgeschichtsschreibung eingeordnet. Des Weiteren benennen wir aus unserer Sicht weitere wichtige Fragen künftiger Forschung.

5. Die Beiträge des Bandes und ihre Provokationen

5.1 *Globalisierung und Globalgeschichten der Technik*

Als ein von Technik mit vorangetriebener Prozess ist Globalisierung bereits seit längerem ein von der Technikgeschichte untersuchtes Feld; hinzu kamen in letzter Zeit historische Untersuchungen zur Technikentwicklung in nicht-westlichen Ländern. Ute Hasenöhrl gibt in ihrem Aufsatz „Globalgeschichten der Technik“ zum einen einen Überblick über den Stand solcher

---

24 Vgl. beispielsweise die Rezensionen zu David Gugerlis Buch „Redeströme“. Stier selbst argumentiert differenziert, fasst aber die typischen Einwände gegen die Diskursgeschichte und das als Provokation empfundene Buch zusammen: Stier: Rezension.

25 Als Spielarten der Neuen Materialismen vgl. Bennett, Matter; LeCain, Matter; Barad, Agentieller Realismus. Studien im Bereich von Kultur-, Stadt- oder postkolonialer Geschichte bündelt Bennett/ Joyce, Material Power.

26 Vgl. z.B. Schot, Confronting; Mom u.a., Bus; Lundin, Making; siehe auch den Beitrag von Heike Weber in diesem Band. Den Anspruch, Ingenieur/innen „lessons from engineering history“ zu ermöglichen, verfolgt: van der Vleuten u.a., Future, hier S. 14.

Geschichten im Hinblick auf Technik und mahnt, „global“ als beschreibenden und „Globalisierung“ als Prozessbegriff disziplinierter als bisher auseinander zu halten. Ihr Beitrag verdeutlicht zum anderen, wie diese Studien gängige technikhistorische Ansätze und Annahmen unter Reflexionsdruck gesetzt haben: Die westlichen, großen „Meistererzählungen“ wurden im globalen Blick ebenso hinfällig wie die gängige Annahme einer allmählichen Technikausbreitung in einer Art *trickle-down*-Effekt von reicheren zu ärmeren Regionen oder Schichten. Technikhistorische Ansätze, die auf dem Modell der westlichen Technisierung erarbeitet worden waren, entpuppten sich als keinesfalls universalhistorisch. Sie wurden in dem Maße als ein Idealbild historisiert, das in einer spezifischen Zeit der westlichen Moderne wurzelte, wie das Wissen um divergierende Technisierungspfade andernorts stieg.

Damit hat Dipesh Chakrabartys Aufforderung von 2000, „Europa zu provinzialisieren“, für die Technikgeschichte inzwischen gefruchtet.[27] Hasenöhrl diskutiert die Infragestellung westlicher Narrative anhand der historischen Analyse von Infrastrukturen. Diese griff bisher wesentlich auf Konzepte wie LTS oder das der „vernetzten Stadt“ zurück. Technikgeschichten aus dem Globalen Süden haben demgegenüber andere Begriffe entwickelt und über die eigentliche Infrastruktur hinausgehende Gegenstandsbereiche betrachtet, wie Hasenöhrl zeigt: So wird von *creole technologies* gesprochen und *pirate infrastructures* sowie „informelle Ökonomien“ sind da zu untersuchen, wo sie Alternativen zu fehlenden, gescheiterten oder stillstehenden Infrastrukturen bilden. Ähnlich hat Brian Larkin kürzlich den Generator in Nigeria als parasitäres „Schattensystem“ beschrieben: Er befindet sich aufgrund billiger chinesischer Angebote inzwischen in fast allen städtischen Haushalten, operiert parallel zum formalen, aber ineffizienten und oft brach liegenden Energieversorgungsnetz und existiert damit letztlich aufgrund dessen Scheitern und Stilllegungen.[28]

Ein inzwischen vielfältig beschriebenes Beispiel für die Nichtausbildung bestimmter Infrastrukturen, unterschiedliche Technisierungswege und Zirkulation ist die Geschichte der Telefonie. Zahlreiche Länder Afrikas haben nur lückenhaft Netze für Festnetztelefonie ausgebildet, aber die Mobilfunk-Telefonie des späten 20. Jahrhunderts äußerst zügig adaptiert und dabei auch eigene Dienste wie M-Pesa als Möglichkeit der Überweisung von Geld ohne Bargeldtransfer oder Bankkonto entwickelt, die mit Verzögerung derzeit auch nach Europa transferiert werden. Inzwischen sind mehr Menschen an Mobilfunk angeschlossen denn an solche Infrastrukturen, die seit

27 Chakrabarty, Europe.
28 Larkin, Ambient.

dem 20. Jahrhundert als technische Grundversorgung gelten wie Kanalisation und Trinkwasserversorgung. Wir haben es also nicht mit linearen, zunehmenden Technisierungsprozessen und einseitigen Techniktransfers zu tun, sondern mit Brüchen, mit nicht-technischen Alternativen, eigenständigen Adaptionen, Zirkulationen, aber auch mit Scheitern, dem Weglassen oder Überspringen einzelner Technisierungsvarianten oder auch mit Verboten, etwa wenn in Saudi Arabien bis vor kurzem nur Männer Autos lenken durften und Kino für Jahrzehnte staatlich untersagt war.

Neben der Geschichte von Infrastrukturen identifiziert Hasenöhrl zwei weitere Bereiche, in denen Forschungen zur Globalgeschichte der Technik vielversprechend sein werden, nämlich die Beziehungsgeschichte sowie Mikrogeschichten der Technik, die auf Diskurse, Identitäten und Alltagspraktiken achten. Laut Hasenöhrl werden wir letztlich viele solcher Globalgeschichten der Technik benötigen. Statt „eine" Globalgeschichte der Technik schreiben zu wollen, schlägt sie das Bild eines von vielen Globalgeschichten der Technik erzeugten Flickenteppichs vor, das einzig den pluralen und heterogenen Erfahrungen mit Technik in der Vergangenheit gerecht werden kann.

Eine derartige Pluralität der Technisierungswege fordert künftig dazu auf, die technikhistorischen Werkzeuge auch nach ihrer Passung für die Geschichte der westlichen Technisierung zu befragen. Infrastrukturen beispielsweise sind auch in westlichen Ländern brüchig geworden. So diagnostizierte Dirk van Laak, das hiesige Konzept, Infrastrukturen als „Lebensadern" der Gesellschaft zu sehen, um „die zirkulativen Grundlagen unserer Gesellschaft stetig weiter auszubauen", habe seinen Höhepunkt überschritten. Die Ära des „modernen Infrastrukturideals", das einen universalen Zugang zu standardisierten Leistungen versprach, befinde sich seit den 1970er Jahren im Niedergang.[29] Das sind Trends, die Graham und Marvin aus stadtsoziologischer Sicht schon um 2000 als „splintering urbanism" beschrieben haben[30] und die bislang in die technikhistorische Theoriebildung nur spärlich Eingang gefunden haben.

Auch wäre eine „alte" Frage der Technikgeschichte wieder zu stellen, nämlich inwieweit Globalisierung zu einer potentiellen Homogenisierung von Technikgestaltung und Technikaneignung geführt habe. Sie wurde im späten 20. Jahrhundert mit dem Hinweis auf lokale Adaptionen globaler Designs beantwortet, etwa wenn der arabische McDonalds halal-Burger anbietet. Hyungsub Choi hat diese Frage kürzlich auf eine grundsätzlichere Ebene herunter gebrochen:[31] Anhand von Südkorea fragt er danach, inwieweit für den

29 Laak, Fluss, S. 14, Zitat S. 12.
30 Graham/Marvin, Splintering.
31 Choi, Construction.

Fall von weitgehend importierten Techniken überhaupt von einer sozialen Konstruktion von Technik gesprochen werden könne. Südkorea hat in der zweiten Hälfte des 20. Jahrhunderts während einer Phase der massiven Verwestlichung zahlreiche Techniken des Alltags von andernorts eingeführt, während nur wenige Nischendesigns wie der Kimchi-Kühlschrank genuin für den koreanischen Markt entwickelt wurden. Müsste die Technikgeschichte daher nicht wesentlich differenzierter von sozialer Konstruiertheit sprechen, wenn die koreanische Gesellschaft als solches keinerlei direkten Einfluss auf die andernorts stattfindende Technikentwicklung hatte?

Neben solchen kritischen Ausleuchtungen bestehender und der Formulierung neuer Konzepte besteht zudem das Desiderat, nicht nur auf regional unterschiedliche Technikkulturen zu schauen. Zu verfolgen wären nämlich ebenso die historische Herausbildung der heute gängigen globalen Produktionsketten und die damit einhergehenden Verschiebungen, Auslagerungen und veränderten Regeln und Paradigmen der Produktion.[32] Die klassische Produktionsgeschichte ist entlang des zentralisierten Industrieunternehmens der Moderne entstanden; Methoden und Ansätze für die historische Analyse von dezentraler, globaler Produktion und ihren Outsourcing-Prozessen fehlen jedoch noch und könnten von einer wieder zu befördernden Zusammenarbeit mit der Wirtschaftsgeschichte profitieren. So wissen wir derzeit mehr zu den globalen Produktionsketten von Baumwollstoffen und wie sie sich durch die regionalen Verschiebungen von Ressourcenanbau, Weiterverarbeitung und Endfertigung zwischen Indien, Großbritannien und der atlantischen Welt zwischen dem 17. und dem 19. Jahrhundert veränderten,[33] als über die globalisierte Produktion von Stoffen, Textilien oder auch Konsumelektronik und Computern seit dem späten 20. Jahrhundert.

5.2 *Umweltgeschichte und das Anthropozän*

Zu einem weiteren wichtigen Themenfeld hat sich die Frage von Umweltveränderungen durch Technik entwickelt. Technik- und Umweltgeschichte sind seit dem Entstehen der umwelthistorischen Forschung eng verbunden.[34] Die Herausforderung der Klimakrise und des Anthropozäns haben am Anfang des 21. Jahrhunderts über diese Subdisziplinen hinaus zu einer breiten Debatte

32 So konstatierte für den Bereich der jüngeren Konsumelektronik und Batterietechnik kürzlich Eisler, die Technikgeschichte habe noch keine Ansätze zur Analyse des globalen, ausgelagerten „postindustriellen" Produzierens, vgl. Eisler, Exploding.

33 Vgl. u.a. Riello/Parthasarathi, Spinning; Riello, Cotton.

34 Dies gilt insbesondere für die deutschsprachige Technik- und Umweltgeschichte. Zu den aktuellen Schnittfeldern der Subdisziplinen vgl. u.a. Jorgensen u. a., New Natures; Reuss/Cutcliffe (Hg.), Boundary; Trischler/Worster (Hg.), Manufacturing.

auch in der Geschichtswissenschaft geführt. So hat Dipesh Chakrabarty seiner Forderung, Europa zu provinzialisieren, 2009 eine Reflexion dazu folgen lassen, wie unterschiedlich das Denken von Naturwissenschaftlern/innen zu Klimawandel und Anthropozän und geschichtswissenschaftliches Denken sind: Gehen diese von einer universalistischen Geschichte einer kollektiv gedachten Menschheit aus und beschäftigen sich mit „deep history", so gehen Historiker/innen von der Pluralität historischer Erfahrung aus und untersuchen Zeiträume, für die eine prinzipielle Erfahrbarkeit gegeben ist.[35]

Die Felder der historischen Forschung am Schnittfeld von Technik und Umwelt sind inzwischen vielfältig und reichen weit über das einstige deklensionistische Narrativ der Umweltzerstörung durch Industrialisierungsprozesse oder die Idee von Technik als einer *second nature* hinaus, in der technische Systeme natürliche Entitäten in Waren des Konsums (wie Trinkwasser, Fleisch etc.) umwandeln und dann allmählich „naturalisiert" und als normal empfunden werden. Hatte das in den 1980er Jahren systemtheoretisch angelegte Verständnis von LTS noch „Umwelt" als einen vom System abgrenzbaren Umgebungsraum definiert und Fragen von Natur und Umwelt daher ausgeklammert,[36] so herrscht inzwischen die Sicht einer wechselseitigen Bestimmung von Technik und Umwelt vor. Sara Pritchard und andere haben den Begriff der „envirotechnical systems" geprägt; ähnlich sind hybride Konzepte wie etwa das einer „nature-culture" gelagert.[37] Derzeit sind vor allem drei Bereiche vielversprechend: erstens die Geschichte von Ressourcen und ihrer globalen Erschließung; zweitens die Ausweitung von *agency* auf nicht-menschliche Akteure – neben Technik sind dies inzwischen auch Tiere, Pflanzen oder im weitesten Sinne die Umwelt. Drittens ist die Debatte um das Anthropozän zu nennen, die in diesem Band exemplarisch für den Bereich von Umwelt und Technik steht.

Ob wir uns in einer neuen historischen Epoche, dem Anthropozän, befinden, fragten zunächst nicht Historiker/innen, sondern Vertreter/innen der Geowissenschaften, nachdem der Atmosphärenchemiker Paul Crutzen den Begriff um 2000 prägte, um auf die Rolle der Menschheit als geologischen Faktor aufmerksam zu machen. Auf dem 35. Internationalen Geologischen Kongress (2016) wurde beschlossen, nach dem *golden spike* zu suchen, also jenem Marker, der eine fundamentale Veränderung in den Sedimenten der Erde indiziert und indizieren wird. Das Anthropozän-Konzept wurde dann aber

35 Chakrabarty, Climate.

36 So konstatierte z.B. Zeller eine „historical omission of nature in infrastructures", vgl. Zeller, Aiming.

37 Vgl. u.a. Pritchard, Joining.

sehr schnell auch in den Geisteswissenschaften rezipiert, wie der Beitrag von Helmuth Trischler und Fabienne Will nachzeichnet.

Trischler und Will skizzieren im Beitrag „Die Provokation des Anthropozäns“ die Debatten, die auf unterschiedlichen Feldern geführt wurden und werden, und verdeutlichen die Provokationen, die dieses Konzept bedeutet: für die Geowissenschaften, für die Öffentlichkeit, für die Geistes- und Kulturwissenschaften und auch für die Technikgeschichte. Denn für die Einflussnahme der Menschen auf die Erde stellt Technik einen ganz entscheidenden Faktor dar. Technik ist aber nicht nur Mitverursacher der Spuren, die Menschen auf der Erde hinterlassen haben, wie Trischler und Will aufzeigen. Vielmehr gilt sie Verfechter/innen des sogenannten „guten Anthropozäns“ in der Tradition des *technological fix* auch als Patentrezept, um die menschengemachten Umweltprobleme zu lösen. Die immense Rolle von Technik für die Anthropozän-Debatte kulminiert in den von Trischler und Will ebenfalls diskutierten Ansätzen eines „Technozäns“ bzw. der „Technosphäre“.

Die Provokationen des Anthropozän-Konzepts für die Technikgeschichte sind mannigfach. Auf den ersten Blick schließt die Debatte zwar an eine klassische Frage der Technik- und der Umweltgeschichte an, nämlich derjenigen nach Zäsuren und Epochen. Die Technikgeschichte periodisiert oftmals nach den Techniken, welche die ökonomisch dominierenden Produktionsfelder prägten, und fragte dann beispielsweise für die Industrialisierung primär nach der Art der Technisierung bzw. Maschinisierung. Die Umweltgeschichte untersucht demgegenüber Materialeffizienzen, Umweltfolgen oder Emissionen und stellte bei ihren Epochisierungen den Wechsel von Energieregimes und kürzlich im *great acceleration*-Konzept auch den Stoffumsatz in den Vordergrund.[38] Die Anthropozän-Debatte radikalisiert die feiner gegliederten umwelt- und technikhistorischen Epochisierungen und übergeht auf der Suche nach der alles entscheidenden Zäsur, ab wann die Menschheit zum „Erdmitgestalter“ wurde, zudem klassische Einsichten und Ansätze dieser historischen Subdisziplinen. Trischler und Will weisen auf die Vernachlässigung von regional, gesellschaftlich oder kulturell differenzierten Perspektiven hin, wie sie in der Technikgeschichte anzutreffen sind, etwa wenn der Ko-Konstruktion von Technik und Gesellschaft über eine detaillierte Analyse der jeweiligen Diskurse, Akteursgruppen und Objekte sowie ihrer Netzwerke nachgegangen wird. Der *golden spike* hingegen, das machen die Autor/innen klar, wird letztlich metabolistisch definiert und stofflich zu diagnostizieren sein: Wo die einen auf die stratigrafische Signatur des atomaren Fallouts der Atombomben-Tests verweisen, suchen andere nach neuartigen technizistischen Indikatoren für den

38 Steffen u. a., Anthropocene; Engelke/McNeill, Mensch.

Wandel von Erd- und Sozialsystem wie z.B. die „technofossile Diversität" einer jeweiligen Zeit. Trischler und Will sehen in dieser an den Geowissenschaften ausgerichteten Epochisierung aber auch eine Chance, denn sie fordert die Geschichtswissenschaft zum Reflektieren ihrer Zeithorizonte sowie zu Kooperationen mit Disziplinen auf, zu denen es bisher kaum Bezugspunkte gab. Menschliche und geologische Zeiten treffen im Anthropozän-Konzept aufeinander; Historiker/innen müssen sich auch mit naturwissenschaftlichen Periodisierungen beschäftigen; insgesamt wird es notwendig sein, intensiver und auf neue Weise interdisziplinär zusammen zu arbeiten.

Die Technikgeschichte wird weiter auf diese Provokationen der Anthropozän-Debatte reagieren und Wege finden müssen, wie die dort bisweilen anzutreffenden unterkomplexen technikhistorischen Vorstellungen korrigiert und erweitert werden könnten. Bisher haben weder die pluralen Wege und Muster von Technisierung und Industrialisierung in der Anthropozän-Debatte, die von einer Menschheit bzw. der „Spezies" Mensch ausgeht, Aufnahme gefunden noch die diversen technik- und umwelthistorischen Analysen zu vergangenen sozialen und ökologischen Ungerechtigkeiten zwischen und innerhalb Gesellschaften. So weisen die oben erwähnten Globalgeschichten der Technik das Anthropozän-Konzept als eurozentrisch aus, denn der *golden spike* wird nicht „die" Menschheit widerspiegeln, sondern lediglich Spielarten der westlichen Technikmoderne.[39]

Weil die Industrialisierung zudem ohne die fundamentalen Umwandlungen des frühkapitalistischen Warenmarkts während des 16. und 17. Jahrhunderts nicht denkbar gewesen wäre, wählt beispielsweise Donna Haraway statt des Anthropozän-Begriffs jenen des „Kapitalozäns".[40] Wirtschafts-, umwelt- und technikhistorische Studien haben in detaillierten Mikrostudien auf die Rolle von Wissen für die Industrialisierung sowie auf die langzeitigen Prozesse hingewiesen, in denen tradierte Arbeitsformen von der Fabrik oder die Energieträger Holz und Wasser durch Kohle und Dampfmaschine abgelöst wurden. Demgegenüber firmieren in der Anthropozän-Debatte nun technizistisch definierte Daten als entscheidende Wendepunkte und die Watt'sche Dampfmaschine wird (wieder) als zentraler Treiber der Industrialisierung gehandelt.[41] Ähnlich verlieren einschneidende technikhistorische Veränderungen wie die Elektrifizierung oder die Digitalisierung im großen Narrativ des Anthropozäns an Relevanz. Was hat die Technikgeschichte dem entgegenzusetzen?

---

39 Ähnliche Kritikpunkte äußert Chakrabarty, Climate, S. 216.

40 Haraway, Unruhig, S. 71. Sie kritisiert am Anthropozän-Diskurs außerdem, er sei „nicht einfach nur falsch für Kopf und Herz; er laugt auch unsere Fähigkeit aus, uns andere Welten vorzustellen und für sie Sorge zu tragen" (S. 73), so kommende bessere Welten wie auch bereits heute bestehende, prekäre und schlechte Lebenswelten.

41 Vgl. z.B. Crutzen, Geology.

5.3 *Computerisierung, Digitalisierung und das Entwerfen von Computergeschichten*

David Gugerli und Daniela Zetti konstatieren in ihrem Aufsatz „Computergeschichte als Irritationsquelle" die lange währende Abwesenheit des Computers in der Technikgeschichte. Nur zögerlich wurde er in den späten 1970er Jahren und schließlich in den 1980er Jahren, parallel zur Verbreitung des Personal Computers, zum historischen Untersuchungsgegenstand. Ganz ähnlich lässt sich gegenwärtig beobachten, dass die aufgeregte Debatte über Digitalisierung zu einem Hype geführt hat: Die Zeitgeschichte hat das Thema entdeckt, Medienwissenschaften erforschen Computerwelten und lösen so im Verbund mit der Technikgeschichte fast schon eine Publikationsflut aus, die nun vorrangig mit dem Begriff der Digitalisierung operiert.

Gugerli und Zetti unterziehen in ihrem Beitrag die Geschichtsschreibung zum Computer einer Revision. Sie betonen, wie lange sie auf den Computer als Maschine fixiert blieb;[42] sie verfolgen die Irrungen und Wirrungen der sich etablierenden Computergeschichte seit den 1970er Jahren. Verpasste Chancen werden ebenso sichtbar wie ungenutzte Potenziale. Die 1990er Jahre schließlich, so resümieren sie, hat die Technikgeschichte den Medien- und Kulturwissenschaften überlassen, die das Feld dominierten. Ähnlich kam Nathan Ensmenger gar noch 2012 zu der Einschätzung: „[H]istorians of technology run the risk of becoming increasingly irrelevant, losing our voice in a conversation to which we, of all disciplines, are uniquely prepared to contribute."[43]

Inzwischen hat sich das Feld enorm diversifiziert und pluralisiert. Anfangs dominierte die Frage, wo in welchem Kontext welcher Computer von wem entwickelt wurde und wie der Computer aus den Rechenzentren der Wissenschaften und aus dem Militär in Unternehmen und Verwaltungen kam. Mittlerweile entstanden und entstehen zahlreiche Studien, etwa zur Softwaregeschichte, zur Computerisierung der Arbeit, zur Geschichte des Internets, in Ansätzen auch zu Facebook oder zur Email, zu Hackern, zur Geschichte von Datenverarbeitung, Datenbanken und Suchmaschinen und zu Genderfragen, um nur einige Themenfelder zu nennen.[44] Steht dabei zumeist die Computer*isierung* und damit der Wandel von Institutionen, Organisationen und sozialen Gruppen (oder deren Konstituierung, etwa Hacker, Programmierer, User) sowie von Praktiken im Zentrum, so drehte David Gugerli kürzlich die Frage

42 Auch Ensmenger konstatierte dies noch 2004 und forderte eine *social history of computing*. Vgl. Ensmenger, Power, S. 96.

43 Ensmenger, Construction, S. 756. In diesem Artikel findet sich ein instruktiver Überblick über die angelsächsische Computergeschichte.

44 Vgl. z.B: Bösch (Hg.): Wege; Siegert, E-Mail; Leistert/Röhle (Hg.): Generation Facebook; Fleischhack, Welt; Brandstetter u.a., Google; Gugerli, Welt als Datenbank; Alberts/Oldenziel (Hg.), Hacking.

im Anschluss an Michael Mahoney um, indem er untersuchte, wie die Welt in den Computer kam.[45]

Die Geschichte des Computers bzw. der Digitalisierung wird zukünftig zweifellos eines der gesellschaftlich hochrelevanten Felder sein, mit der sich Technikgeschichte intensiv beschäftigen muss. Es bleibt zu fragen, wo Provokationen einer zukünftigen Geschichtsschreibung liegen könnten.[46]

Gugerli und Zetti schlagen vor, die Technikgeschichte des Computers mit deren Historiografie zu verknüpfen. Sie zeigen die Selbsthistorisierungen früher Entwickler auf, die mit der Geschichtslosigkeit des „präzendenzlosen" Computers umzugehen hatten. Computer wurden in Zeitordnungen gebracht, mit Genealogien und Teleologien, die in die Zukunft wiesen (z.B. Zuse 1-4) operiert, Traditionen gestiftet, die auch wieder umgeschrieben wurden. Geschichte wurde zur Orientierungsquelle, Legitimationsressource und Versicherungsinstanz der eigenen Gegenwart und Zukunft und damit auch der eigenen Bedeutung. Die Historiografie als Meta-Ebene der Computergeschichte bietet mithin erhellende Einsichten und Irritationen. Computergeschichte als Reflexionswissenschaft hat über ihre eigene Geschichtsschreibung nachzudenken. Dies machen Gugerli und Zetti deutlich.

Dazu gehört auch, so wäre hinzuzufügen, die Frage nach den verwendeten Begrifflichkeiten. In jüngster Zeit ist zunehmend die Rede von der Geschichte der Digitalisierung, ohne dass der Begriff bestimmt würde. Der Begriff der Information, der in den 1990er Jahren dominierte, ist von jenem der Daten abgelöst worden. Wie Ensmenger feststellte, spricht man heute von Digitalisierung, während „Computerisierung" und „Computer-Zeitalter" bereits altmodisch klängen.[47] Es handelt sich jedoch um unterschiedliche Konzepte, was zu reflektieren wäre.

Ensmenger selbst schlug 2012 vor, von einer Geschichte der Digitalisierung statt der Computerisierung zu sprechen. Dies umfasse eine Vielzahl von Technik, auch „digital devices", die keine Computer sind. Zudem verweise es auf ein zentrales Charakteristikum, das historisch von großer Wirkmächtigkeit ist, nämlich die Möglichkeiten der „combination of data and the means of manipulating".[48] Der Ruf Ensmengers verhallte überraschenderweise weitgehend ungehört. Vielmehr scheint sich die Rede von der Digitalisierung zumeist unreflektiert eingeschlichen zu haben. Allerdings haben Martin Schmitt,

45 Gugerli, Wie die Welt.

46 Siehe dazu auch das folgende Themenheft, das einen erweiterten, globalen Blick auf Computer und Neue Medien fordert: Shift CTRL: New Directions in the History of Computing. Technology and Culture 59 (4) (Supplement), 2018.

47 Engsmenger, Construction, S. 771.

48 Engsmenger, Construction, S. 768f.

Julia Erdogan, Thomas Kaspar und Janine Funke den Vorschlag einer „Digitalgeschichte" vorgelegt. Diese müsse über eine Artefaktgeschichte hinaus „alle auf binärdigitaler Codierung basierenden, elektronischen Technologien" umfassen und nach dem Wandel klassischer Kategorien wie Raum, Zeit, Nationalstaat etc. durch Digitaltechnik fragen.[49]

Viele Fragen sind allerdings offen: Würde die „Digitalgeschichte" eine Geschichte des Computers einschließen? Ist letztere abgelöst worden oder korrespondieren die Geschichten? Digitalisierung – sofern sie nicht im Sinne der philosophischen und medienwissenschaftlichen Diskussion um analog/digital verstanden wird[50] – wäre historisch und theoretisch im Hinblick auf Aspekte wie Vernetzung, Echtzeit, Datenerzeugung, -sicherung, -nutzung und -manipulation zu bestimmen. Eine Geschichte der Digitalisierung kann keine Geschichte von Maschinen sein; es geht um Prozesse, um Relationen, um Menschen, auch um Maschinen, um Daten, um Praktiken, um Infrastrukturen, um Abstraktionen (vom Materiellen), um Verfügbarmachungen und die Grenzen all dessen sowie die steten Verschränkungen mit dem Analogen. Technikgeschichte hat in Zukunft die Frage zu beantworten, ob dies neue Ansätze und Begrifflichkeiten notwendig macht. Der Technikbegriff wurde bereits mit der Softwaregeschichte provoziert. Doch was bedeuten Vernetzung, Software, Hardware, digitale Daten und Algorithmen für den Technikbegriff, was für den gerade im Kontext der Digitalisierung häufig benutzten Maschinenbegriff?

Die Geschichte der Digitalisierung führt zudem zu den *digital humanities*, die eine der weiteren Provokationen für die Wissenschaften darstellen. Sie sehen sich mit neuen digitalen Forschungsmethoden, digitalen Infrastrukturen und Debatten über Kausalität und Korrelation konfrontiert. *Digital humanities* ist eines der Forschungsfelder, das als Antwort auf eine zeitgenössische Provokation gelesen werden kann, jedoch zugleich althergebrachte Methoden und Forschungsroutinen massiv provoziert.

5.4 *Historische Technikanthropologie: Mensch-Maschinen-Verhältnisse*

Die Technikgeschichte hat sich mit Cyborgs beschäftigt, mit der Geschichte von Prothesen, mit der Technisierung des Körpers und seinen Zurichtungen;[51] die *Actor-Network-Theory* wurde rezipiert. Es wäre vermessen zu behaupten, das Verhältnis von Menschen und Maschinen sei ein Thema, das von der Technikgeschichte übersehen worden sei. Jedoch wurden die bisherigen

---

49 Schmitt u.a., Digitalgeschichte, S. 33.

50 Goodman, Sprachen; Böhnke/Schröter (Hg.), Analog/Digital.

51 Vgl. beispielsweise: Schmucki, Cyborgs; Orland, Körper; Nikolow, Behelf; Bluma//Uhl, (Hg.), Arbeit.

Forschungen kaum aus einer anthropologischen Perspektive betrieben. Technikgeschichtsschreibung zielt vielmehr darauf, technische Entwicklungen in ihren jeweiligen sozialen, kulturellen, ökonomischen, politischen und geografischen Kontexten zu erklären.

Die Frage nach „dem Menschen“ gehört nicht zum Repertoire der Technikgeschichte. Dies mag auf den ersten Blick nicht bedauerlich klingen, erscheint die Frage nach „dem Menschen“ doch alles andere als zukunftsweisend. Immerhin geißelte seit Mitte des 20. Jahrhunderts eine Anthropologiekritik, die von Heideggers Humanismusbrief über den Strukturalismus, den Poststrukturalismus bis zum Posthumanismus reicht, die von den Menschen selbst gesetzte Zentralität ihrer Spezies, ihre Hybris und die vermeintliche Universalität „des Menschen“ immer wieder aufs Neue. Daher droht die Frage nach „dem Menschen“ in überkommene anthropozentrische Weltdeutungen zurückzufallen. Entsprechend haben in jüngster Zeit posthumanistische und medienwissenschaftliche Ansätze Theorien formuliert, in denen Menschen dezentriert werden und zufällige Knotenpunkten in vielfältigen Relationen mit anderen Dingen und Wesen darstellen.[52] An die Stelle von Hierarchien und Dualismen treten flache Ontologien, Netze, Relationen und Hybride. Menschen stehen in diesen Ansätzen keinesfalls im Zentrum des Denkens; sie sind ein Element neben Tieren, Pflanzen, Dingen und Maschinen. Grenzen zwischen Menschen und Maschinen verschwimmen in diesen Theorien. Es geht hierbei nicht allein um Mensch-Maschinen-Verhältnisse, sondern um ein weitgefasstes Netz von Kreaturen, Pflanzen, Dingen usw. In Anlehnung an diese Ansätze wäre die Frage nach den Menschen sinnlos, falsch und auch politisch inkorrekt.

Doch ist „der Mensch“, wie Jakob Tanner formulierte, ein subversiver Replikant:[53] Kaum hat man ihn verabschiedet, taucht er wieder auf. In der Tat, nimmt man historisches Denken ernst, wird man „den Menschen“ nicht los. Zu wirkmächtig waren und sind Dualismen, Hierarchien, Anthropozentrismen. Eine historische Perspektive kann sie nicht ignorieren, gerade wenn ihre Wirkmächtigkeit und ihr konstruktiven Charakter erklärt werden sollen.

Martina Heßler entwickelt in ihrem Beitrag „Menschen – Maschinen – MenschMaschinen in Zeit und Raum“ daher das Konzept einer Historischen Technikanthropologie, die in Anlehnung an die Historische Anthropologie die Historizität und Pluralität der Menschen und der Maschinen sowie deren Relationen als Ausgangspunkt eines genuin historischen Denkens nimmt. Eine Historische Technikanthropologie untersucht zeitgenössische Selbstbeschreibungen und Weltdeutungen der Menschen in einer technischen Kultur, tech-

---

52 Vgl. ausführlich den Beitrag von Martina Heßler in diesem Band.

53 Tanner, Anthropologie.

nisch vermittelte Praktiken und die Vielfalt der Mensch-Maschinen-Verhältnisse diachron wie synchron. Scheinbar menschliche Phänomene wie Denken, Emotionen, Tod, Geburt oder Schmerz wurden im Verhältnis zu technischen Entwicklungen stets neu betrachtet und interpretiert. Technik veränderte Konzepte, die als menschliche interpretiert wurden. Sie zwang die Menschen stets dazu, sich neu zu definieren, verschob ihre Selbstverständnisse, aber auch ihre Position in einer technischen Kultur. All dies sind Fragestellungen einer Historischen Technikanthropologie.

Eine solche Perspektive fehlt in der Technikgeschichtsschreibung. Gerade die konsequent historische Perspektive bietet dabei auch die Möglichkeit eines Brückenschlages zu philosophischen und medienwissenschaftlichen Ansätzen, die gleichfalls Anthropologien entwickeln.

5.5 *Temporalitäten der Technik und die Rolle des Alten im technischen Wandel*

Als historische Grundkategorie steht Zeit immer wieder im Fokus der geschichtswissenschaftlichen Reflexion und wird aktuell erneut verstärkt debattiert. In der Technikgeschichte spielt Zeit bisher vornehmlich auf zweierlei Weise eine Rolle: Zum einen wurde nach der technischen Überformung von Zeitstrukturen und dem Erleben von Zeit gefragt; Technik, so lautet seit langem die gängige Einsicht, hat in der westlichen Moderne Zeittakte beschleunigt und tradierte Zeitstrukturen flexibilisiert. Zum anderen hat insbesondere die ältere Technikgeschichte vorwiegend ganz bestimmte Zeiten betrachtet: Sie setzte mit ihren Studien überwiegend zeitlich dort ein, wo neue Technik entwickelt und dann als Produktionstechnik eingesetzt, am Markt platziert oder erstmals massenhaft verwendet wurde. Zwar gehören seit den späten 1980er Jahren auch Nutzungsgeschichten zum technikhistorischen Kanon; es dominiert aber weiterhin die Frage nach dem Neuen, nach Innovation und Wandel – und dies ist gilt erst recht für das Allgemeinverständnis, das disziplinferne Zeitgenossen/innen dazu haben, was Technikgeschichte sei.

In ihrem Beitrag „Zeitschichten des Technischen“ fordert Heike Weber, das Denken zu Temporalität und Technik auszuweiten, in künftigen Arbeiten näher zu theoretisieren und die Frage nach dem Neuen in die Frage nach dem Alten umzukehren. Die Metapher Kosellecks entlehnend, führt sie hierzu das Bild von technisch bestimmten „Zeitschichten“ ein, das mehrere Perspektiven eröffnet: nämlich auf die Divergenz von Technisierungsmustern und -pfaden, auf die Polychronie von Technik, dass also zu einer jeweiligen Zeit Techniken aus verschiedensten Zeiten eingesetzt werden, des Weiteren auf Zeiten, die Technik eigen sind oder ihr über Konzepte wie z.B. die „Lebensdauer“ zugeschrieben werden, sowie auf Zukunftsbezüge von Technik.

Das Zeitschichten-Bild dient ihr dazu, auf „Sedimentationen" von „alter" Technik zu fokussieren und nach dem Verbleib von Technik zu fragen. Diese Umkehrung der Perspektive vom Neuen zum Alten kann an Studien zu *technology-in-use*, wie David Edgerton sie bezeichnet, anknüpfen sowie an neuere Forschungen zu Reparatur, Wartung, Blackout oder Stillstand, die im Bereich von Technikgeschichte und STS entstanden sind.[54] Darauf basierend forderte Steve Jacksons ein „broken world thinking":[55] Der Zerfall von Technik solle anstelle des Neuen und seines Wachstums untersucht werden. Weber radikalisiert solche Ansätze insofern, als dass sie nicht mehr nur nach langzeitiger Nutzung, nach Wartung und Verschleiß fragt, sondern nach dem weiteren „Danach": wie Technik „altert", wie sie verschwindet, entsorgt oder dem Verfall preisgegeben wird und welches „Nachleben" sie möglicherweise hat. Dies sind Perspektiven, die einerseits auch an die gegenwärtige Transformationsforschung und deren Suche nach Exnovation und Technikwenden anschlussfähig sind. Andererseits fordern sie diese ebenso wie die *grand challenges*-Debatten heraus, denn etablierte Technik entwickelt „Momentum", wie Weber argumentiert: Oft hat alte Technik hartnäckig Bestand, sie fließt in Neuerungen teils mit ein und hinterlässt durchaus auch unerahnte Langzeitfolgen, etwa wenn Altlasten, der stillgelegte Bergbau oder Atommüll nach technischer Nachsorge verlangen.

In der Innovationsfixiertheit der heutigen Gesellschaft und ihrem Sehnen nach Neuerung geraten solche Zeitdimensionen der technischen Welt leicht aus unserer Wahrnehmung und finden nur in Bereichen wie Techniknostalgie und der Musealisierung alter Technik ihren Platz. Folgten wir jedoch dem Denkmodell der „Zeitschichten des Technischen" und würden jene Temporalitäten näher untersuchen, die im Zusammenhang mit Technik entstanden sind, so ergäbe sich nach Weber für die Zeit seit dem 20. Jahrhundert, dass diese längst nicht nur von Beschleunigung geprägt ist: Das Technische ist mit einem neuartigen, extremen Spektrum an Zeiten verflochten, an dessen einem Pol langzeitige, über Generationen hinweg reichende Nachwirkungen stehen und an dem anderen Pol technische „Lebensdauern", die auf wenige Jahre oder gar nur auf eine Einmal-Nutzung hin konzipiert sind.

54 Edgerton, Shock; Jackson, Repair; Russell/Vinsel, Innovation; Krebs u.a., Reparieren; Nye, Lights.

55 Jackson, Repair, S. 221 f.

5.6 *Herausforderungen der materiellen Kultur: Objektforschung, Sammeln und technische Museen*

Die *Material Culture Studies* haben seit den 1980er Jahren einen bemerkenswerten Aufschwung genommen. Interdisziplinäre Forschungen zur materiellen Kultur zeigten inzwischen vielfach den Symbolgehalt von Objekten, ihren kulturellen Wert und ihre sozialen Funktionen auf.[56] Sie fanden auch Eingang in die Technikgeschichte. Mittlerweile sind Materialkultur und Objektforschung weitverzweigte Forschungsfelder, die von der Ethnologie über die Kulturgeschichte hin zu jüngeren *new materialism*-Studien reichen, die das Verhältnis von Materiellem und Immateriellem und die Vielzahl von Relationen im Sinne flacher Ontologien neu zu ordnen versuchen.

Die Vielfalt und Vielzahl technischer Objekte fordern mithin nicht nur die Gesellschaft oder auch jeden einzelnen Techniknutzer und Nutzerin heraus, sondern auch wissenschaftliche Disziplinen und insbesondere Technische Museen und Sammlungen sowie die Denkmalpflege im Bereich von Industriekultur. Hier wird entschieden, welche technischen Objekte es für künftige Generationen zu sammeln und bewahren lohnt und wie sie auszustellen oder zu restaurieren sind – Entscheidungen, die für Erinnerungskulturen und Identitätsstiftung ebenso relevant sind wie für das Selbstverständnis technisierter Gesellschaften.

Dabei sind zahlreiche Fragen zu klären: Wie lassen sich angesichts der Objektflut und des steten Wechsels von Geräten Entscheidungen treffen, welche auszuwählen sind?[57] Wie könnte ein Software-Archiv angelegt werden, um das derzeit heraufbeschworene *dark age* des digitalen Zeitalters zu vermeiden? Und sollten z.B. auch Kernkraftwerke oder Teile davon erhalten werden, da sie angesichts der langwierigen zivilgesellschaftlichen Auseinandersetzungen zu ihrem Risikopotential und der Frage des atomaren Ausstiegs besonderen Symbolwert haben?[58]

Anne-Katrin Ebert interpretiert in ihrem Aufsatz „Ran an die Objekte!“ Technikmuseen und die von ihnen gehorteten Objekte als Orte der Wissensproduktion in einer technischen Kultur. Sie unterstreicht ihre Funktion, mittels der Sammlung von Objekten Wissensordnungen der technischen Kultur hervorzubringen. Zugleich macht Ebert aber auch klar, dass Museen und ihre Kuratoren/innen immer wieder vor praktischen Problemen stehen: Größe,

---

56 Vgl. Samida (Hg.): Handbuch.

57 Dies und folgendes: Boyle/Hagmann (Hg.), Challenging.

58 Vgl. die Tagung „Kernkraftwerke. Denkmalwerte und Erhaltungschancen“ (20./21. Okt. 2017; Veranstalter: Technische Universität Berlin, Deutsches Nationalkomitee des *International Council on Monuments and Sites* (*ICOMOS*), *The International Commitee for the Conservation of the Industrial Heritage* (*TICCIH*), Deutsches Technikmuseum Berlin).

Sperrigkeit, Kosten für die Erhaltung von Objekten sind zwangsläufig Entscheidungskriterien; große Schiffe stellen eine ganz andere Herausforderung dar als Rasierapparate oder Waschmaschinen.

Der Technikgeschichtsschreibung wird zumeist eine Nähe zu Objekten und materieller Kultur zugeschrieben. Ebert mahnt allerdings zu Recht, dass sich eine doppelte Kluft auftut: Zum einen zwischen dieser Annahme der Objektnähe der Technikgeschichte und der tatsächlichen Forschungspraxis; zum anderen zwischen der (Forschungs)Praxis an Museen einerseits und der an Universitäten andererseits.

Gerade in der universitären Forschung und Lehre ist der Umgang mit Dingen als Quellen und Forschungsobjekten noch nicht so selbstverständlich, wie er sein könnte und sollte. Ebert benennt einerseits den fehlenden oder nur schwierig zu erlangenden Zugang zu Objekten, die häufig in Depots liegen, als Hindernis. Andererseits mangelt es aber weiterhin an einer routinierten Forschungspraxis: Historiker/innen sind beispielsweise nicht geschult, ihre körperlichen und sinnlichen Erfahrungen bei der Entschlüsselung von Dingen zu beschreiben und einzuordnen. Wie mit der sinnlichen Erfahrung, die an und mit historischen Objekten gemacht werden, wissenschaftlich und vor allem aus historischer Sicht umzugehen ist, bedarf nach Ebert weiterer Reflexion und vor allem auch einer interdisziplinären Herangehensweise, wie sie in den Museen bereits meist praktiziert wird.

In der Tat öffnet diese von Anne-Katrin Ebert gemachte Beobachtung ein Forschungsfeld, das zukünftig interdisziplinär zu bestellen wäre. Ansätze finden sich in der Medienarchäologie, dem Re-Enactment und der experimentellen Archäologie.[59] Zu verknüpfen wäre dies mit historischen-theoretischen Debatten um die Historizität von Erfahrungen und eine Sinnes- und Körpergeschichte. Hier besteht ein hohes Potenzial an interdisziplinärer Forschung, die auch die materielle Kultur-Forschung bereichern könnte. Auch macht Ebert klar, dass die universitäre Technikgeschichte Museen, ihre Wissensproduktion und ihre Rolle für die Kategorisierung, Ordnung und Erinnerung von technischen Objekten noch nicht als Gegenstand der eigenen Forschung entdeckt hat. Während die Wissenschaftsgeschichte die Sammlungs- und Präsentationsstrategien in Ausstellungen und Museen in wegweisenden Studien untersucht hat,[60] steht dies für Technikmuseen weitgehend aus.

Zudem provoziert die Digitalisierung auch Museen. Der Zugang zu digitalen Informationen zum Objekt und die Verknüpfung von Datenbanken ist für

59 Vgl. dazu Samida, Handbuch, sowie die im Beitrag von Anne-Katrin Ebert genannte Literatur.

60 te Heesen/Spary (Hg.), Sammeln.

Forscher/innen eine wichtige, neue Ressource. Ebert erwähnt darüber hinaus museale Versuche der Sammlungspflege, die Objektkompetenz sozialisieren könnten und die den bzw. die Museumsbesucher/in oder Online-Nutzer/in als „Ko-Kurator/in" sehen: Über *Social Tagging* und *Folksonomy* entsteht objektspezifisches Wissen, das über das Expertenwissen hinausgeht.

Ebert provoziert in ihrem Beitrag die gewohnten Routinen, wie sie derzeit in den disziplinären und institutionellen Forschungsbahnen ablaufen. Sie macht deutlich, dass die Forschungen an Objekten und Sammlungen ein interdisziplinäres und inter-institutionelles Projekt sein müssen. Dieses Projekt, das Forscher/innen an Museen und Universitäten, Kuratoren/innen, Restaurateur/innen, aber auch Laien umfassen müsste, wäre ein lohnendes Experiment einer neuen Form der Wissensproduktion. Damit ist nicht nur die universitäre Forschung provoziert; auch die Experten/innen im Museum müssten sich auf einen partizipativen und demokratischeren Prozess der Wissenserzeugung einlassen.

6. Ausblick: *Stay Hungry, Stay Foolish!*

Die im Band versammelten Beiträge reflektieren gegenwärtige Entwicklungen, die die Technikgeschichtsschreibung provozieren sollten, sich in Zukunft intensiver mit ihnen zu beschäftigen. Drei Punkte lassen sich abschließend resümieren.

Auffällig und wichtig sind erstens die *Überschneidungen* und *Verbindungen*, die die Beiträge aufzeigen. So ist die Frage nach „dem Menschen" für das Mensch-Maschinen-Verhältnis ebenso zentral wie für das Konzept des Anthropozän. Jeweils spielen die Kritik am Anthropozentrismus und die Setzung neuer Theoriemodelle, die die Menschen dezentrieren, eine wichtige Rolle. Auch die Digitalisierung und darin insbesondere die Künstliche Intelligenz-Forschung haben in jüngster Zeit die Position der Menschen erneut in Frage gestellt. Der westliche, weiße Mensch als vermeintlich universelles Konzept und der mit ihm verbundene Eurozentrismus wiederum wurden in der Globalisierungsforschung konterkariert. Es gilt, die Rolle der Menschen, die häufig undifferenziert als *Menschheit* verhandelt wird, gerade im Kontext von Globalisierung, Digitalisierung und dem Anthropozän auch historisch immer wieder neu zu befragen.

Die Betrachtung von Zeitdimensionen und Zeitschichten durchkreuzt alle im Band diskutierten Themen. Globalisierung, Digitalisierung und das Konzept des Anthropozän verlangen neue Zeitkonzepte von der Technikgeschichte. Ging mit der Globalisierung – und bereits früher mit Kommunikations- und

Mobilitätstechniken – die Vorstellung einer neuen Simultaneität einher, so sprechen wir heute von Echtzeit. Das Anthropozän-Konzept provoziert die Geschichtswissenschaft mit der Frage nach dem Verhältnis von geologischer Zeit, von mittels stofflicher und technischer Hinterlassenschaften vermessener Zeit und menschlicher Zeit. Die Digitalisierung wirft – im Sinne der Frage nach dem Alten und dem Neuen – die Frage nach der Bedeutung des Analogen und des Materiellen in der digitalen Welt auf, das eben nicht vom Digitalen und Virtuellen abgelöst wird. Vielmehr bestehen Analoges und Digitales gleichzeitig.

Dies verweist zudem auf die Bedeutung von Materialität in einer technisierten und digitalisierten Welt. Ein Ort, an dem die materielle Kultur gesammelt, bewahrt und erforscht wird, sind Technikmuseen. Sie erhalten öffentliche Resonanz und bisweilen wird ihnen über die Funktion der Technikvermittlung hinaus auch die Aufgabe der Beschaffung von Akzeptanz für Technik zugeschrieben. Sie sind Orte der Mensch-Ding-Verhältnisse, der Identitätsstiftung und der Erinnerung. Die *Zeit* der Dinge stellt einen weiteren Aspekt der Zeitdimensionen von Technik dar, die auch in Museen über ihre Gebrauchszeiten hinaus für zukünftige Generationen ausgehandelt wird. Die *Materialität* der Dinge wiederum provoziert die textgewohnten Technikhistoriker/innen, sich auf sinnliche Erfahrungen einzulassen.

Zusammengenommen plädieren die Beiträge des Bandes zweitens für Forschungen, die etablierte Perspektiven nicht nur hinterfragen, sondern invertieren und produktiv auf den Kopf stellen und die sich in noch unbekannte Terrains wagen. Welchen Ertrag eine *Umkehrung, Verschiebung* und *Ergänzung* bisheriger Perspektiven bringen können, deuten alle Beiträge an. So plädiert Weber für eine Umkehrung des Blicks vom Neuen zum Alten, der unterschiedliche Zeitschichten ebenso beinhaltet wie Fragen von Verfall und Entschaffen, um zu vermeiden, dass Technikhistoriker/innen ein verzerrtes Bild der Vergangenheit zeichnen, das die Innovationszentriertheit ihrer Gegenwart spiegelt. Heßler fordert den Blick auf technisierte Menschen und den Wandel der technisierten *conditio humana* ein anstelle des in der Technikgeschichte üblichen Fokus auf technische Entwicklungen. Gugerli und Zetti empfehlen, in der Geschichte des Digitalen auf Kippmomente, die die historischen Akteure selbst überraschten, zu schauen, sowie Unterbrechungen in den Blick zu nehmen, symbolisch gesprochen den Papierstau. Hasenöhrl macht klar, dass eurozentrische Perspektiven immer wieder neu reflektiert werden müssen: Nicht nur sind westliche Forschungskonzepte zu hinterfragen; auch hier muss eine Umkehrung stattfinden, indem mit nicht-westlichem Blick auf westliche Entwicklungen geschaut wird. Das Anthropozän-Konzept unterläuft gängige Zeitkonzepte und Epocheneinteilungen der Historiker/innen. Ebert plädiert für eine Verschiebung hin zur Integration sinnlicher Erfahrung in die Objektforschung und zu neuen Formen der Wissensproduktion, an der ganz unterschiedliche Akteure beteiligt sind.

Drittens erinnern die Beiträge daran, wie bedeutend eine *technikhistorische Perspektive* auch für andere *Fächer* ist. Die Objektforschung hat bereits in der Vergangenheit verschiedene Disziplinen produktiv verbunden. Die Anthropozän-Debatte bedarf des technikhistorischen Wissens. Geschichte und Gegenwart der Globalisierung sind ohne technikgeschichtliche Kenntnisse nicht zu verstehen. Die historischen Dimensionen der Digitalisierung zu kennen, ist unabdingbar, um die populäre und undifferenzierte Rede vom Disruptiven zurechtzurücken und soziologische und medienwissenschaftliche Perspektiven historisch zu erden. Eine Historische Technikanthropologie wiederum kann mit der genuin historischen Perspektive eine Brücke zu medienwissenschaftlichen und posthumanistischen Ansätzen bilden. Die historische Zeitforschung liefert gegenwärtiger Innovationsforschung Einsichten über Mechanismen und Zeitabläufe technischen Wandels.

Die Technikgeschichte macht es sich vielleicht immer noch zu bequem: Wir müssen die anderen Disziplinen mit diesem technikhistorischen Wissen provozieren. Wir müssen die Schreibtische verlassen, um mit den Objekten und den technischen Sammlungen in Kontakt zu treten, wie uns Anne-Katrin Ebert erinnert. Wir sollten die Bequemlichkeit der westlichen und häufig (wenn auch reflektiert) eurozentrischen Perspektive aufgeben und den globalen Blick lernen. Ute Hasenöhrl macht hier Vorschläge, was ansteht. Der Blick auf das Neue, der verlockend aufregend erscheint, muss, so Heike Weber, auf das nur scheinbar unspektakuläre Alte gewendet werden. Die Rolle und Position der Menschen in der technischen Kultur muss, fordert Martina Heßler, neu gedacht werden, jenseits des Anthropozentrismus, aber auch ohne dessen Wirkmächtigkeit zu ignorieren. Helmuth Trischler und Fabienne Will schließlich machen klar: Das Konzept des Anthropozän lässt keine Wahl. Wir müssen unserer Zeithorizonte deutlich erweitern und gängige Periodisierungen fortwährend hinterfragen.

Dies alles bedeutet Unruhe. Produktive Unruhe. Oder wie Steve Jobs einst in Anlehnung an den *Whole Earth Catalogue* formulierte: „Stay hungry. Stay foolish.“[61]

61 Jobs, Stay.

Literaturverzeichnis

Alberts, Gerald/Oldenziel, Ruth (Hg.): Hacking Europe. From Computer Cultures to Demoscences. London 2014.

Barad, Karen: Agentieller Realismus. Über die Bedeutung materiell-diskursiver Praktiken. Berlin 2012.

Bennett, Tony/Joyce, Patrick: Material Powers. Cultural Studies, History and the Material Turn. London u. a. 2010.

Bennett, Jane: Vibrant Matter. A Political Ecology of Things. Durham, London 2010.

Blom, Philipp: Was auf dem Spiel steht. München 2017.

Bluma, Lars/Uhl, Karsten (Hg.): Kontrollierte Arbeit – disziplinierte Körper? Zur Sozial- und Kulturgeschichte der Industriearbeit im 19. und 20. Jahrhundert. Bielefeld 2012.

Böhnke, Alexander/Schröter, Jens (Hg.): Analog/Digital – Opposition oder Kontinuum. Zur Theorie und Geschichte einer Unterscheidung. Bielefeld 2004.

Bösch, Frank (Hg.): Wege in die digitale Gesellschaft. Computernutzung in der Bundesrepublik 1955-1990. Göttingen 2018.

Boyle, Alison/Hagmann, Johannes-Geert (Hg.): Challenging Collections. Approaches to the Heritage of Recent Science and Technology (Artefacts Series: Studies in the History of Science and Technology 11). Washington D.C. 2017.

Brandstetter, Thomas u. a.: Vor Google. Eine Mediengeschichte der Suchmaschine im analogen Zeitalter. Bielefeld 2012.

Chakrabarty, Dipesh: The Climate of History. Four Theses, in: Critical Inquiry 35 (2009), S. 197-222.

Chakrabarty, Dipesh: The Anthropocene and the Convergence of Histories, in: Clive Hamilton u.a. (Hg.): The Anthropocene and the Global Environment Crisis – Rethinking Modernity in a New Epoch. London u. a. 2015, S. 44-56.

Chakrabarty, Dipesh: Provincializing Europe. Postcolonial Thought and Historical Difference. Princeton 2000.

Choi, Hyungsub: The Social Construction of Imported Technologies. Reflections on the Social History of Technology in Modern Korea, in: Technology and Culture 58/4 (2017), S. 905-920.

Crutzen, Paul J.: Geology of Mankind, in: Nature (415), 3. Jan. 2002, S. 23.

Doering-Manteuffel, Anselm/Raphael, Lutz (Hg): Vorgeschichte der Gegenwart. Dimensionen des Strukturbruchs nach dem Boom. Göttingen 2014.

Edgerton, David: The Shock of the Old. Technology and Global History since 1900. Oxford 2007.

Eisler, Matthew N.: Exploding the Black Box. Personal Computing, the Notebook Battery Crisis, and Postindustrial Systems Thinking, in: Technology and Culture, 2 (2017), S. 368-391.

Engelke, Peter/McNeill, John R.: Mensch und Umwelt im Zeitalter des Anthropozän, in: Akira Iriye (Hg.): Geschichte der Welt. 1945 bis heute. Die globalisierte Welt. Bonn 2014, S. 357-534.

Ensmenger, Nathan: Computation, Materiality, and the Global Environment, in: IEEE Annals of the History of Computing, 35 (2013), 3, S. 78-80.

Ensmenger, Nathan: Power to the People. Towards a Social History of Computing, in: IEEE, Annals of the History of Computing, 2004, Jan-March, S. 94-96.

Ensmenger, Nathan: The Digital Construction of Technology. Rethinking the History of Computers in Society, in: Technology & Culture, 2012. S. 753-776.

Fleischhack, Julia: Eine Welt im Datenrausch. Computer und Datenmengen als gesellschaftliche Herausforderung (1965-1975). Zürich 2016.

Goodman, Nelson: Sprachen der Kunst. Frankfurt am Main 1995.

Graham, Steven/Marvin, Simon: Splintering Urbanism. Network Infrastructures, Technological Mobilites and the Urban condition. London u. a. 2001.

Gugerli, David: Die Welt als Datenbank. Frankfurt am Main 2009.

Gugerli, David: Wie die Welt in den Computer kam. Zur Entstehung digitaler Wirklichkeit. Frankfurt am Main 2018.

Haraway, Donna J.: Unruhig bleiben. Die Verwandtschaft der Arten im Chthzuluzän. Frankfurt am Main 2018.

Hård, Mikael/Jamison, Andrew: Hubris and Hybrids: A Cultural History of Technology and Science. New York 2005.

Heymann, Matthias: Konsolidierung, Aufbruch oder Niedergang? Ein Review-Essay zum Stand der Technikgeschichte: NTM 21 (2013), S. 403-427.

Jackson, Steven J.: Rethinking Repair, in: Tarleton Gillespie u. a. (Hg.): Media Technologies. Essays on Communication, Materiality and Society. Cambridge MA 2014, S. 221-239.

Jobs, Steve: "Stay hungry, stay foolish" – Deutsche Übersetzung der Stanford-Rede vom 12.Juni 2005. https://www.mac-history.de/apple-people/steve-jobs/2014-10-05/ubersetzung-der-rede-von-steve-jobs-vor-den-absolventen-der-stanford-universitat-2005 (acc. 18.8.2018).

Johnston, Sean F.: Technological Parables and Iconic Illustrations. American Technocracy and the Rhetoric of the Technological Fix, in: History and Technology, 2 (2017), S. 196-219.

Jorgensen, Dolly u. a. (Hg.): New Natures: Joining Environmental History with Science and Technology Studies. Pittsburgh 2013.

König, Wolfgang: Technikgeschichte. Eine Einführung in ihre Konzepte und Forschungsergebnisse. Stuttgart 2009.

Kranzberg, Melvin: Technology and History: „Kranzberg's Laws", in: Technology & Culture 27 (1986), 3, S. 544-560.

Krebs, Stefan u. a. (Hg.): Kulturen des Reparierens. Dinge – Wissen – Praktiken. Bielefeld 2018.

Laak, Dirk van: Alles im Fluss. Die Lebensadern unserer Gesellschaft – Geschichte und Zukunft der Infrastruktur. Frankfurt am Main 2018.

Larkin, Brian: Ambient Infrastructures. Generator Life in Nigeria, in: Technosphere Magazine, 2015, online: https://technosphere-magazine.hkw.de/article1/cd07bf50-921e-11e6-9341-7d6509c7f586/76704180-91e7-11e6-8d22-0bf4eeadcfb0 (acc. 30.9.2017).

LeCain, Timothy M.: The Matter of History. How Things Create the Past. Cambridge u. a. 2017.

Leistert, Oliver/Röhle, Theo (Hg.): Generation Facebook. Über das Leben im Social Net. Bielefeld 2011.

Lundin, Per: Making History Matter, in: Mobility in History. The Yearbook of the International Society for the History of Transport, Traffic and Mobility 8 (2017), S. 7-16;

MacKenzie, Donald/Wajcman, Judy: „Introductionary Essay and General Issues", in: dies. (Hg): The Social Shaping of Technology. Milton Keynes 1985, S. 2-25.

Mody, Cyrus: The Long Arm of Moore's Law. Microelectronics and American Science. Cambridge MA 2017.

Mom, Gijs u.a.: "Hop on the Bus, Gus." Editorial, in: Transfers. Interdisciplinary Journal of Mobility Studies 1 (2011), H. 1, S. 1-13.

Mote, C.D. Jr. u. a.: The Power of an Idea: The International Impacts of the Grand Challenges for Engineering, in: Engineering 2 (2016), S. 4-7.

Nikolow, Sybilla: „Nicht Behelf und Schein, sondern Ersatz und Hülfe". Neue Perspektiven für eine integrative Geschichte der Prothetik im Ersten Weltkrieg, in: Jaromir Balcar/Nina Balcar (Hg.): Das Andere und das Selbst. Perspektiven diesseits und jenseits der Kulturgeschichte. Bremen 2018, S. 53-68.

Nye, David E.: When the Lights Went Out: A History of Blackouts in America. Cambridge 2010.

Orland, Barbara (Hg.): Artifizielle Körper- lebendige Technik. Technische Modellierung des Körpers in historischer Perspektive. Zürich 2005.

Pritchard, Sara: Joining environmental History with Science and Technology Studies, in: Dolly Jorgensen/Finn Arne Jorgensen/Sara Pritchard (Hg.): New Natures: Joining Environmental History with Science and Technology Studies. Pittsburgh 2013, S. 1-17.

Reitmayer, Morton/Schlemmer, Thomas (Hg.): Anfänge der Gegenwart. Umbrüche in Westeuropa nach dem Boom. München 2013.

Reuss, Martin/Cutcliffe, Stephen (Hg.): The Illusory Boundary. Environment and Technology in History. Charlottesville, London 2010.

Riello, Giorgio/Parthasarathi, Prasannan (Hg.): The Spinning World. A Global History of Cotton Textiles, 1200-1850. Oxford 2009.

Riello, Giorgio: Cotton. The Fabric that Made the Modern World. New York 2013.

Rockström, Johan u. a.: Feature. A Safe Operating Space for Humanity, in: Nature, 461 (2009), S. 472-475.

Rosner, Lisa: The Technological Fix. How People Use Technology to Create and Solve Problems. New York 2014.

Russell, Andrew L./Vinsel, Lee: After Innovation, Turn to Maintenance, in: Technology and Culture, 1 (2018), S. 1-25.

Samida, Stefanie u. a. (Hg.): Handbuch Materielle Kultur. Bedeutungen, Konzepte, Disziplinen. Stuttgart 2014.

Sassen, Saskia: Ausgrenzungen. Brutalität und Komplexität in der globalen Wirtschaft. Frankfurt am Main 2015.

Schmitt, Martin u. a.: Digitalgeschichte Deutschlands – ein Forschungsbericht, in: Technikgeschichte 82 (2016), S. 33-70.

Schmucki, Barbara: Cyborgs unterwegs? Verkehrstechnik und individuelle Mobilität seit dem 19. Jahrhundert, in: Gert Schmid (Hg.): Technik und Gesellschaft. Jahrbuch 10. Automobil und Automobilismus. Frankfurt am Main u. a. 1999, S. 87-119.

Schot, Johan: Confronting the Second Deep Transition Through the Historical Imagination, in: Technology and Culture 57 (2) 2016, S. 445-456.

Schot, Johann/Scranton, Philip (Hg.): Making Europe: Technology and Transformations, 1850-2000. Basingstoke u. a., 2013-18 (6 Bde).

Siegert, Paul Ferdinand: Die Geschichte der E-Mail. Erfolg und Krise eines Massenmediums. Bielefeld 2008.

Sovacool, Benjamin K./Hess, David J.: Ordering theories: Typologies and conceptual frameworks for sociotechnical change, in: Social Studies of Science, 45 (2017), H. 5, S. 703-750.

Steffen, Will/Crutzen, Paul/McNeill, John R.: The Anthropocene. Are Humans Now Overwhelming the Great Forces of Nature? in: Ambio 36 (2007), H. 8, S. 614-621.

Stier, Bernhard: Rezension zu: Gugerli, David: Redeströme. Zur Elektrifizierung der Schweiz 1880-1914. Zürich 1996, in: H-Soz-Kult, 11.11.1998, www.hsozkult.de/publica tionreview/id/rezbuecher-423.

Süß, Winfried /Süß, Dietmar: Zeitgeschichte der Arbeit. Beobachtungen und Perspektiven, in: Knud Andresen u.a. (Hg.): „Nach dem Strukturbruch"? Kontinuität und Wandel von Arbeitsbeziehungen und Arbeitswelt(en) seit den 1970er-Jahren. Bonn 2011, S. 345-365.

Tanner, Jakob: Historische Anthropologie, Version: 1.0, in: Docupedia-Zeitgeschichte, 3.1.2012, URL: http://docupedia.de/zg/Historische_Anthropologie?oldid=125462 (acc. 16.08.2018).

te Heesen, Anke/Spary, E.C. (Hg.): Sammeln als Wissen. Das Sammeln und seine wissenschaftsgeschichtliche Bedeutung. Göttingen 2001.

Trischler, Helmuth/Worster, Don (Hg.): Manufacturing Landscapes: Nature and Technology in Environmental History. Special Issue: Global Environment. A Journal of Transdisciplinary History, 10 (2017), H. 1.

Urry, John: Offshoring. Cambridge 2014.

Van der Vleuten, Eric u. a.: Engineering the Future, Understanding the Past. A Social History of Technology. Amsterdam 2017.

Wengenroth, Ulrich: Ballast und Flügel. 25 Jahre gemeinsames Bemühen um die Technikgeschichte. Zum 25jährigen Bestehen der Gesellschaft für Technikgeschichte, Vortrag am 30.4.2016. https://www.fggt.edu.tum.de/fileadmin/tueds01/www/Wengenroth-offen/Wengenroth_GTG_Vortrag_2016.pdf (acc. 20.8.2018).

Zeller, Thomas: Aiming for Control, Haunted by its Failure. Towards an Envirotechnical Understanding of Infrastructures, in: Global Environment 10 (2017), S. 202-228.

Martina Heßler

Menschen – Maschinen – MenschMaschinen in Zeit und Raum. Perspektiven einer Historischen Technikanthropologie

Die Verbindung von Menschen und Maschinen ist das Thema unserer Zeit. So wird es derzeit vielfach konstatiert.[1] Aus der Perspektive der *sociocultural anthropology* bemerkte Gísli Pálsson mit Blick auf neue Technologien kürzlich: „There are good reasons for rethinking the human condition and the Kantian questions: ‚What are human beings'?"[2]

Mannigfache Forschungen zum Mensch-Maschinen-Verhältnis sowie Bestrebungen, adäquate Beschreibungsformen einer technisierten Existenz in der Gegenwart zu erarbeiten, zeugen davon, dass das Thema im öffentlichen Diskurs wie in den Wissenschaften virulent ist, als Herausforderung der Zeit und als Provokation tradierter Vorstellungen von den Menschen und den Maschinen begriffen wird. Insbesondere in den Medienwissenschaften werden derzeit Entwürfe präsentiert, sei es eine Medienökologie[3] oder eine mediale Anthropologie[4], um das gegenwärtige Mensch-Maschinen-Verhältnis adäquat zu fassen. Nicht zuletzt sind es aktuelle Forschungen zur Künstlichen Intelligenz sowie Digitalisierungsprozesse, die das Thema aktualisieren und auf die Agenda bringen.

Es ist nun wichtig zu betonen, dass technisierte Existenzen, technisierte Menschen und MenschMaschinen *erneut* hohe Aufmerksamkeit erfahren. Denn die Verbindungen von Menschen und Maschinen, die Frage ihrer Hierarchien, der Positionierung der Menschen und der Maschinen oder die Technisierung „des Menschen" sind nicht erst das Thema unserer Zeit. Mensch-Maschinen-Verhältnisse werden seit der Frühen Neuzeit intensiv verhandelt. Vor allem im 20. Jahrhundert verdichteten sich die Diskurse. Neue Terminologien wurden geformt, um Wandlungen des Mensch-Maschinen-Verhältnisses anzuzeigen. Im ersten Drittel des 20. Jahrhunderts erlangte der

1 So ist es beispielsweise im Klappentext folgenden Buches zu lesen, womit die Relevanz des Buches unterstrichen werden soll: Krützfeldt, Cyborgs. Vgl. auch das Handbuch zu Mensch-Maschine-Interaktion: Liggieri/ Müller, Mensch-Maschine-Interaktion.

2 Pálsson, Orientations, S. 25.

3 Vgl. das Themenheft zu Medienökologien der Zeitschrift für Medienwissenschaft 14 (2016), S. 1.

4 Vgl. Voss/Engell, Anthropologie.

 | DOI:10.30965/9783657792337_003

Begriff des homo faber Prominenz;[5] *Mensch und Menschmaschine* lautete Mitte des 20. Jahrhunderts der deutsche Titel einer Publikation des Kybernetikers Norbert Wiener.[6] Der/die „Cyborg" ist seit Donna Haraways Essay aus dem Jahr 1985 eine gängige Figur.[7] Der Rückblick auf den „montierten Menschen"[8], um ein weiteres Beispiel zu nennen, historisiert die Neukonzeption der Menschen im Kontext des Prinzips der Montage in der ersten Hälfte des 20. Jahrhunderts. Friedrich Kittler unterstrich in seinem Buch *Aufschreibesysteme*, der Mensch sei durch technische Standards bestimmt.[9]

Verweisen all diese Beschreibungen auf variierende technische Konzeptionen des Menschen, so zeigen sie zugleich das Ringen um eine adäquate Begrifflichkeit von als neu empfundenen Phänomenen, Dimensionen oder Aspekten des Menschseins im Kontext technischer Entwicklungen. Begriffliche Neuschöpfungen beziehen sich aber nicht nur auf „den Menschen" und dessen zunehmend engere Verflechtung mit Technik. Termini wie die „Artifizielle Gesellschaft"[10] oder die häufige Rede vom „Technotop", der „technosphere"[11] sowie der jüngere Begriff des „Technozän"[12] thematisieren, insbesondere seit dem 20. Jahrhundert, vielfach das Entstehen einer in neuer Dimension technisierten Existenzweise.[13] Von einer technischen Existenz als einer der großen (theoretischen) Herausforderungen der Zeit sprach auch Max Bense 1949.[14]

Technisierungsprozesse sind qua Disziplin das Thema der Technikgeschichtsschreibung. Dies zu bemerken ist keine Trivialität. Denn es bedarf der Differenzierungen und Präzisierung dieser Aussage, um auf blinde Flecken aufmerksam zu machen. Bislang befasst sich die Technikgeschichtsschreibung insbesondere mit der Analyse und Erklärung technischer Entwicklungen und technologischen Wandels. Technische Entwicklungen werden in gesellschaftlichen, ökonomischen, kulturellen und politischen Kontexten erforscht und

---

5 Vgl. Henri Bergson: Denken, S. 102f. Bergson huldigt hier dem homo faber: „Wir glauben, daß es zum Wesen des Menschen gehört, auf materiellem und moralischem Gebiete schöpferisch tätig zu sein, Dinge zu fabrizieren und sich selber fortzubilden. Homo faber, das ist die Definition, die wir vorschlagen." Vgl.auch Max Frischs Roman mit dem Titel „Homo Faber" aus dem Jahr 1957.

6 Wiener, Mensch.

7 Haraway, Manifesto, S. 65-108.

8 Stiegler, Mensch.

9 Kittler, Friedrich: Aufschreibesysteme, S. 519.

10 Vgl. Popitz, Aufbruch.

11 Haff, Humans, S. 126-136.

12 Hornborg, Technocene, S. 57-69.

13 Für diese Konzepte spielt die Debatte um das Anthropozän eine zentrale Rolle. Vergleiche hierzu den Beitrag von Trischler und Will in diesem Band.

14 Bense, Technische Existenz.

interpretiert. Wir wissen viel über die Maschinen, ihre Entwicklungen, ihre soziale Konstruktion, ihre gesellschaftlichen Wirkungen oder ihre Aneignungen durch die Nutzer/innen.

Doch zeigt sich innerhalb der Technikgeschichtsschreibung eine eigentümliche Leerstelle: Sie hat bislang die Frage nach „dem Menschen"[15] nicht systematisch gestellt. Marc Blochs gern zitiertes Diktum vom „Historiker als Menschenfresser"[16] scheint auf die Technikhistoriker/innen nicht zuzutreffen. Obgleich Technisierungsprozesse die *conditio humana* und das, was jeweils als Menschsein interpretiert wurde, bestimm(t)en und stets veränder(t)en, wie allein die eingangs genannten Begrifflichkeiten anzeigen, fehlt innerhalb der Technikgeschichtsschreibung eine genuin anthropologische Perspektive, die nach dem Wandel des Menschseins in einer technischen Kultur fragt. Dabei, um das hier vorwegzunehmen, kann eine historisch-technikanthropologische Perspektive allerdings nie nur auf Menschen fokussieren. Sie allein stellen nicht den Ausgangspunkt des Fragens dar. Eine Prämisse ist vielmehr, dass die Frage nach den Menschen untrennbar verknüpft ist mit der Frage nach den Maschinen und umgekehrt. Historische Technikanthropologie kann Menschen und Maschinen mithin nur relational erklären.

Die anthropologische Blindheit der Technikgeschichtsschreibung stellt den Ausgangspunkt dieses Beitrags dar. Im Folgenden soll argumentiert werden, dass eine anthropologische Perspektive *erstens* zentral für das Verständnis von Technikentwicklungen, -nutzungen, -akzeptanz und auch Widerstand gegen Technik ist. Technikentwicklung ist beispielsweise nicht ohne implizite Annahmen über „den Menschen" möglich. Zudem spielen anthropologische Argumentationen insbesondere in gesellschaftlichen Diskursen um Technik immer wieder eine zentrale Rolle, insofern die Position der Menschen gegenüber Technik ausgehandelt wird. Reaktionen auf Technik hängen häufig mit menschlichen Selbstverständnissen zusammen. Ein genauerer Blick auf Konzepte „des Menschen" sowie Interpretationen der Mensch-Maschinen-Verhältnisse können die bislang vor allem auf gesellschaftliche, kulturelle, politische und ökonomische Aspekte orientierte Technikgeschichtsschreibung daher um eine anthropologische Dimension erweitern.

Über eine solche Ergänzung der bisherigen Erklärungen von technischem Wandel hinaus bezweckt eine anthropologische Perspektive jedoch weitaus mehr, nämlich, *zweitens*, eine Umkehrung des Blicks, indem der Fokus nicht auf der Erklärung technologischen Wandels liegt, sondern auf dem Wandel dessen, was „Menschsein" in einer technisierten Kultur jeweils bedeutete bzw.

---

15 Auf die Problematik des Kollektivsingulars „Mensch" wird weiter unten eingegangen.
16 Bloch, Apologie, S. 45.

wie es interpretiert wurde. Den Kern einer Historischen Technikanthropologie stellt also die Frage nach technisiertem Menschsein und der technisierten *conditio humana* im Wandel von Zeit und Raum dar. Die Verwendung der Terminologie „technisierte“ Menschen und „technisierte“ *conditio humana* impliziert dabei keineswegs die Behauptung, dass es untechnisierte menschliche Existenzweisen gäbe, wie dieser Redeweise gern unterstellt wird. Gleichwohl ist nach dem historischen Wandel der technisierten *conditio humana* zu fragen.

In diesem Sinne wird im Folgenden das Programm einer Historischen Technikanthropologie präsentiert und diskutiert werden. Es handelt sich hierbei nicht um eine Technikanthropologie im philosophischen Sinne,[17] sondern um eine genuin historische Perspektive. Zuerst wird ein kurzer Blick auf die Konzepte und Ansätze der Technikgeschichtsschreibung geworfen, um die anthropologische Leerstelle zu markieren. Im zweiten Schritt ist zu fragen, an welche Konzepte eine Historische Technikanthropologie anschließt bzw. wovon sie sich abgrenzt. Unumgänglich ist drittens eine Auseinandersetzung mit den Prämissen einer Historischen Technikanthropologie, insbesondere mit den zentralen Kategorien „Mensch“ und „Maschine“ und deren Relationen, bevor viertens das Programm einer Historischen Technikanthropologie und ihre Positionierung im Kontext gegenwärtiger Anthropologien vorgestellt werden. Abschließend sind, fünftens, deren Grenzen und blinde Flecken zu reflektieren.

1. Die Leerstelle Mensch innerhalb der Technikgeschichtsschreibung

Die Geschichte der Technikgeschichtsschreibung ist vielfach erzählt und rekapituliert worden.[18] Es ist nicht notwendig, dieses gut erforschte historiografische Feld hier ausführlich zu referieren. Gleichwohl ist ein kurzer Blick auf existierende Ansätze und Konzepte der Technikgeschichtsschreibung hilfreich, um eine Historische Technikanthropologie innerhalb des Faches zu positionieren.

Nachdem sich die Technikgeschichtsschreibung seit den 1970er und 1980er Jahren von einer ingenieurwissenschaftlichen zu einer geschichtswissenschaftlichen Disziplin entwickelt hatte und fortan in engem Austausch zur angelsächsischen Technikgeschichtsschreibung stand, dominierten zunächst

---

17 Philosophische Ansätze der Technikanthropologie wie beispielsweise Ernst Kapp oder Arnold Gehlen fragen nach dem, was „den Menschen“ ausmacht. Ein historischer Ansatz geht dagegen immer von der Historizität des Menschseins aus. Vgl. dazu den Abschnitt zu „Menschen“.

18 Vgl. beispielsweise: Weber/Engelskirchen, Streit.

wirtschafts- und sozialhistorische- und schließlich diskurs- und vor allem kulturgeschichtliche Ansätze. Der Schritt der Technikgeschichte zu einer – je nach Selbstverständnis und Ausrichtung – geistes-, sozialwissenschaftlichen oder kulturgeschichtlichen Disziplin wirkte emanzipatorisch. Seither ist es innerhalb der Technikgeschichtsschreibung eine Selbstverständlichkeit, technische Entwicklungen im jeweiligen zeitgenössischen gesellschaftlichen, ökonomischen, politischen oder kulturellen Kontext zu analysieren und zu erklären. Technikgeschichte zielt dabei auf die Erklärung technischen Wandels. In den 1980er und 1990er Jahren dominierten Ansätze, die die Bedeutung gesellschaftlicher Faktoren im Hinblick auf die Technikentwicklung herausarbeiteten. *Social Construction of Technology* (SCOT) und *Large Technological Systems* (LTS) erhielten eine hohe Prominenz. Diskurs- und kulturgeschichtliche Ansätze lenkten seit den 1990er Jahren den Blick auf die zentrale Rolle von Redeweisen, Symbolen, Repräsentationen, Zuschreibungen und Werten für die Technikentwicklung und -aneignung.

Nutzerorientierte Konzepte, die insbesondere in den 1990er und 2000er Jahren viele instruktive Studien hervorbrachten und nach wie vor hervorbringen, untersuchten – häufig noch in Abgrenzung zum Technikdeterminismus –, wie Nutzer/innen Technik eigenwillig aneigneten, adaptieren, veränderten und dabei Einfluss auf technologischen Wandel nahmen. Auch sie zielten somit nicht vorrangig auf die Untersuchung der Veränderung technisierter Praktiken und menschlicher Lebensformen, sondern vielmehr auf die Beachtung der Rolle der Nutzer/innen für die Erklärung technischer Entwicklungen und technischen Wandels.

Des Weiteren wurden Konzepte wie der/die *Cyborg* oder symmetrische Anthropologien wie die Akteur-Netzwerk-Theorie innerhalb der Technikgeschichtsschreibung adaptiert. Zudem stellen die Technisierung „des Menschen“, die Verschmelzung menschlicher Körper mit Technik oder das Zusammenwirken von Mensch und Technik Forschungsthemen dar, zu denen viele wichtige Studien vorliegen.

Gleichwohl stellt eine historisch-anthropologische Perspektive innerhalb der Technikgeschichte eine Leerstelle dar. Was fehlt, ist eine Programmatik, die systematisch die Erkenntnismöglichkeiten und -gewinne, zentrale Prämissen und Fragestellungen sowie die Grenzen einer historisch-anthropologischen Perspektive für die Technikgeschichtsschreibung reflektiert. SCOT, LTS oder die Diskursgeschichte lieferten solche Programmatiken beispielsweise für soziale und kulturelle Aspekte der Technikentwicklung.

Ein Konzept einer Historischen Technikanthropologie zielt darauf, bestehende Forschungen zu bündeln, Synergieeffekte zu stärken, neue Frageperspektiven hervorzubringen und vor allem eine historisch-anthropologische Perspektive als *Ausgangspunkt* des Fragens zu etablieren. Es würde zudem historische Forschungen anschlussfähig für interdisziplinäre Zusammenarbeit mit Technikphilosophie und Medienwissenschaften machen und zu einer gegenwartsorientierten Geschichtsschreibung beitragen. Zu reflektieren sind dabei, neben den Prämissen und Grenzen anthropologischer Perspektiven, deren zentrale Fragedimensionen, notwendige Wissensbestände sowie methodische Herangehensweisen. Hierzu soll im Folgenden ein erster Beitrag geleistet werden.[19]

Zentrales Ziel einer Historischen Technikanthropologie ist es, die fundamentale Frage nach den sich verändernden technologischen Bedingungen menschlicher Existenz, nach dem Wandel von Selbstverständnissen und menschlichen Praktiken in einer technischen Kultur zu stellen. In dieser expliziten und fokussierten Weise formuliert, ist die Frage, wie sich Menschsein und menschliche Existenzweisen im Kontext von Technisierungsprozessen veränderten, in der Technikgeschichtsschreibung bislang nicht systematisch gestellt worden.

Zwei Aspekte einer Historischen Technikanthropologie sind zu diskutieren, bevor das Konzept präsentiert werden kann. So gilt es zuerst die Frage zu stellen, an welche Ansätze eine Historische Technikanthropologie anknüpfen könnte bzw. von welchen sie sich abgrenzen müsste, um sodann die Prämissen und Begrifflichkeiten einer Historischen Technikanthropologie zu klären.

2. Historische Technikanthropologie im Schnittfeld von Historischer Anthropologie und Technikanthropologie

Marc Bloch formulierte, wie Jakob Tanner beobachtete, bereits in den 1940er Jahren eine knappe Definition einer Historischen Anthropologie, ohne allerdings den Begriff zu verwenden.[20] Bloch betonte, es gehe um „den Menschen [...] in der Zeit".[21] Die damit verknüpfte Annahme einer historischen Variabilität der Menschen jenseits ontologischer und universalistischer Feststellungen stellt auch für eine Historische Technikanthropologie eine unhintergehbare Prämisse dar, wie im nächsten Abschnitt ausführlicher dargelegt wird.

---

19 Notwendige Wissensbestände sind beispielsweise die Geschichte und Gegenwart der Technikanthropologien, vor allem die Fragestellungen und Methodik der Historischen Anthropologie wie auch der Philosophischen Anthropologie. Mithin insistiert eine Historische Technikanthropologie zwar auf einer genuin historischen Denkweise und Perspektive, versteht sich dabei aber auch als interdisziplinär.

20 Tanner, Anthropologie, S. 9.

21 Bloch, Apologie, S. 46.

Die Historische Anthropologie ist allerdings kein homogenes Feld. Sie umfasst beispielsweise kultur- und sozialanthropologische Perspektiven, mithin den ethnologischen Blick in der Geschichtswissenschaft,[22] weiter mentalitäts-, mikro- und alltagsgeschichtliche Arbeiten. Wie man verkürzt zusammenfassen kann, stellen in der Historischen Anthropologie jedoch die Erforschung von Verhaltens- und Handlungsweisen, von Praktiken, von Routinen, von Deutungen, subjektiven Erfahrungen und Aneignungen, kurz die heterogene und widersprüchliche Lebenswirklichkeit und die Wahrnehmungen Vieler die zentralen Untersuchungsdimensionen dar, an die auch mit dem Programm einer Historischen Technikanthropologie angeschlossen werden soll.

Innerhalb des Feldes der Historischen Anthropologie selbst spielt Technik als *conditio humana* erstaunlicher Weise weder eine prominente noch eine systematische Rolle. So wie in der Technikgeschichtsschreibung eine anthropologische Perspektive fehlt, so stellen innerhalb der Historischen Anthropologie technische Entwicklungen und Bedingungen ein weitgehend unbeachtetes Feld dar. Eine Ausnahme bildet freilich die Einführung von Jakob Tanner. Tanner empfiehlt der Historischen Anthropologie – in Anlehnung an die symmetrische Anthropologie – klassische Unterscheidungen von Mensch und Natur aufzugeben und Menschen als „Knotenpunkt in einem komplexen Netzwerk" zu untersuchen.[23] Des Weiteren liefert er selbst Überlegungen, an die anzuknüpfen ist.[24] Gleichwohl fehlt ein ausgearbeitetes Programm einer Historischen Technikanthropologie. Dies ist umso erstaunlicher, da, wie Tanner konstatierte, die Anthropologie „heute also dabei [ist], die Wissenschaft quer durch die Disziplinen zu infiltrieren".[25] Er beobachtete, eine Fülle von Bindestrich-Anthropologien wie etwa die Bildanthropologie, die Medienanthropologie, eine kybernetische Anthropologie, eine literarische Anthropologie sowie auch eine Technikanthropologie.[26]

Eine Historische Technikanthropologie ist naherliegender Weise vor allem auch im Hinblick auf zumeist philosophisch orientierte Technikanthropologien zu positionieren. Dies meint nun nicht, hier im Rahmen eines programmatischen Beitrags, sämtliche Technikanthropologien zu „evaluieren" oder einen Überblick zu bieten, der von René Descartes, Julien Offray La Mettrie über Ernst Kapp, Arnold Gehlen, André Leroi-Gourhan, Günther Anders,

22 Vgl. zum ethnologischen Blick in der Geschichtswissenschaft den wegweisenden Beitrag von Hans Medick, Missionare, S. 48-84.

23 Tanner, Anthropologie, S. 179.

24 Tanner, Anthropologie, vgl. dazu den Abschnitt 4 dieses Artikels, insb. Fußnote 55.

25 Ebd., S. 19.

26 Ebd., S. 19.

Marshall McLuhan und die Kybernetik bis zu symmetrischen Anthropologien und weiteren Ansätzen reichen müsste.

Was diese Ansätze jedoch allesamt verbindet und was sie von einem genuin historischen Zugang unterscheidet, ist, dass sie „den Menschen" in seinem Verhältnis zu Technik zu bestimmen und zu definieren suchen. Technikanthropologien eignet allzu häufig ein universeller, essentialistischer Anspruch. Sie arbeiten heraus, was „den Menschen" kennzeichnet: Ob es die Organprojektion Kapps ist, die uns heute im historischen Abstand in ihrer Zeitgebundenheit offensichtlich ist,[27] oder Arnold Gehlens Trias von Technik als Organersetzung, Organüberbietung und Organentlastung,[28] Günther Anders kulturkritische Bemerkungen zur A-Synchronizität der Menschen gegenüber der Technik,[29] die er vor dem Erfahrungshorizont der Atombombe und des Computers formulierte, oder Marshall McLuhans Überlegungen zu Medien als „Ausweitung oder Selbstamputation"[30]. Sie alle befragen das Mensch-Maschinen-Verhältnis daraufhin, was den Menschen ausmache, was ihn auszeichne und wie es um seine Position bestellt sei, wobei sie in der Regel aus einer anthropozentrischen Perspektive argumentierten.

Symmetrische Anthropologien dagegen grenzten sich dezidiert von anthropozentrischen Positionen ab und zielen darauf, diese, genau wie klassisch moderne Dichotomien, zu überwinden. Wenn „der Mensch" in diesen poststrukturalistischen oder postmodernen Ansätzen verabschiedet wurde, so meinte dies das Ende eines bestimmten Konzepts des modernen Subjekts und seiner anthropozentrischen Hybris. Gleichwohl sind auch diese Ansätze mit der Rolle der Menschen befasst, wenngleich sie die Menschen de-zentrieren und zum Teil eines Netzes, zum Knotenpunkt vielfältiger Relationen machen, in dem Menschen, Dinge, Tiere und Natur miteinander interagieren und eng verflochten sind.

Auch jüngere Ansätze, wie beispielsweise eine „mediale Anthropologie", positionieren sich eindeutig im Kontext symmetrischer Anthropologien. So wird hier postuliert, jegliche Mensch-Maschinen-Differenzierung aufzugeben und daher konsequent von „Anthropomedialitäten" oder „anthropomedialen Relationen" zu sprechen,[31] um die Dualismen, die im Begriff der Mensch-Maschinen-Medialitäten enthalten sind, zu vermeiden.

---

27 Kapp, Philosophie.
28 Gehlen, Forschung, S. 94.
29 Anders, Antiquiertheit.
30 McLuhan, Kanäle, S. 53.
31 Voss/Engell, Vorwort, S. 10.

So ist es, wie man zusammenfassen kann, in jüngster Zeit in einigen Communities, so den *Science & Technology Studies* und einer kulturwissenschaftlich orientierten Medienwissenschaften, mehr als Konsens – Wen-yuan Lin und John Law sprachen an dieser Stelle von Orthodoxie[32] –, dass Dualismen wie beispielweise Mensch und Maschine genauso zu überwinden seien wie anthropozentrische Vorstellungen. Symmetrische Anthropologien sowie Medienökologien[33] sind angetreten, eine adäquate, das meint amoderne und post-cartesianische Beschreibungsform unserer technisierten Gegenwart zu leisten. Aktanden, Environments, Relationen, Ökologien, Vermischungen, Hybride, kontingente Wechselwirkungen und weitere Begriffe, die Verflechtungen betonen, dominieren den Diskurs.

Was kann nun eine Historische Technikanthropologie hier beitragen? Aus einer historisch-anthropologischen Perspektive stehen zuallererst vergangene Beschreibungsformen von Mensch-Maschinen-Verhältnissen, die Historizität der Menschen, ihre sich im Verhältnis zu Technik verändernden Selbstdeutungen sowie der Wandel von technisierten Praktiken, Existenzformen und Lebensweisen im Zentrum. Zu fragen ist danach, wie Mensch-Maschinen-Verhältnisse jeweils konzipiert, gedeutet und praktiziert wurden und schließlich danach, so formulierte es Hans Popitz, allerdings noch in anthropozentrischer Manier, wie sich die Menschen, „ihre Stellung in der Objektwelt immer neu zurechtzimmerten".[34] Zu ergänzen ist die auf Wechselwirkungen zielende Frage, wie Menschen selbst in und mit der Objektwelt zurechtgezimmert wurden.

Dass die Kategorie „der Mensch" für ein solches Unterfangen, historisch wie aktuell, eine schwierige ist, liegt auf der Hand. Es gilt sie in ihrer Allgemeinheit konsequent zu meiden, jedoch ihre zeitliche Relativität im Kontext einer Historischen Technikanthropologie neu zu reflektieren.

3. Prämissen einer Historischen Technikanthropologie

3.1 *„Der Mensch" – eine problematische Kategorie*

Die Rede „vom Menschen" gehört zu den problematischen Kollektivsingularen der Moderne, die Vielheit und Diversität verdecken und dabei implizit normierend wirken. „Der Mensch" – das war lange Zeit ein weißer, westlicher Mann, ein modernes, männliches Subjekt. Die Kategorie „Mensch" überschreibt

32 Lin/Law, Knowing, S. 2.

33 Vgl. das Themenheft zu Medienökologien der Zeitschrift für Medienwissenschaft 14 (2016), S. 1.

34 Popitz, Aufbruch, S. 8.

Unterschiede in Geschlecht, Ethnie, sozialer Schicht genau wie zeitliche und geografische Verschiedenheiten, die jedoch allesamt für die Existenzweisen der Menschen von eminenter Bedeutung sind.

Vom „Menschen" zu sprechen, löste daher zu Recht in der zweiten Hälfte des 20. Jahrhunderts Abwehrreflexe aus. So suchten innerhalb der Geschichtswissenschaft sozialgeschichtliche Ansätze die Vorstellung von handelnden Männern als die zentralen Akteuren der Geschichte (große Männer machen Geschichte) mittels sozialwissenschaftlicher und strukturalistischer Ansätzen zu überwinden, was schließlich von der Alltagsgeschichte und der Historischen Anthropologie kritisiert wurde. Diese bemängelten wiederum das Verschwinden handelnder Menschen in diesen strukturalistischen Ansätzen[35] und machten zugleich die Historizität der Menschen im Plural zur Prämisse ihrer Forschungen. Wie Alois Winterling im Jahr 2006 resümierte, erwiesen sich „immer mehr menschliche Gegebenheiten, die lange Zeit für ‚natürlich' und invariant gehalten wurden" als „kontingent, als so und auch anders möglich".[36] Historische Anthropologie stehe, so betonte Christoph Wulf, in diesem Sinne „für vielfältige transdisziplinäre Bemühungen, nach dem Ende der Verbindlichkeit einer abstrakten anthropologischen Norm, weiterhin Phänomene des Menschlichen zu erforschen".[37]

Eine konsequent historisch-anthropologische Perspektive fordert mithin, sich jeglicher Aussage über „den" Menschen als einem Abstraktum oder im Sinne eines Universalismus zu enthalten und sämtliche Konstanten zu dekonstruieren. Betont werden die historisch-kulturellen Besonderheiten. Schon die Rede von „grundlegenden Situationen" des menschlichen Daseins drohe, „die Sicht des Menschen als veränderungsfähiges und sich veränderndes Wesen" zu verzerren.[38] Hans Blumenberg hatte in seinem Buch „Beschreibung des Menschen" die obsolete Frage „Was ist der Mensch?" auf wunderbare Weise mit einer seitenlangen Sammlung von „Definitionsessays" „des Menschen" karikiert.[39] Blumenberg betonte die „Kontingenz des Menschen", der nicht sein müsse und der nicht so sein müsse, wie er ist.[40]

Vor allem aber „entmachteten" poststrukturalistische, postkolonialistische und feministische Theorien sowie neo-kybernetische und symmetrische Anthropologien das moderne Subjekt. Sie opponierten gegen die implizite westliche Selbstermächtigung und konzeptionierten „den Mensch" als etwas, was in

35 Medick, Missionare.
36 Winterling, Begriffe, S. 9-29.
37 Wulf, Grundzüge, S. 270.
38 Süssmuth, Anthropologie, S. 14.
39 Blumenberg, Beschreibung, S. 512-516.
40 Ebd., S. 511.

und aus Strukturen entstand bzw. als einen von vielen interagierenden Knotenpunkten in einem Netz von menschlichen und nichtmenschlichen Entitäten.

Es ist mithin deutlich, dass, wie auch Tanner betont, eine „Hypostasierung eines Gattungssubjekts, genannt ‚der Mensch‘ zu vermeiden ist“.[41] Eine historische Perspektive stellt klar, dass es nicht „das“ Selbstverständnis „des Menschen“ gibt, nicht „die“ Praktiken, nicht „das“ Menschenbild. Auch die Interpretationen von Mensch-Maschinen-Verhältnissen hängen von Zeit, Ort, sozialer Position, Ethnie und Geschlecht ab.

So machte es sich die Historische Anthropologie zum Programm, Menschen nicht als Abstraktum zu fassen, sondern konkrete Menschen in ihrer jeweiligen Zeit, an ihrem jeweiligen Ort und in konkreten Situation mit ihren spezifischen Erfahrungen in den Blick zu nehmen, um den Fallstricken von Universalismen oder Essentialismen zu entgehen, denn wie Lucien Febvre formulierte, lässt sich die Komplexität der Menschen „nicht auf eine simple Formel bringen“.[42]

Als erste Prämisse einer Historischen *Technik*anthropologie gilt es daher, in Anlehnung an die Historische Anthropologie nach den vielfältigen *technisch vermittelten* (Selbst)deutungen, Wahrnehmungen, Praktiken, Erfahrungen und Handlungen *konkreter Menschen in ihrer Zeit und ihrem Raum* zu fragen.

Dennoch kann eine Historische Technikanthropologie nicht umhin, die Kategorie „des Menschen“ als Abstraktum und rhetorische Figur ernst zu nehmen. Daraus folgt jedoch keineswegs, sie als eine analytische Kategorie zu verwenden. Gleichwohl handelt es sich eine wirkmächtige *historische* Kategorie, die in Diskursen sowie in konkreten Technikentwicklungen eine prominente Rolle spielte und spielt. Eine Historische Technikanthropologie muss es sich zur Aufgabe machen, genau diese Redeweisen um „den Menschen“ als Abstraktum zu analysieren und zu kontextualisieren, um die impliziten Anthropozentrismen, die Gendervorstellungen, die eingezogenen Grenzziehungen, Hierarchien und politischen, sozialen und kulturellen Implikationen offenzulegen sowie die Funktionen und Wirkmächtigkeit dieser rhetorischen Figur zu beschreiben.

Aus historischer Perspektive kann hierbei noch einmal an Jakob Tanner angeschlossen werden, der bemängelte, dass die poststrukturalistische Debatte den Eindruck vermittele: „Wo immer noch auf den Menschen rekurriert wird, kann etwas mit der theoretischen Konzeption nicht stimmen.“ Doch, so Tanner weiter, „so leicht wird man den Menschen nicht los.“[43]

---

41 Tanner, Anthropologie, S. 172.

42 Febvre, Gewissen, S. 129.

43 Tanner, Anthropologie, S. 100.

Tatsächlich gilt es, mit einem doppelten Blick auf Menschen technikhistorisch-anthropologische Fragen zu stellen, nämlich zum einen in Ansehung der Pluralität und Vielfalt konkreter Menschen in Raum und Zeit, zum anderen aber auch hinsichtlich der Wirkmächtigkeit der rhetorischen Figur „des Menschen", denn die (Technik)Geschichte seit der Frühen Neuzeit ist nicht ohne die Betrachtung der Konzeptionierungen „des Menschen" zu verstehen.[44]

3.2 *Die Maschine: Reflexionen eines weiteren Kollektivsingulars*

Der zweite zentrale Begriff einer Historischen Technikanthropologie ist der der Maschine. Die Frage, wie dieser Begriff innerhalb des Konzepts einer Historischen Technikanthropologie gefasst wird, stellt daher die zweite, zu klärende Prämisse dar.

„Die Maschine" wird dabei genauso wenig wie „der Mensch" als eine ahistorische Entität verstanden. Und auch der Begriff der Maschine gehört, das ist wichtig zu betonen, zu den Kollektivsingularen, die die Vielfalt von Maschinen verdecken. Es ist hier nicht der Ort, um eine Begriffsgeschichte der Maschine zu liefern.[45] Wichtig für das Konzept einer Historischen Technikanthropologie ist, dass sie auch den Maschinenbegriff und die vielen Ausprägungen und Funktionen von Maschinen in ihrem historischen Wandel und in der jeweiligen Relation zu Menschen mitzudenken hat. Beispielsweise veränderten sich die Selbstdeutungen der Menschen und insbesondere die Praktiken im Kontext unterschiedlicher Maschinen ganz erheblich. Unterschiedliche Maschinen korrespondieren mit verschiedenen Selbstbildern, sie verändern auf je unterschiedliche Weise die Position der Menschen und die Praktiken. Die Arbeit an einer traditionellen Werkzeugmaschine impliziert nicht nur gänzlich andere Praktiken als die an einer CNC-Maschine. Sie veränderte auch das Selbstverständnis der Menschen. Offensichtlich wird dies auch angesichts neuer anvisierter Mensch-Roboter-Kollaborationen in der Arbeitswelt, in denen Menschen und Roboter in neuer Weise zusammenarbeiten sollen. Erneut verändern sich Praktiken, Selbstverständnisse und die Relation von Menschen und Maschinen. Wie dies jeweils geschieht, hängt von der Spezifik

---

44 Diese rhetorische Figur „der Mensch" findet sich nicht allein im Diskurs. Dazu zählen auch Konzepte vom Menschmodell oder Quantifizierungen und Standardisierungen von Menschen, die die Vielfalt der Menschen reduzieren und auf eine Norm hin definieren. Die Wirkmächtigkeit dieser Konstrukte zeigt sich nicht nur im Design und der Maschinenkonstruktion, sondern auch in Verhaltensanleitungen, die alltägliche Praktiken prägen.

45 Zum Maschinenbegriff vgl. beispielsweise: Schmidt-Biggemann, Maschine; Meyer-Drawe, Maschine; Popplow, Neu.

und der Funktionsweise der jeweiligen Maschine ab. Mithin ist hier in gleicher Weise von Maschinen im Plural zu sprechen wie von Menschen.

Es stellt sich allerdings die Frage, warum nicht der Begriff der Technik verwendet wird, der, so könnte man argumentieren, weiter gefasst ist als der Maschinenbegriff und auch Werkzeuge und τέχνη (téchne) im Sinne der Kunstfertigkeit einschließt. Auch die Gentechnologie oder auch die Atomkraft, die beide für eine Historische Technikanthropologie wichtige Untersuchungsobjekte darstellen, lassen sich intuitiv nicht unter dem Maschinenbegriff fassen.

Hier ist zu bemerken, dass der Maschinenbegriff in jüngster Zeit eine erstaunliche Renaissance erfuhr. Dies ist umso erstaunlicher, da vielfach davon die Rede ist, dass wir in einem digitalen Zeitalter leben, in dem Software, Programme und Algorithmen schon lange die klassische materielle Maschine abgelöst haben. Interessanter Weise reüssierte genau in dieser Zeit der Maschinenbegriff, obgleich die Maschine im engeren Sinne an Mechanik gebunden ist oder an metaphorische Verwendungsweisen wie beispielsweise bei Lewis Mumford, der mit der Megamaschine eine Organisationsform bezeichnete.

Diese Renaissance des Maschinenbegriffs hängt vermutlich damit zusammen, dass mit der Digitalisierung das Verhältnis von Menschen und Technik wiederum intensiv thematisiert und hierbei auf Begriffe der Kybernetik wie Menschmaschine oder die „transklassische Maschine" rekurriert wird, die, wie Gotthard Günther erklärte, als eine völlig neue Maschinenkategorie nicht mehr, wie die klassisch-archimedische Maschine Arbeit verrichtete, sondern Informationen verarbeitete.[46] Auch die Rede vom Mensch-Maschinen-Verhältnis oder der Mensch-Maschinen-Interaktion wurde inzwischen zu einem Topos, der ein interdisziplinäres Forschungsfeld umfasst.[47] Mithin reüssierte der Maschinenbegriff im Kontext einer neuen Auseinandersetzung um die Rolle der Menschen im Verhältnis zur Technik.

Dies hängt vermutlich mit der Tradition des Maschinen-Diskurses zusammen. Es war der Maschinenbegriff bei Descartes, der die Menschen provozierte, die Frage nach dem Menschsein zu stellen.[48] Insofern ermöglicht es der Maschinenbegriff den Bogen von der Frühen Neuzeit, in der begonnen wurde, Menschen und Maschinen zu vergleichen, bis zur heutigen, metaphorischen Verwendung des Maschinenbegriffs zu spannen und dabei gerade auch dessen historischen Wandel zu untersuchen. Es existiert eine Jahrhunderte alte

---

46 Günther, Beiträge, S. 224f.

47 Vgl. Liggieri/Müller, Mensch-Maschine-Interaktion.

48 Meyer-Drawe, Maschine, S. 727.

Tradition der Debatte um das Mensch-Maschinen-Verhältnis, in der eben der Begriff der Maschine, nicht der der Technik verwendet wurde.[49]

Auch im Kontext einer Historischen Technikanthropologie soll daher der Maschinenbegriff und dessen Wandlungen zentral gestellt werden. Seine Verwendung ist, so zeigt es der Blick auf die Diskurse um die Bedingungen des Menschseins, stärker mit anthropologischen Fragen verknüpft als der Begriff der Technik.

3.3 *Menschen, Maschinen und ihre Relationen*

Eine dritte Prämisse einer Historischen Technikanthropologie ist, dass Menschen immer im Kontext ihrer Maschinen sowie Maschinen im Kontext der sie herstellenden, nutzenden, bedienenden, mit ihnen verschmelzenden Menschen zu betrachten sind. Menschen und Maschinen sind jeweils in ihren historischen Verbindungen, Kopplungen, Ergänzungen, Überschneidungen und Abgrenzungen zu betrachten. Historische Technikanthropologie geht als zentrale Prämisse von der Untrennbarkeit von Menschen und Maschinen aus.

Ihre spezifische Perspektive liegt im Unterschied zu symmetrischen Anthropologien allerdings darin, dass diese Untrennbarkeit historisch genau zu differenzieren ist. Dualismen, Binaritäten und Dichotomien werden nicht von vornherein als etwas zu Überwindendes betrachtet, sondern zuerst einmal als etwas historisch Wahrgenommenes und Erfahrenes, das es in den unterschiedlichen Formen und Variationen zu beschreiben gilt, um dessen historische Wirkmächtigkeit aufzuzeigen.

Wie Wen-Yuan Lin und John Law kürzlich zusammenfassten, entspricht die Annahme, dass das Denken in Binaritäten problematisch und unhaltbar ist, der Orthodoxie der *Science and Technology Studies*. Lin und Law sprechen von einer „overcrowded literature"[50] zu diesem Thema. Wenn sie das Thema trotzdem aufnehmen, so um zu fragen: „How to think with binaries without essentialising these or allowing them to be fixed into particular shapes?"[51] Sie untersuchen die Denkweisen der chinesischen Medizin, um sie für die STS-Forschung fruchtbar zu machen. Dabei stellen sie fest, dass es der chinesischen Medizin gelingt, in Binaritäten zu denken, ohne sie als feststehende Entitäten zu essentialisieren und damit zu dichotomisieren. Stattdessen blieben die Begriffe und Unterscheidungen im Fluss, in steter Bewegung, ohne eine fixe Form anzunehmen.

---

49 Von „Mensch und Technik" war dagegen insbesondere in den 1950er und 1960er Jahren die Rede.

50 Lin/Law, Knowing, S. 2.

51 Ebd., S. 1.

Tatsächlich ähnelt diese offene Denkweise einer historischen Perspektive, die nicht von gegebenen und feststehenden Entitäten wie Mensch und Maschine ausgeht, sondern diese als aufeinander bezogen, sich durchmischend, sich voneinander abgrenzend und stets im Wandel begreift.

Eine Historische Technikanthropologie geht in diesem Sinne davon aus, dass sich Menschen und Maschinen bedingen und gegenseitig konstituieren, weiter dass sie in ihrer Wechselwirkung und in ihrem sich gegenseitig beeinflussenden Wandel zu betrachten sind, ohne dabei von Essentialismen auszugehen. Sich wandelnde (Selbst)Bilder und Konzepte von Menschen nehmen Bezug auf Maschinen wie umgekehrt Maschinenbilder in Relation zu Menschbildern formuliert werden. So korrespondiert beispielsweise das Konzept eines „fehlerhaften Menschen" dem der perfekten Maschine. Aber auch umgekehrt brachte die sture Regelhaftigkeit der Maschinen die Flexibilität und Kreativität von Menschen in neuer Weise in den Blick. Beide Kategorien, die der Menschen wie die der Maschinen, sind dabei im Fluss, sie sind Veränderungen unterworfen und weisen historische Konjunkturen auf. Auch die Beschreibung der Fehlerhaftigkeit der Menschen wandelte sich mit der sich verändernden Technik. So galten Menschen beispielsweise im Vergleich zur mechanischen Maschine als ermüdend und unpräzise, im Vergleich zu angeblich rational entscheidenden Computern dagegen als irrational. Zu fragen ist daher, mit welchen Argumentationen den Menschen und den Maschinen Eigenschaften und Kompetenzen zugeschrieben wurden, wie Grenzen zwischen Menschen und Maschinen gezogen und ausgehandelt bzw. wie diese aufzulösen versucht und kritisiert wurden.

Die Analyse der fluiden Komponenten Menschen und Maschinen ist daher stets auch eine Analyse der Relationen. Nur in der Relation entsteht beispielsweise eine Interpretation einer vermeintlichen Entität oder, ganz im Gegenteil, einer Verschmelzung, in der keine separierten Entitäten mehr auszumachen sind. Daraus leiten sich Fragen ab: Wie wurden diese Relationen jeweils gedacht, gedanklich und technisch konzipiert, begründet, bewertet oder zum Verschwinden zu bringen versucht? Menschen *und* Maschinen wurden in diesen Relationen in wechselseitiger Bezogenheit je neu positioniert, voneinander abgegrenzt, verbunden, vermischt oder aufgehoben. Es sind diese Operationen der Positionierung, Abgrenzung, Vermischung oder Aufhebung, mithin die jeweiligen Bestimmungen der Relationen, die Menschen und Maschinen, allererst konstituieren. Im Konzept des konsequent gedachten Cyborgs wäre beispielsweise nicht mehr von Relationen zu sprechen.

So gilt es im Sinne eines historischen Denkens, die Aufmerksamkeit auf Wandlungsprozesse in diesem relationalen Verhältnis zu richten. Die Relationen und die mit ihnen verknüpften Machtgefüge, die Hierarchien und wechselseitigen Positionierungen, die Aufgabenteilungen zwischen Menschen und Maschinen variierten, veränderten sich. Den Blick auch auf historisch wahrgenommene und tatsächliche Asymmetrien zu lenken, ist daher unabdingbar. Sie von vornherein mit dem Bekenntnis zu einer symmetrischen Anthropologie auszuschließen, ist keine historisch und vermutlich auch keine gegenwärtig adäquate Beschreibungsform, insofern insbesondere Selbstdeutungen und subjektive Erfahrungen analytisch ausgespart bleiben. Die dritte der Historischen Technikanthropologie zugrunde liegende Prämisse ist daher, kurz zusammengefasst, einerseits die Untrennbarkeit von Mensch und Maschine, andererseits die Annahme der Historizität und Pluralität dieses Verhältnisses, das historisch sowohl in Gegensätzen, Komplementaritäten als auch Verschmelzungen gedacht und erfahren wurde.

3.4 *Technische Existensweisen und Lebensformen*

Die vierte zentrale Prämisse einer Historischen Technikanthropologie ist allzu offensichtlich und vielfach beschrieben, weshalb sie kurz behandelt werden kann: die grundsätzlich technische Existenz der Menschen. Ob man es mit Erich Hörl die „technologische Bedingung" nennt, mit Max Bense von der technischen Existenz spricht oder mit Peter Haff von Technosphären oder, wie Alf Homborg vorgeschlagen hat, von Technozän, von Technotopen oder einer technischen Kultur, der Befund ähnelt sich stets:[52] Die Lebensweise der Menschen ist eine technische. Alfred Nordmann sprach von Technik als Lebensform. Jede Lebensform sei von „verfügbaren Techniken gekennzeichnet und insofern bereits technisiert".[53] Historische Entwicklungen, so Nordmann weiter, vollziehen sich „unter technischen Bedingungen".[54] Um den Wandel der *conditio humana* zu verstehen, bedarf es daher der Erforschung von Technisierungsprozessen.

4. Programm einer Historischen Technikanthropologie

Im Folgenden sollen vier eng verflochtene, nur analytisch zu trennende Perspektiven vorgestellt werden, die das Programm einer Historischen Technikanthropologie umreißen. Sie wurden bereits in der Diskussion der Prämissen

52 Die Unterschiede dieser Konzepte sollen freilich nicht eingeebnet werden. Dies ist jedoch nicht Thema dieses Beitrags. Hier geht es darum, darauf hinzuweisen, *dass* menschliche Existenz technisiert ist.

53 Nordmann, Technikphilosophie, S. 15.

54 Ebd.

deutlich und finden sich hier wieder, bedürfen nun allerdings einer Ausarbeitung als historische Fragestellungen. Sie teilen sich in diskursgeschichtliche (*saying*) und praxeologische (*doing*) Perspektiven. Dabei wird an die Überlegungen Jakob Tanners zur Historischen Anthropologie angeschlossen.[55]

4.1 *Saying: Diskursgeschichtliche Perspektiven einer Historischen Technikanthropologie*

a) Historische Konzeptionierungen von Mensch-Maschinen-Verhältnissen

Fragen nach dem Verhältnis von Menschen und Maschinen sind seit der Frühen Neuzeit virulent. Auch wenn des Öfteren auf antike Denktraditionen und Diskurse, beispielsweise bei Platon verwiesen wird,[56] wurden Menschen und Maschinen insbesondere seit dem 17. Jahrhundert innerhalb der Philosophie zueinander in Beziehung gesetzt und – bis in das 20. Jahrhundert hinein – vor allem voneinander abgegrenzt. Wie Käthe Meyer-Drawe betonte, entstand mit der frühneuzeitlichen mechanistischen Erklärung des Körpers ein „Problem, das bis heute diskutiert wird, nämlich die Frage, wie wir Menschen uns von unseren Maschinen unterscheiden".[57] Bei Descartes finde sich der „erste explizite Versuch, die Differenz zwischen Mensch und Maschine zu bestimmen".[58]

Insbesondere Technikanthropologien haben das Mensch-Maschinen-Verhältnis seitdem vielfach analysiert und zweifellos wichtige Beobachtungen formuliert und zeitgenössische Beschreibungsformen hervorgebracht. Wie bereits oben angedeutet, entwerfen sie jeweils unterschiedliche Konzepte der Mensch-Maschinen-Verhältnisse und ziehen Rückschlüsse auf die Positionen und Kennzeichen der Menschen und die der Maschinen. Die verschiedenen

---

55 Jakob Tanner unterschied drei Grundfragen der Historischen Anthropologie: „erstens jene nach dem Wandel von Menschenbildern und den sich verändernden diskursiven und medialen Bedingungen anthropozentrischer Selbstbeschreibungen; zweitens, jene nach den sozialen Praktiken und symbolischen Formen, durch welche die Menschen ihr gesellschaftliches Zusammenleben organisieren und regulieren, und drittens jene nach der Geschichtlichkeit der Natur. Vgl. Tanner, Einführung, S. 21. Hinsichtlich des Programms einer Historischen Technikanthropologie wird an die ersten zwei Fragen angeknüpft; sie werden hier jedoch konsequent auf Technik bezogen und zudem abgewandelt bzw. erweitert und ergänzt durch weitere für eine Historische *Technik*anthropologie zentrale Frageperspektiven. Gleichwohl stellen bereits die von Tanner formulierten Fragen ein zentrales Rückgrat auch einer Historischen Technikanthropologie dar, vgl. vor allem Tanner, Anthropologie, S. 176-179.

56 So werden Platons Äußerungen im Protagoras, dass Technik Organersatz sei, als erste Technikanthropologie gedeutet und in eine Linie mit Gehlen gesetzt. So z.B. Popitz, S. 9.

57 Meyer-Drawe, Maschine, S. 727.

58 Meyer-Drawe, Menschen, S. 24 f.

technikanthropologischen Konzepte konkurrierten teils miteinander, teils lösten sie sich ab.

Eine *Historische* Technikanthropologie fragt nun – gewissermaßen auf einer Metaebene oder im Sinne einer Beobachtung zweiter Ordnung –, wie Mensch-Maschinen-Verhältnisse jeweils in einer bestimmten Zeit, einer bestimmten Situation, im Hinblick auf bestimmte Maschinen, an einem bestimmten Ort entworfen und konzipiert wurden, dabei, wie oben ausgeführt, von der Prämisse der Fluidität, Abgrenzung *und* Vermischung und dem steten Wandel der (vermeintlichen) Entitäten ausgehend. Es geht um je zeitgenössische Interpretamente der Mensch-Maschinen-Verhältnisse. Insofern ist eine Historische Technikanthropologie ein diskursives Unternehmen. Nicht ‚Was' Menschen im Vergleich zur Technik sind, interessiert, sondern ‚Wie'. Das meint, welche Diskurse, d.h. auch welche Begriffe, Bestimmungen, Rhetoriken und bildliche oder zahlenmäßige Repräsentationen aufgeboten wurden, um das Verhältnis auszuhandeln. Dies öffnet einerseits den diachronen Blick für deren Wandel. Andererseits zeigt sich, dass zeitgenössisch verschiedene, teils gegensätzliche Mensch-Maschinen-Konfigurationen zugleich gedacht, propagiert oder kritisiert wurden (synchrone Perspektive). Stellten beispielsweise für Arbeiter im 19. Jahrhundert Maschinen häufig eine Konkurrenz, eine Gefahr dar, die sie zu ersetzen drohte, so waren es aus Sicht der Fabrikherren Mittel zur Effizienzsteigerung, auch zur Entlastung von anstrengenden oder monotonen Arbeiten. Des Weiteren begrüßten auch Arbeiter Maschinen, sofern sie sie nicht als Konkurrenz empfanden, sondern als Unterstützung oder als Entlastung. Interpretationen von Maschinen als Mittel zur Entlastung der Menschen oder als Möglichkeit ihrer Verbesserung standen neben Deutungen von Maschinen als Bedrohung der menschlichen Position und Rolle. Es existieren Vieldeutigkeiten, die nur mit dem Blick auf konkrete Situationen und Kontexte verstanden werden können. Gemeinsam ist den gerade erwähnten Deutungen allerdings die zentrale Position, die den Menschen zugedacht wurde und die sich in der anthropozentrischen Angst vor Ersetzung in besonderer Weise zeigt.[59] Faktisch erwies sich der Grat zwischen Entlastung und Ersetzung historisch häufig als schmal.

Das Mensch-Maschinen-Verhältnis wurde mit Blick auf die Position der Menschen und die der Maschinen historisch jeweils ausgehandelt, es war umkämpft, wurde neu bestimmt und verschoben. Die jeweils projizierte Position der Menschen und der Maschinen innerhalb des Mensch-Maschinen-Verhältnisses, auch die Faszinationen, Ressentiments, Ängste, die sich in den Debatten und Aushandlungen zeigen, stellte stets einen zentralen, in der

59 Vgl. Heßler, Angst.

Forschung bislang zu wenig beachteten Topos in der Debatte um Technik dar und beeinflusste den technologischen Wandel *und* das Menschsein in der Zeit gleichermaßen.

Für die Analyse der Mensch-Maschinen-Verhältnisse ist dabei, der im Abschnitt Prämissen konzipierte, doppelte Blick auf die Kategorie „des Menschen" als Abstraktum und Konkretum notwendig: Zum einen darauf, wie die Kategorie „der Mensch" als rhetorische Figur im Diskurs wirkmächtig war und ist, indem Bilder „des Menschen" beispielsweise zur Abwehr oder Legitimation von Technik beitragen (prominent beispielsweise in der Debatte um Gentechnologie); zum anderen ist die Untersuchung der konkreten Menschen in den jeweiligen Kontexten unabdingbar. Denn die Beschreibung und die in Mensch-Maschinen-Verhältnisse eingezogenen Hierarchien zwischen Menschen und Maschinen bedienen sich einerseits stets der rhetorischen Figur „des Menschen". So liegt den Mensch-Maschinen-Relationen jeweils eine Modellierung der Menschen zugrunde, sei es des Menschen als fehlerhaft, als Kontrolleur und Gestalter oder als Kollaborateur der Maschine oder als Cyborg. Gleichzeitig wird die Maschine modelliert, ein Bild von ihr entworfen, sei es als „objektiv", als präzise, operational oder reibungslos funktionierend, als zuverlässig, perfekt, überlegen, fehlerfrei oder als kalt, als beschränkt etc. Andererseits sind diese Mensch-Maschinen-Verhältnisse, jenseits der verallgemeinernden Rede, von konkreten Situationen, Orten und Zeiten abhängig, wie das Beispiel der Fabrik veranschaulichte.

Diese Modellierungen von Menschen und Maschine und ihrer Relation, im Abstrakten wie im Konkreten, beeinflussen Technikentwicklungen und Techniknutzungen, Akzeptanz oder den Widerstand gegen Technik. Daher verspricht eine anthropologische Perspektive nicht nur Erkenntnisse über Menschen und Maschinen in der Zeit. Sie kann auch Erkenntnisse über Technisierungsprozesse, technischen Entwicklungen und technischem Wandel über soziale, kulturelle, ökonomische und politische Aspekte hinaus liefern.

b) Historisierung von Technikanthropologien

Wenn im Vorhergehenden die diskursgeschichtliche Analyse von Mensch-Maschinen-Verhältnissen als zentrale Dimension einer Historischen Technikanthropologie benannt wurde, stellt sich die Frage nach den Diskurskorpora. Mensch-Maschinen-Verhältnisse wurden auf vielen Ebenen debattiert, so in Science Fiction, im medialen Diskurs, des Weiteren in Diskursen, in denen konkrete Interessen verhandelt wurden, wie beispielsweise zwischen Arbeitgebern und Gewerkschaften, zudem in vielfältigen philosophischen Abhandlungen – und vor allem in Technikanthropologien.

Im Sinne einer Beobachtung zweiter Ordnung würde eine Historische Technikanthropologie all diese Diskurse als Interpretamente der Mensch-Maschinen-Konfigurationen analysieren. Dies meint auch, Technikanthropologien zu historisieren. Technikanthropologien tragen die Spuren ihrer Zeit. Sie sind Ausdruck eines umfassenderen gesellschaftlichen Diskurses, innerhalb dessen das Mensch-Maschinen-Verhältnis geformt wird.

Aus Sicht einer Historischen Anthropologie betrachtet, ist es beispielsweise aufschlussreich, den historischen Prozess zu analysieren, in dem Vorstellungen „des Menschen" als Schöpfer, als Machender oder die Betonung und Unterscheidung des Künstlichen gegenüber dem Natürlichen genau wie die Unterscheidung von Mensch und Maschine *hinterfragt* und zu *ersetzen* versucht wurden. Ab einem bestimmten Zeitpunkt in der zweiten Hälfte des 20. Jahrhunderts wurden dieser modernen Konzeption neue Denkmodelle entgegengesetzt, die die Nichtunterscheidbarkeit, die Verflechtung von Natürlichkeit und Künstlichkeit, von Mensch und Natur, von Mensch und Maschine betonten. Dem korrespondierte ein Wandel der Konzepte von Menschen als handlungsmächtige Subjekte hin zu ihrer Entmächtigung und Dezentrierung.

Technikanthropologien unterliegen je spezifischen zeitgenössischen Wissensordnungen und diskursiven Schemata, die sich diachron und synchron nachzeichnen lassen. Eine Ordnung ist beispielsweise die Polarität anthropozentrischer versus anti-anthropozentrischer Ansätze; dies korrespondiert wiederum der Polarität des Konzepts von Technik als Verlängerung und Erweiterung menschlicher Fähigkeiten versus der Betonung der Verschmelzung, Verflechtung und Symbiose von Mensch und Maschine.

Insbesondere beeinflussten technische Entwicklungen die jeweiligen Theorieentwürfe, wie allzu offensichtlich ist: Das mechanische Menschenbild bei Descartes, das kybernetische Menschenbild Mitte des 20. Jahrhunderts bis hin zur neokybernetischen Medienökologie. Ein Symptom für diesen Zusammenhang ist, dass wissenschaftliche Begriffe aus den Theoriemodellen des Mechanismus sowie schließlich im 20. Jahrhundert der Kybernetik benutzt wurden, um Menschen beschreibbar zu machen. Die historische Relativität zeichnet sich in solchen Theorieprojektionen ab. Mithin wird der historische Wandel der Konzepte von der Abgrenzung von Menschen und Maschinen hin zur Angleichung oder Nivellierung in rückgekoppelten Systemen überdeutlich. Die Zeitgebundenheit von Technikanthropologien wird auch daran deutlich, dass beispielsweise heutzutage die Beschreibungsformen neokybernetischer Medienökologien in auffälliger Weise den Sprechweisen von Ingenieuren und KI-Forschern gleichen, die im Kontext der Propagierung von Industrie 4.0 mittlerweile vom herzustellenden Produkt als einem Akteur sprechen,[60] insofern es

60 Kagermann/Lukas, Industrie, S. 2.

die Maschinen und Menschen befehligt und diesen mitteilt, was als nächstes mit ihm zu tun ist. Auch die Aufhebung der Mensch-Maschinen-Unterscheidung, die Rede von „Ökosystemen“ gehört zur Rhetorik von Industrie 4.0.[61] Die diskursive Synchronizität von Theoriemodellen und industriellen Konzepten verweist auf die Bedeutung je zeitgenössischer Diskursordnungen.

Eine Historische Technikanthropologie analysiert Technikanthropologien als *eine* Beschreibungsform ihrer Zeit. Sie stellt sie einerseits in den Zeitkontext zurück, und dabei insbesondere in den jeweiligen Kontext der technischen Entwicklung, mithin der Spezifik der jeweiligen Maschinen. Anderseits blickt sie auf die *Pluralität* zeitgenössischer Beschreibungsformen und Erfahrungen. Sie betrachtet daher Technikanthropologien neben anderen Beschreibungsformen, mit denen sie korrespondieren und konkurrieren. Die Historische Technikanthropologie untersucht somit unterschiedliche und konkurrierende Technikanthropologien sowie die Verhandlungen technikanthropologischer Fragen in einer Pluralität diskursiver Felder wie in Science Fiction oder Medientheorien wie gleichermaßen in medialen Diskursen oder gesellschaftlichen Debatten sowie auf der Ebene alltäglicher subjektiver Erfahrungen. Die historische Perspektive ist daher eine Meta-Perspektive, die Denkformen synchron wie diachron, in ihrer Kontinuität wie Diskontinuität, in ihrer Pluralität und auch ihrer Normativität einzuordnen und zu verstehen sucht.

c) Selbstverständnisse und Definitionen „des Menschen“[62]

Die Frage, wie das Mensch-Maschinen-Verhältnis jeweils konzeptioniert ist, ist untrennbar verbunden mit den historisch sich wandelnden menschlichen Selbstverständnissen und Selbstdeutungen. Von Menschenbildern zu sprechen, scheint ähnlich problematisch wie von „dem Menschen“. Zu deutlich haftet ihnen stets fragwürdig Normatives an, indem sie suggerieren, wie „der Mensch“ zu sein habe. Zu häufig wurde auf Menschenbilder rekurriert, um Menschen auszugrenzen, zu diskriminieren oder gar zu vernichten.

Gleichwohl waren und sind Menschenbilder historisch wie aktuell wirkmächtige Konstrukte. Gerade im Kontext je neuer Maschinen lässt sich beobachten, wie Menschsein stets neu verhandelt wird. Sie führten häufig dazu, dass Menschen in ihrem Selbstverständnis, in ihren Selbstdeutungen verunsichert werden. Es werden im Angesicht neuer Technologien völlig neue Möglichkeiten der menschlichen Existenzweise bis hin zur Überwindung

61 Es ist die Rede von „offenen, flexiblen und erfolgreichen Ökosystemen“. Vgl. Kagermann, Acatech Studie, S. 7.

62 Auch bildliche Repräsentationen wären zu untersuchen. Dies kann hier jedoch aus Platzgründen nicht ausgeführt werden. Dies ist an anderer Stelle vorgesehen.

menschlicher Begrenztheit, wie im Transhumanismus, ausgemalt oder, ganz im Gegenteil, ein traditionelles, dichotom von Technik zu unterscheidendes Menschenbild verteidigt. Maschinen lösen stets heftigen Streit um Menschenbilder aus; diese wurden politisiert, waren Teil der Aushandlungsprozesse über die Technik sowie über die Rolle und Position der Menschen in einer technisierten Welt. Die Analyse von Menschenbildern, die in je spezifischen historischen und kulturellen Kontexten entworfen wurden, ist daher von hoher Bedeutung sowohl für das Verständnis der Technikentwicklungen als auch für die historische und kulturelle Positionierung der Menschen, die sie selbst vornehmen.

Historisch betrachtet, haftete Menschenbildern häufig ein Denken der Differenz, einer instrumentalisierten Abgrenzung von etwas als Nicht-Menschlich-Definiertem an. Menschenbilder zielen nicht nur darauf ab, das Humanum zu beschreiben, wie es ist (oder sein sollte), sondern sie legen, implizit oder explizit, zugleich fest, was Menschsein *nicht* ist, nicht sein soll. Dabei spielen Maschinen für die Bestimmung dessen, was als menschlich gilt, insbesondere im 20. und 21. Jahrhundert, eine zentrale Rolle.[63] Käthe Meyer-Drawe betonte, dass sich „im Umgang mit Maschinen auch [zeigt], daß Menschen sich hier spiegeln, daß sie sich selbst verdoppeln, ihr Rätsel lösen wollen".[64] Die Maschinen haben die Menschen, so Meyer-Drawe, immer wieder herausgefordert, „die alte Frage nach uns selbst neu zu stellen".[65]

Im Sinne einer *Historischen* Technikanthropologie geht es daher nicht um die Frage, wie „der Mensch" zu bestimmen sei. Vielmehr hat eine Historische Technikanthropologie die Historizität und Funktionen der Bilder, die Menschen im Kontext von Maschinen von sich entwerfen, aufzuzeigen. In historischer Perspektive ist zu fragen, wie diskursive Formationen ein wirkmächtiges Bild „des Menschen" konzipierten und damit Teil einer Hervorbringung des jeweils Menschlichen überhaupt sind. Dabei geraten zwangsläufig die Gemachtheiten der Menschenbilder sowie die Differenz-Ziehungen in den Blick, womit die Bestimmungen vom Menschsein gerade als etwas von Menschen selbst in spezifischen zeitlichen Kontexten Hergestelltes und Wandelbares herausgearbeitet werden. Daher fragt eine Historische Technikanthropologie danach, wie Menschenbilder in Auseinandersetzung mit Technik historisch entstehen,

63 In diesem Beitrag liegt der Schwerpunkt auf den Mensch-Maschinen-Verhältnissen. Die Abgrenzung zur Natur oder zum Tier sind historisch gleichermaßen wirkmächtige Konstrukte, die vielfach von der Anthropologiekritik thematisiert wurden und werden. Vgl. jüngst beispielsweise Haraways neues Buch, in dem sie die Menschen als organische Wesen in der Natur verankert. Vgl. Haraway, Unruhig.

64 Meyer-Drawe, Maschine, S. 734.

65 Meyer-Drawe, Menschen, S. 19.

sich wandeln, wie sie mit neuen Technologien verunsichert, verschoben und verändert werden.

Deutlich werden in einer historischen Perspektive die Wandlungen, Pluralitäten, Konkurrenzen, aber auch die *Kontinuitäten* über eine lange Zeitdauer hinsichtlich der Selbstverständnisse und der Selbstpositionierungen der Menschen. Gerade der Anthropozentrismus gehört zu den wirkmächtigen Kontinuitäten menschlichen Selbstverständnisses. Einer Historischen Technikanthropologie geht es nicht um eine Privilegierung der Menschen, aber auch nicht um ihre apriori Dezentrierung. Es geht darum zu fragen, wann, von wem welche Menschen im Verhältnis zu Maschinen wie gedacht und als privilegiert oder nicht privilegiert ausgezeichnet wurden. Diese Perspektive impliziert letztlich auch eine ausstehende Geschichte des Anthropozentrismus, die fragt, wie Menschen ihre vermeintlich zentrale Stellung jeweils begründeten und welche Rolle Maschinen dabei spielten. Ferner ist zu fragen, welche historischen Kontexte zum Denken einer Dezentrierung führten, wie diese verhandelt wurde etc. Kritik und Apologie sind gleichermaßen Teile historischer Diskurse, die sich um Menschen wie Maschinen drehen und beide zueinander immer wieder neu in Relation stellen.

Auch die historische Betrachtung von Menschenbildern, von menschlichen Selbstverständnissen verweist wiederum auf die Notwendigkeit, die Kategorie „Mensch[en]" in doppelter Perspektive zu untersuchen. Gerade hinsichtlich der Menschenbilder spielt „der Mensch" als rhetorische Figur, als Abstraktum eine zentrale Rolle. Universalistische, essentialistische Menschenbilder wurden entworfen, um Menschen von Maschinen abzugrenzen und zu positionieren. Dies im historischen Wandel, aber auch hinsichtlich langer Kontinuitäten herauszuschälen und die Wirkmächtigkeit und Funktion dieser rhetorischen Figur aufzuzeigen, stellt ein Forschungsfeld einer Historischen Technikanthropologie dar.

Gleichzeitig variieren menschliche Selbstverständnisse je nach Generation, Geschlecht, in Raum und Zeit. Das Selbstverständnis, ein Cyborg zu sein, ist beispielsweise ein soziales und generationelles Phänomen. Menschen, die sich selbst als Cyborgs bezeichnen, sind in der Regel jung, häufig männlich, weiß und leben in der westlichen Hemisphäre. Erneut gilt: Eine doppelte Betrachtung technisierter Menschenbilder als Abstraktum und Diskursfigur sowie als Konkretum und Pluralität ist unabdingbar.

4.2 *Doing: Praktiken, Wahrnehmungen, Erfahrungen*

Wurde bislang ein Programm der Historischen Technikanthropologie entworfen, das auf der Ebene der Diskurse verbleibt und nach dem Sprechen, dem Sag- und Nichtsagbaren und Interpretamenten der Mensch-Maschinen-

Verhältnisse, der Konzepte von Menschen *und* Maschinen, deren Relationen sowie nach den menschlichen Selbstverständnisse in der Zeit und im Raum fragt, so bliebe eine Historische Technikanthropologie unvollständig, die sich nicht mit den technisierten menschlichen Existenz- und Lebensweisen befasst, kurz formuliert mit dem *doing technology* sowie gleichermaßen mit dem *doing human*[66].

Menschen schaffen ihre technologischen Bedingungen, wie sie umgekehrt wiederum von diesen geschaffen werden. Technisierte Praktiken, Routinen, Handlungen und Wahrnehmungen sind Teil des Menschseins, verändern sich jeweils mit der Nutzung unterschiedlicher Technik. Ein eingängiges und gern genanntes Beispiel ist das Telefonieren. War man zu Beginn auf die Vermittlung des Telefonats durch eine Telefonistin angewiesen, veränderte bereits das Selbstwahlverfahren das Telefonieren und machte es beispielsweise privater. War man aber noch gezwungen, an einem Ort zu telefonieren, an dem das Telefon stand, war man also nur erreichbar, sofern man an diesem Ort zugegen war, so veränderte die Ortlosigkeit des Mobiltelefonierens die Praktiken der Kommunikation und die damit verbundenen sozialen Praktiken von Verabredungen, Verbindlichkeit und Flexibilität. Hinzu kommen die Wandlungen der Praktiken durch materielle Aspekte wie Wahlscheiben, Schnüre und Kabel, Tasten und Wischen.

Auch die Fabrikarbeit wäre genauer aus der Perspektive der technisch vermittelten Praktiken zu untersuchen. Beispielsweise veränderte die Automatisierung nicht nur menschliche Selbstverständnisse, indem in den Diskursen zur Automatisierung Menschen als Kontrolleure und Steuermänner, die die Anlagen überwachen und die entscheidenden Knöpfe drücken, konzipiert wurden.[67] Vor allem veränderten sich in der Automationsarbeit die alltäglichen Praktiken. Konzentrationsfähigkeit, Aufmerksamkeit und die vorrangige Nutzung des Sehsinns begannen zu dominieren. So stellten Ingenieure in den 1950er Jahren fest, dass der „Automationsarbeiter“ als neuer „Menschentyp“ sich erst noch entwickeln müsse.[68] Die Praktiken veränderten mithin aufgrund der veränderten Nutzung von Muskeln und Sinnen die menschlichen Körper.

Zudem führen Technisierungsprozesse häufig zur Hinterfragung dessen, was diese menschlichen Praktiken bedeuten. Ein prominentes Beispiel ist der Begriff des Denkens, der im Kontext des Computers und „maschineller Intelligenz“ herausgefordert, umstritten und teils neu definiert wurde. Matthew Kerschenbaum wiederum zeigte in einem kürzlich erschienen Buch, wie

66 Ich danke Mathis Nolte für den Hinweis auf die Ergänzung des Terminus *doing human*.

67 Vgl. Heßler, Ersetzung.

68 o.A., Ausbildungsfragen, S. 1291.

Literaten mit der Nutzung des Computers ihre Schreibpraktiken veränderten. Einige erfuhren das Schreiben am Computer als eine Fortsetzung des Schreibens mit der Schreibmaschine, andere sprachen von einem völlig neuartigen Schreiben. Vor allem aber macht Kerschenbaum deutlich, dass mit der neuen Technik und den sich wandelnden Praktiken auch die Frage verhandelt wurde, was denn Schreiben sei und was es genau ausmache.[69]

Was Kerschenbaum beschreibt, findet sich auch in den Tagebüchern des Schriftstellers Walter Kempowski. So reflektierte Kempowski den Einsatz eines Computers, indem er feststellte, sein „monumentales ‚Echolot'-Projekt hätte nicht ohne einen modernen Rechner angegangen werden können".[70] Eine neue Dimension des Schreibens wurde möglich. Kempowski erzählte in seinen Tagebüchern von „Glücksgefühle[n] wegen des Machtzuwachses durch den grünleuchtenden Computer".[71]

Er machte allerdings auch die Erfahrung, dass sein Schreibprozess lahmgelegt wurde, sobald der Computer nicht funktionierte, was anfangs häufig passierte. Dann musste er den Olivetti-Mann rufen, der sogar am Feiertag kam. Weder der neuartige Schreibprozess mit dem Computer, also das *mit* dem Computer schreiben, noch die Erfahrung des Nichtfunktionierens, änderten jedoch seine Wahrnehmung. Er hielt den Computer für ein Werkzeug seiner Machtsteigerung, das ihm eine neue Form des Schreibens ermögliche.

Der Wandel vieler Praktiken ist zudem fundamental mit der menschlichen Existenzweise verbunden, sei es beispielsweise Geburt, Tod, Schlaf oder Ernährung. Auch diese wurden im Kontext von Technik (und Wissenschaft) je neu definiert.

Schließlich gehört die Kommunikation und Interaktion zwischen Menschen und Maschinen zum *doing technology* und zum *doing human*. Wie die zuvor genannten Beispiele ist auch die Mensch-Maschine-Interaktion mit Fragen nach dem menschlichen Selbstverständnis verbunden, mit Fragen danach, was die Maschine vom Mensch unterscheidet und was sie verbindet. Schnittstellen stoßen die Entwickler/innen und Nutzer/innen insbesondere immer wieder auf Unterschiede zwischen Menschen und Maschinen, die zu überbrücken und gegenseitig anzupassen sind.[72]

Zuletzt, dies ist hier noch zu bemerken, verweist *doing technology* auf Grenzen, die zu untersuchen für die Frage nach einer technischen Existenz und dem Menschsein in der technischen Kultur unabdingbar ist. Bereits Sigfried

69 Kerschenbaum, Chances.
70 Kempowski, Alkor, S. 72.
71 Kempowski, Tagebuch, S. 293.
72 Vgl. Liggieri, Sinnfälligkeit.

Giedion betonte, wenn auch in kulturkritischer Manier, die Grenzen des Organischen, das sich einer Technisierung sperrt.[73] Der menschliche Körper definierte historisch betrachtet stets Grenzen seiner Technisierung. Aber auch technische Prinzipien setzten, neben sozialen, kulturellen und ökonomischen Aspekten, der Maschinenkonstruktion Grenzen des Machbaren. Weder Menschen noch Maschinen waren bislang beliebig gestalt- und formbar. Auch hier zeigt sich die wechselseitige Bezogenheit, dieses Mal im Sinne einer wechselseitigen Begrenzung.

5. Historische Technikanthropologie im Verhältnis zu post-cartesianischen Anthropologien

Symmetrische Anthropologien haben stets darauf hingewiesen dass Menschen nicht allein handeln. Insbesondere betonen sie, dass moderne Unterscheidungen hinfällig seien. Symmetrische Anthropologien und eine post-cartesianische Technikgeschichtsschreibung stellen, das soll hier nicht bezweifelt werden, ein wichtiges Reflexionsinstrument dar, um nicht den Selbstbeschreibungen der Moderne zu erliegen, um „den Menschen" nicht als das die Welt souverän gestaltende Subjekt zu beschreiben, das Technik als Instrument nutzt, als Mittel der Ermächtigung, sondern statt dessen die Verflochtenheit, Hybridität und das aufeinander Angewiesensein von Mensch und Maschine offenzulegen. Gleichwohl nimmt eine Historische Technikanthropologie diese Beobachtung nicht als selbstverständlichen und einzigen Ausgangspunkt ihres Fragens. Abschließend sollen insbesondere zwei zentrale Aspekte betont werden, die im Sinne einer Historischen Technikanthropologie gleichermaßen unabdingbar sind und in gegenwärtigen post-cartesianischen Ansätzen Leerstellen darstellen.

Zum ersten betrifft dies subjektive Erfahrungen, Wahrnehmungen, Selbstverständnisse und Deutungen, eine in der Historischen Anthropologie konstitutive Perspektive, die auf die Beschreibung von Mensch-Maschinen-Verhältnissen anzuwenden ist. Zwar gilt es, ganz im Latour'schen Sinne, nicht den Selbstbeschreibungen der Moderne naiv zu erliegen. Jedoch ist diese Perspektive zugleich reduktionistisch, insofern sie diese Selbstbeschreibungen ignoriert, sie als Fehleinschätzungen brandmarkt und gewissermaßen zu beseitigen sucht. Ein Blick in die Geschichte kann jedoch nicht ignorieren, dass Mensch-Maschinen-Verhältnisse sowie die Position der Menschen nicht post-cartesianisch gedacht und erfahren wurden. Die Überzeugung, wie ein

73 Giedion, Herrschaft, S. 23.

souveränes Subjekt zu handeln, war und ist allzu oft erfahrungsresistent, wie gerade am Beispiel von Kempowskis Computernutzung veranschaulicht. Dieses *Spannungsverhältnis* zwischen subjektiven Wahrnehmungen, subjektivem Erleben einerseits und alltäglichen, mit Technik verflochtenen Praktiken andererseits sowie das Spannungsverhältnis dieser Praktiken mit dem die zentrale menschliche Stellung sichernden Diskurs, mithin die Kluft zwischen *saying* und *doing*, historisch zu analysieren, ist ein wichtiges Anliegen einer Historischen Technikanthropologie, das die Ansätze der symmetrischen Anthropologien verschiebt.

So ist aus historischer Perspektive beispielsweise die Kontinuität einer anthropozentrischen Illusion, die unbeeindruckt von hybriden, gerade nicht anthropozentrischen Praktiken bleibt, unübersehbar. Menschen versichern sich in Diskursen ihrer Sonderstellung, sie garantieren sich ihre kontrollierenden und letztlich entscheidenden Position, bezeichnen Maschinen als ihre Diener, Hilfsmittel und Assistenten, die *für sie* arbeiten. Sie entwerfen, um mit Blumenberg zu sprechen, Mythen, Erzählungen, die auch dazu dienen, die Angst zu vertreiben[74] – während sie auf der Ebene des *doing technology* schon längst in einer engen, nicht trennbaren Verflechtung und Abhängigkeit stehen.[75] Letzteres, die Kluft zwischen Selbstwahrnehmung, zwischen anthropologischer Illusion und alltäglicher Praxis, ist zwar genau *der* Ausgangspunkt symmetrischer Anthropologien sowie auch von Medienökologien, den sie zu überwinden trachten. Die historische Wirkmächtigkeit der anthropologischen Illusion hat daher in gegenwärtigen Ansätzen keinen Platz. Anthropozentrismen sind ein Anathema, sie gelten als Ausdruck zu überwindender moderner Denkweisen. Das jeweilige Zusammenspiel von anthropozentrischem Diskurs und gegensätzlichen Praktiken, bzw. das menschliche Ignorieren von Praktiken, die diese Projektion längst konterkariert haben, historisch wie gegenwärtig zu analysieren, ist jedoch unabdingbar – auch um zu einer zeitgenössisch adäquaten Beschreibungsform zu gelangen.

Denn was Leander Scholz in Anschluss an Hans Blumenbergs betonte, nämlich dass das Selbstverständnis der Menschen noch aus einer vortechnischen Zeit stamme und sie beispielsweise eine Mensch-Natur-Dichotomie stets aufrechterhalten,[76] lässt sich allemal für den Anthropozentrismus und die Mensch-Maschinen-Dualität festhalten. Die Konsequenz ist jedoch nicht zwangsläufig, eine Theorie zu entwerfen, die dies überwindet, wie es Scholz

74 Blumenberg, Beschreibung, S. 40.

75 Vgl. hierzu das Beispiels des Computerschachs: Heßler, Computerschach.

76 Scholz, Menschwerdung, S. 125. Die Rede von der vortechnischen Zeit ist allerdings ohnehin zu hinterfragen. Darauf wurde oben im Text bereits hingewiesen.

und auch Medienanthropologien schlussfolgern. Vielmehr ist die Analyse der Wirkmächtigkeit und der Funktionalität menschlicher Selbstdeutungen in allen Varianten zu untersuchen und unabdingbar für das Verständnis technischer Existenzweisen, historisch wie aktuell, auch wenn sie, oder gerade weil sie gängigen Praktiken widersprechen. Anthropozentrismen und Mensch-Maschine-Dualismen beeinfluss(t)en Technikentwicklung, -verbreitung und -nutzung. Sie sind Teil der je zeitgenössischen Realität, der Wahrnehmungen und Praktiken. Diese aus der Beschreibung auszuschließen, erzeugt blinde Flecken, die das Verständnis vergangener und gegenwärtiger Welten erschwert.

Historisch betrachtet, muss die anthropozentrische Illusion in Beschreibungsformen einer technischen Kultur genauso ihren Platz finden wie historisch wirksame Mensch-Maschinen-Unterscheidungen. Jakob Tanner nannte den anthropos einen „subversive[n] Replikant[en]", der sich stets diskursiv reproduziere.[77] In der Tat, die Persistenz solcher Konzepte ist historisch und bis heute immens. Eine historische Perspektive muss dies immer wieder thematisieren. Ihre Stärke liegt gerade darin, diese Wirkmächtigkeit und die Paradoxien, die sich aus den mythisierenden (Selbst)Projektionen der Menschen und ihrer Maschinen ergeben, freizulegen.

Neben den subjektiven Erfahrungen und Selbstdeutungen, die in gegenwärtigen Anthropologien keinen Platz finden, lenkt eine Historische Technikanthropologie den Blick zum zweiten auf den *Wandel* von Mensch-Maschinen-Verhältnissen, gleichfalls eine Leerstelle in derzeitigen Anthropologien. Symmetrische Anthropologien verfertigen üblicher Weise eine Momentaufnahme. Im historischen Wandel zeigen sich jedoch deutliche Unterschiede in der Weise, Dichte und Intensität von Mensch-Maschinen-Verhältnissen. Die Praktiken in der Fabrik des 19. Jahrhunderts wären zwar zweifellos im Sinne symmetrischer Anthropologien zu beschreiben, jedoch ist die Mensch-Maschinen-Praxis und Interaktion eine andere als im 21. Jahrhundert. Diese Unterschiede gilt es genau darzustellen.

Sehr schön hat dies kürzlich Veronika Settele am auf den ersten Blick vielleicht abseitig wirkenden Beispiel des Melkens aufgezeigt. Die genaue Beschreibung der sich wandelnden Praktiken im Kontext der Mechanisierung legen die sich wandelnden Konfigurationen von Menschen, Kühen und Maschinen offen.[78] Die Positionen, Rollen und Aufgaben von Menschen und Maschinen, ihre Selbstdeutungen und das Zusammenwirken von Menschen und Maschinen haben sich verändert. Settele zeigt beispielsweise, wie die Maschinisierung die Rolle der Menschen verschob, diese jedoch nicht überflüssig machte, sondern zur „unabdingbare(n) Schnittstelle zwischen Tier und

77 Tanner, Anthropologie.
78 Settele, Mensch, S. 44-65.

Maschine"[79] und wie damit Sorgepraktiken von größerer Bedeutung wurden. Die Untersuchung dieser Wandlungsprozesse differenziert die allgemeine Rede von Mensch-Maschinen-Hybriden, Verflechtungen und Interaktionen, indem sie Unterschiede in den Blick nimmt. Dies meint nicht, in alte Dualismen zurückzufallen, sondern sich wandelnde Konfigurationen, Varianten, verschiedene Grade und Intensitäten zu bestimmen.

Das Programm einer Historischen Technikanthropologie ist mithin das einer durchgängigen Historisierung. Sie geht von der Historizität und Pluralität des Menschseins in einer technischen Kultur aus und von der Historizität und Pluralität der Mensch-Maschinen-Konfigurationen. Im Anschluss an die Historische Anthropologie ersetzt sie die so überflüssige wie umstrittene Frage, was der Mensch essentiell sei, mit der Fragen, nach dem historischen „Wie". Dies meint die Frage, *wie* sich Menschen im Verhältnis zu Maschinen jeweils selbst definierten, *wie* sie Distinktionen setzten, aufhoben und um sie stritten. Dies meint weiter, *wie* sie historisch jeweils Bezug zu den Maschinen nahmen und ihr Verhältnis zu diesen zu gestalten suchten und *wie* sich ihr Verhältnis mit den Maschinen im *doing technology* gestaltete und damit zugleich Teil des *doing human* war und ist. Dies meint schließlich, zu fragen, *wie* sich menschliche Existenzweisen und Lebensformen im Kontext von Technik wandelten und *wie* dies wiederum auf Selbstverständnisse und Interpretationen von Menschen und Maschinen zurückwirkte.[80]

Dies impliziert den Blick auf Widersprüchlichkeiten, Paradoxa, Asymmetrien und Symmetrien sowohl in Praktiken wie in Wahrnehmungen und Erfahrungen. Anders als es symmetrische Anthropologien, Medienökologien und -anthropologien nahelegen, die Dichotomien mittels neuer Beschreibungsformen zu überwinden suchen, ist die Analyse dieser projizierten Dichotomien, ihrer Konzeptionierungen, ihrer wechselseitigen Wandlungen sowie gerade auch die historischen Versuche ihrer Auflösung aus der Perspektive einer Historischen Technikanthropologie unabdingbar. Die Logiken von Deutungen und die mit ihnen verbundenen Interessen, die Selbstbeschreibungen und Projektionen in ihrer historischen Wirkmächtigkeit aufzuschlüsseln, ist notwendig – auch für das Verständnis heutiger Technisierungsprozesse, in die sie immer noch hineinwirken.

---

79 Ebd., S. 56.

80 Diese Fragen werden hier offensichtlich aus menschlicher Perspektive gestellt. Dies mag wiederum anthropozentrisch wirken. Jedoch lenken gerade kulturgeschichtliche Herangehensweisen, wie sie in diesem Programm einer Historische Technikanthropologie entwickelt wurden, den Blick auf Redeweisen, Deutungen und Selbstbeschreibungen, die bislang noch immer eine Domäne der Menschen sind, wenngleich diese Interpretamente, das sollte deutlich geworden sein, technisch vermittelt und unter den Bedingungen einer technischen Existenz entstehen und nicht das Produkt souveräner Entitäten sind.

Eine dezidiert technikhistorisch-anthropologische Perspektive ist daher nicht nur eine notwendige Erweiterung der Technikgeschichtsschreibung, sondern zugleich ein Angebot für einen notwendigen interdisziplinären Diskurs mit Technikphilosophie, *Science and Technology Studies* und kulturwissenschaftlicher Medienwissenschaft.

6. Grenzen einer Historischen Technikanthropologie und Ausblick

Das Schreiben der Geschichte einer technischen Kultur kann nur in der Vielfalt unterschiedlicher Ansätze gelingen. Erweitert eine anthropologische Perspektive zum einen die auf soziale, kulturelle, ökonomische und politische Faktoren konzentrierte Technikgeschichte hinsichtlich der Erklärung technologischen Wandels, so sensibilisiert eine anthropologisch orientierte Technikgeschichte zum anderen vor allem für die fundamentale Frage nach dem Wandel des Menscheins in einer technischen Kultur. Gleichwohl weist auch diese Perspektive Grenzen und blinde Flecken auf.

Erstens wäre zu diskutieren, inwieweit eine radikale Historisierung einer eventuell problematischen Positionslosigkeit gleichkäme. Historisierung, wie sie hier vorgeschlagen wurde, zieht sich in gewisser Weise auf Beschreibungen zeitgenössischer Interpretationen und Diskurse zurück, die rekonstruiert, positioniert, reflektiert werden, dabei behauptend den Beobachterstatus einzunehmen und sich (kultur)geschichtlicher Methoden bedient. Diskurse erscheinen als zeitbedingte Standpunkte und Beschreibungsweisen; alles gerät ins Fließen, der feste Boden, von dem aus argumentiert und analysiert wird, beispielsweise der Anthropozentrismus oder im Gegenteil der Anti-Anthropozentrismus, geht verloren.

Ziel einer Historischen Technikanthropologie ist es, eine Meta-Ebene einzunehmen, die Beobachtungen zweiter Ordnung vollzieht und damit eine reflexive Schleife einzieht. Auch heutige Positionen und Theorieangebote werden mithin zum Objekt der Beobachtung, nicht zum alleinigen Standpunkt von dem aus argumentiert wird. Aber auch eine historische Perspektive muss sich gleichermaßen ihrer eigenen Zeit- und Raumgebundenheit bewusst sein, angefangen von bevorzugten Themen, die im Zeitkontext naheliegen, genau wie die Frageperspektiven oder die Grenzen der Verfügbarkeit und Aussagekraft von Quellen.

Eine solch ordnende und reflektierende Beobachterperspektive, die damit anvisiert ist, die Kontinuitäten wie Diskontinuitäten, Dominantes wie Marginales, Pluralität, Heterogenität wie Homogenität einer Zeit gleichermaßen in den Blick nimmt, kann gleichwohl, anders als Technik- oder Medienanthropologien, auch scheinbar Obsoletes, Vorgängiges, das in die Gegenwart hineinragt, die Vielfalt und Widersprüchlichkeit der Praktiken, der Wahrnehmungen und Interpretationen in den Blick bringen. Historische Anthropologie impliziert auch immer, wie Christoph Wulf betonte, Anthropologiekritik als wichtiges Element.[81] Sie impliziert zudem eine selbstreflexive Pointe, die auch gängige zeitgenössische Orthodoxien in ihrer spezifischen Situiertheit und Kontextuiertheit betrachtet, wohlwissend um die historische Bedingtheit der eigenen historischen Beschreibungsweise.

Zum zweiten könnte man einer Historischen Technikanthropologie eine Mikroperspektive vorwerfen, wie es verschiedentlich und nicht zufällig hinsichtlich der Historischen Anthropologie geschah. Gerade der Fokus auf Praktiken nährt diese häufig geäußerte Kritik. In der Verbindung von *saying* und *doing* ist allerdings die stete Verknüpfung gesellschaftlicher Diskurse und Entwicklungen im Sinne einer Makroperspektive mit der Mikroebene der Praktiken gegeben. Zudem verändern Praktiken gesellschaftliche Relationen und Ordnungen wie auch umgekehrt.

Zum dritten ist daran zu erinnern, dass die Anthropologie ein Kind der Aufklärung ist. So vielschichtig und schillernd der Begriff der Anthropologie inzwischen auch ist, so sehr er eine Vielfalt von philosophischen, ethnologischen, naturwissenschaftlichen sowie sozial- und kulturanthropologischen Perspektiven impliziert, so tragen gerade Technikanthropologien Spuren ihrer Entstehung im Kontext einer westlichen Aufklärung, auch dann noch, wenn sie damit beschäftigt sind, sie zu überwinden. Eine globale Perspektive, wie sie innerhalb der Technikgeschichte inzwischen praktiziert wird, indem beispielsweise lokale Aneignungsweisen und lokale Technisierungsprozesse in globalen Kontexten untersucht werden, fehlt hinsichtlich des Mensch-Maschinen-Themas. Mensch-Maschinen-Verhältnisse, die Konzeptionierungen von Menschen und Maschinen und ihrer Relationen im globalen Vergleich sowie im Hinblick auf transnationale Migrationen und Adaptionen von Konzepten oder Praktiken zu untersuchen, ist gerade für eine Historische Technikanthropologie unabdingbar. Dies zu tun, steht an, nicht zuletzt, um den Anspruch einzulösen, die Pluralität und Historizität technisierter menschlicher Existenzweisen zu untersuchen.

81 Wulf, Grundzüge, S. 270.

Literaturverzeichnis

Anders, Günther: Die Antiquiertheit des Menschen, Bd. 1. Über die Seele im Zeitalter der zweiten industriellen Revolution. München 1988 (1956).

Bense, Max: Technische Existenz. Essays. Stuttgart 1949.

Bergson, Henri: Denken und schöpferisches Werden. Meisenheim am Glan 1948.

Bloch, Marc: Apologie der Geschichte oder der Beruf des Historikers, 2. Auflage, Stuttgart 1974 (1949).

Weber, Wolfhard/Engelskirchen, Lutz: Streit um die Technikgeschichte in Deutschland, 1945-1975. Münster u.a. 2000.

Blumenberg, Hans: Beschreibung des Menschen. Frankfurt am Main 2006.

Febvre, Lucien: Das Gewissen des Historikers. Frankfurt am Main 1990.

Gehlen, Arnold: Anthropologische Forschung. Zur Selbstbegegnung und Selbstentdeckung des Menschen. Reinbek 1961.

Giedion, Sigfried: Die Herrschaft der Mechanisierung. Frankfurt am Main 1987 (1948).

Günther, Gotthard: Beiträge zur Grundlegung einer operationsfähigen Dialektik. Hamburg 1976.

Haff, Peter: Humans and Technology in the Anthropocene: Six rules, in: The Anthropocene Review (2), S. 126-136.

Haraway, Donna: Manifesto for Cyborgs: Science, Technology, and Socialist Feminism in the 1980's, in: Socialist Review, (1985), S. 65-108.

Haraway, Donna: Unruhig bleiben. Die Verwandtschaft der Arten im Chthuluzän. Frankfurt am Main 2018.

Heßler, Martina: Vergleich von Mensch und Maschine oder: Die Maschine als Konkurrent, in: Kevin Liggieri/Oliver Müller (Hg.): Mensch-Maschine-Interaktion. Geschichte – Kultur – Ethik. Metzler Handbuch. Stuttgart/Weimar 2019.

Heßler, Martina: »If you can't beat 'em, join 'em«. Computerschach und der Wandel der Mensch-Maschinen-Verhältnisse, in: Frank Bösch (Hg.): Wege in die digitale Gesellschaft, Göttingen 2018.

Heßler, Martina: Die Ersetzung des Menschen? Die Debatte um das Mensch-Maschinen-Verhältnis im Automatisierungsdiskurs, in: Zeitschrift für Technikgeschichte, Bd. 82 (2015) 2, S. 109-136.

Heßler, Martina: Angst vor Technik und das Kontingentwerden »des Menschen« , in: Markus Bernhardt/Stefan Brakensiek/Benjamin Scheller (Hg.), Ermöglichen und Verhindern. Vom Umgang mit Kontingenz. Frankfurt am Main 2016, S. 209-234.

Hornborg, Alf: The Political Ecology of the Technocene. Uncovering Ecologically unequal Exchange in the World-System, in: Clive Hamilton/François Gemenne/ Christophe Bonneuil (Hg.): The Anthropocene and the Global Environment Crisis. Rethinking Modernity in a New Epoch. Abingdon 2015.

Kagermann, Henning/Lukas, Wolf Dieter: Industrie 4.0. Mit dem Internet der Dinge auf dem Weg zur 4. Industriellen Revolution, in: VDI-Nachrichten (2011), 13, S. 2.

Kagermann, Henning u.a. (Hg.): Acatech Studie. Industrie 4.0 im globalen Konntext (2016), in: www.acatech.de/publikationen, S. 7. (acc. 5.12.2017).

Kapp, Ernst: Grundlinien einer Philosophie der Technik. Zur Entstehungsgeschichte der Kultur aus neuen Gesichtspunkten. Braunschweig 1877.

Kempowski, Walter: Alkor. Tagebuch 1989. München 2003.

Kerschenbaum, Matthew G.: Track Chances. A Literacy History of Word Processing. Cambridge, London 2006.

Kittler, Friedrich: Aufschreibesysteme 1800-1900. München 1995.

Krützfeldt, Alexander: Wir sind Cyborgs. Wie uns die Technik unter die Haut geht. Berlin 2015.

Liggieri, Kevin/Müller, Oliver (Hg.): Mensch-Maschine-Interaktion. Geschichte – Kultur – Ethik. Metzler-Handbuch. Stuttgart/Weimar 2019.

Liggieri, Kevin: „Sinnfälligkeit der Bewegung" – Zur objektpsychotechnischen Anpassung der Arbeitsgeräte an den Menschen, in: Zeitschrift für Technikgeschichte 1 (2017), S. 29-62.

Lin, Wen-yuan/Law, John: Knowing Between: patterning, ziran (自然) and nature, 2017. www.heterogeneities.net/publications/KnowingBetweenPatterningZiranNature.pdf. (acc. 1.5.2018)

McLuhan, Marshall: Die Magischen Kanäle. Frankfurt am Main 1970.

Medick, Hans: „Missionare im Ruderboot"? Ethnologische Erkenntnisweisen als Herausforderung an die Sozialgeschichte, in: Alf Lüdtke (Hg.): Alltagsgeschichte. Zur Rekonstruktion historischer Erfahrungen und Lebenswelten. Frankfurt am Main 1989, S. 48-84.

Meyer-Drawe, Käte: Maschine, in: Christoph Wulf (Hg.): Vom Menschen. Handbuch Historische Anthropologie. Weinheim, Basel 1997, S. 726-237, hier S. 727.

Meyer-Drawe, Käte: Menschen im Spiegel ihrer Maschinen. München 2007.

Nordmann, Alfred: Technikphilosophie. Zur Einführung. Hamburg 2008.

Ohne Autor: Ausbildungsfragen im Lichte moderner Fertigungstechnik, in: VDI-Zeitschrift102 (1960), Nr. 27., 21. September, S. 1291.

Pálsson, Gísli: Orientations in Anthropology, in: James G. Carrier/Deborah B. Gewertz (Hg.): The Handbook of Sociocultural Anthropology. London u.a. 2013, S. 21-29.

Popitz, Heinrich: Der Aufbruch zur Artifiziellen Gesellschaft. Zur Anthropologie der Technik. Tübingen 1995.

Popplow, Marucs: Neu, nützlich und erfindungsreich. Cottbus 1998.

Schmidt-Biggemann, Wilhelm: Maschine, in: Historisches Wörterbuch der Philosophie, Bd. 5 (1980), Sp. 790-802.

Scholz, Leander: Szenen der Menschwerdung. Von der Technik- zur Medienanthropologie, in: Christiane Voss/Lorenz Engell (Hg.): Mediale Anthropologie. Paderborn 2015, S. 125-137.

Settele, Veronika: Mensch, Kuh, Maschine. Kapitalismus im westdeutschen Kuhstall, 1950-1980, in: Mittelweg 36 (2017) 1, S. 44-65.

Stiegler, Bernd: Der montierte Mensch. Paderborn 2016.

Süssmuth, Hans: Geschichte und Anthropologie. Wege zur Erforschung der Menschen, in: ders. (Hg.): Historische Anthropologie. Göttingen 1984, S. 5-18.

Tanner, Jakob: Historische Anthropologie, Version: 1.0, in: Docupedia-Zeitgeschichte, 3.1.2012, URL: http://docupedia.de/zg/Historische_Anthropologie?oldid=125462

Themenheft zu Medienökologien der Zeitschrift für Medienwissenschaft 14 (2016), 1.

Voss, Christiane/Engell, Lorenz Engell (Hg.): Mediale Anthropologie. Paderborn 2015.

Weber, Wolfhard/Engelskirchen, Lutz: Streit um die Technikgeschichte in Deutschland, 1945-1975. Münster u.a. 2000.

Wiener, Norbert: Mensch und Menschmaschine, Frankfurt a.M./Berlin 1952. [deutsche Ausgabe von The Human Use of Human Beings].

Winterling, Alyos: Begriffe, Ansätze und Aussichten historischer Anthropologie, in: ders. (Hg.): Historische Anthropologie. Basistexte. Stuttgart 2006.

Wulf, Christoph: Grundzüge und Perspektiven Historischer Anthropologie. Philosophie, Geschichte, Kultur, in: Aloys Winterling (Hg.): Historische Anthropologie. Basistexte. Stuttgart 2006, S. 265-290.

Helmuth Trischler und Fabienne Will

Die Provokation des Anthropozäns

Als der Atmosphärenchemiker Paul Crutzen und der Limnologe Eugene F. Stoermer im Jahr 2000 in einem Newsletter der internationalen Geosphären- und Biosphärenforschung erstmals den Begriff des Anthropozäns zur Sprache brachten, traten sie eine wissenschaftliche Debatte los, die rasch an Dynamik gewann und mittlerweile wie kaum ein anderes Thema in großer Breite diskutiert wird.[1] Hätten die beiden Wissenschaftler das geahnt, hätten sie ihren Vorschlag nicht in einem internen Newsletter, sondern in einer renommierten wissenschaftlichen Zeitschrift veröffentlicht. Das holte Crutzen zwei Jahre später nach, als er in einem einseitigen Artikel zur *Geologie der Menschheit* in der Zeitschrift *Nature* knapp und präzise seine These darlegte: Der Mensch sei durch seine Eingriffe in die Erde in einem so hohen Ausmaß zu einem geologischen Faktor geworden, dass es der Ausrufung einer neuen erdwissenschaftlichen Epoche bedürfe, um diese Entwicklung begrifflich zu spiegeln. Dieses neue Zeitalter des Menschen, das Anthropozän, habe mit der Industriellen Revolution im späten 18. Jahrhundert begonnen. Die Menschheit werde für Jahrtausende der vorherrschende Faktor in der Umwelt sein.[2]

Stoermer hatte den Begriff des Anthropozäns informell bereits seit den 1980er Jahren benutzt. Es blieb aber Crutzen vorbehalten, ihn mit seiner Reputation als Entdecker des Ozonlochs und Nobelpreisträger zu popularisieren. Crutzen hatte im Jahr 2000 auf einer Tagung im mexikanischen Cuernavaca, nachdem der Konferenzleiter immer wieder das Holozän als die gegenwärtige geologische Epoche erwähnt hatte, die Geduld verloren und spontan ausgerufen, dass wir doch längst im Anthropozän leben würden. Seither hat er die Geschichte im Heureka-Narrativ eines spontanen Geistesblitzes mehrfach erzählt, und Will Steffen, der die Tagung in Cuernavaca leitete, hat sie gleichsam authentifiziert und damit einen attraktiven Gründungsmythos des Anthropozäns kodifiziert.[3]

Heute hat die Diskussion um das Zeitalter des Menschen den Rahmen der Bio- und Geowissenschaften längst gesprengt und ist, wie manche kritisieren,

1 Crutzen/Stoermer, Anthropocene; Teile dieses Aufsatzes beruhen auf Trischler, Anthropocene, Trischler, Anthropozän in technikhistorischer Perspektive sowie Trischler/Will, Technosphere.

2 Crutzen, Geology.

3 U. a. von Schwägerl, Konzept, S. 128; vgl. Steffen, Commentary, S. 486.

 | DOI:10.30965/9783657792337_004

zur wissenschaftlichen „Pop Culture" geworden.[4] Wissenschaftlerinnen und Wissenschaftler vieler Disziplinen führen mittlerweile ebenso intensive wie kontroverse Debatten um das Anthropozän, und dies nicht nur in den Naturwissenschaften. Bemerkenswerterweise sind es die Geistes- und Sozialwissenschaften, die auf breiter Front in die Diskussion um ein von der Menschheit geprägtes Zeitalter eingestiegen sind. Das kann nur auf den ersten Blick verwundern, denn schon der Begriff selbst verweist darauf, dass hier nichts weniger als anthropologische Grundfragen verhandelt werden – dies freilich, wie zu zeigen sein wird, in einer neuen Konstellation, die insbesondere durch die Verknüpfung von geologischen und historischen Zeitdimensionen gekennzeichnet ist.

Zudem hat das Anthropozän den Raum der Wissenschaft längst verlassen und wird auch in den Medien und der Öffentlichkeit breit diskutiert. *Willkommen im Anthropozän. Unsere Verantwortung für die Zukunft der Erde*, die weltweit erste große Ausstellung zum Thema, die das Deutsche Museum und das Rachel Carson Center for Environment and Society gemeinsam realisiert haben, ist nur ein Beispiel dafür, wie weit der Begriff heute in der Öffentlichkeit verbreitet ist.

Wie bereits vielfach konstatiert worden ist, sprechen wir mittlerweile nicht mehr von einem, sondern von vielen Anthropozän-Konzepten, die jeweils ganz unterschiedlich gefüllt werden.[5] Gerade in den Geistes- und Sozialwissenschaften wird das Anthropozän in eine Vielzahl von methodischen, theoretischen und konzeptionellen Debatten integriert, was sich auch darin zeigt, dass bereits zahlreiche Hybridbegriffe geprägt worden sind, darunter besonders prominent das „Kapitalozän".[6] Die französischen Wissenschaftshistoriker Christophe Bonneuil und Jean-Baptiste Fressoz differenzieren den Begriff in nicht weniger als einem halben Dutzend Unterkategorien aus, die vom „Thermozän" bis zum „Phagozän" reichen.[7]

Im Folgenden wird erstens die multipolare Debatte über das Anthropozän in groben Zügen entfaltet. Zweitens wird die maßgebliche Rolle von Technik für die Periodisierung des Anthropozäns herausgearbeitet. Drittens werden Konzepte wie Technosphäre und Technozän diskutiert, die bereits in ihrer Begrifflichkeit den analytischen Anspruch signalisieren, die lange Gegenwart als eine von Technik nicht nur geprägte, sondern dominierte Periode zu fassen. Viertens werden exemplarische Ansätze der Technik- und Umweltgeschichte

---

4 Autin/Holbrock, Anthropocene.

5 Vgl. u. a. Toivanen, Anthropocenes, und Davies, Birth, S. 41-68.

6 Vgl. u. a. Haraway, Anthropocene; Head, Contingencies; Moore, Anthropocene.

7 Bonneuil/Fressoz, Shock.

vorgestellt, die basierend auf dem Anthropozänkonzept etablierte Temporalitäten kritisch auf den Prüfstand stellen und neue Narrative entwickeln. Ein kurzes Fazit resümiert, fünftens, die Provokation des Anthropozäns und formuliert mögliche Antworten aus technikhistorischer Sicht.

1. Anthropozän – Die Genese einer multipolaren Debatte

Analytisch lässt sich die multipolare Anthropozändebatte in drei Hauptdiskursstränge aufgliedern: in die Debatte um das Anthropozän als geologisches Konzept, in die Debatte um das Anthropozän als kulturelles Konzept und in die Debatte um das Anthropozän in Medien, Kultur und Öffentlichkeit. Diese Debatten in den unterschiedlichen Feldern sind eng miteinander verwoben und beeinflussen sich wechselseitig.

1.1 *Das Anthropozän als geologisches Konzept*

Die fachwissenschaftliche Diskussion um das Anthropozän als geologischen Terminus geht weit vor die Begriffsbildung durch Crutzen und Stoermer zurück. Sie ist so alt wie das Phänomen selbst, dessen Beginn die beiden Wissenschaftler auf das späte 18. Jahrhundert datieren, als beispielsweise der französische Naturforscher Georges-Louis de Buffon den Gegensatz von originaler und vom Menschen zivilisierter Natur unterstrich und beobachtete, dass die gesamte Erde bereits Spuren menschlichen Einflusses aufwies.[8] Im 19. und 20. Jahrhundert nahmen zahlreiche Forscher den Begriff des Anthropozäns vorweg, besonders markant der Biologe Hubert Markl, der in den 1980er Jahren das „Anthropozoikum“ angebrochen sah. Markl sah keine Datierungsschwierigkeiten und ging davon aus, dass die neue Ära, die sich insbesondere auch durch einen massiven Verlust an Biodiversität auszeichne, bereits begonnen habe.[9] Er sollte sich allerdings täuschen, denn so sehr sich die Proponenten des Anthropozäns darin einig sind, dass die Menschheit mit ihrer hochentwickelten Technik der dominante geologische Akteur ist und für lange Zeit bleiben wird, so wenig Einigkeit herrscht in der Frage, wo der Beginn der neuen Epoche anzusetzen ist. Für Crutzen und Stoermer war um die Jahrtausendwende noch unstrittig, das Anthropozän auf die industrielle Revolution, den Beginn einer fundamentalen Technisierung von Wirtschaft und Gesellschaft, zu datieren. Eine jüngste Metastudie identifiziert jedoch nicht weniger als neun Periodisierungsvorschläge, die ernsthaft diskutiert worden sind. Sie

8 Siehe im Detail Schwägerl, Konzept, S. 128-129; Mauelshagen, Divide, S. 82-95.
9 Vgl. Markl, Natur, S. 319-324.

liegen zwischen dem Beginn der Neolithischen Revolution vor rund 11.700 Jahren und dem Vertrag zum Verbot von Nuklearwaffentests in der Atmosphäre, im Weltraum und unter Wasser von 1963.[10]

Der geowissenschaftliche Diskursstrang hat seinen institutionellen Kern in der *Anthropocene Working Group* (AWG), einer interdisziplinären Arbeitsgruppe, die der *Subcommission on Quaternary Stratigraphy* zu berichten hat. Letztere wiederum berichtet an die *International Commission on Stratigraphy* und diese an die *International Union of Geological Sciences*. Erst wenn dieser vierzügige Instanzenweg erfolgreich durchlaufen ist, gilt ein neues erdgeschichtliches Zeitalter als angenommen. Und selbst dann geschieht dies in zahlreichen Fällen noch unter dem Vorbehalt einer endgültigen Verifizierung stratigrafischer Evidenz. Dies galt bis vor wenigen Jahren auch noch für das Holozän, das über Jahrzehnte hinweg nur Geltung beanspruchen konnte „by convention rather than fully explicated stratigraphical principles".[11]

Als Expertengremium ist die AWG mit der Aufgabe betraut, Datierungsvorschläge auf ihre wissenschaftliche Evidenz hin zu prüfen und basierend auf eigenen stratigrafischen Untersuchungen einen plausiblen Periodisierungsentwurf vorzulegen. Dabei orientiert sie sich an einem festgelegten stratigrafischen Kriterienkatalog, von dem für eine Aufnahme des Anthropozäns in die geostratigrafische Zeitskala drei Hauptkriterien erfüllt sein müssen:

- eine synchrone Basis, die überall auf der Welt zur gleichen Zeit auftritt und ein Ereignis widerspiegelt, das vor der Definition festgelegt wurde.
- eine bestimmte Position in den Sedimentablagerungen, die diese synchrone Basis definiert, üblicherweise in Form eines *Global Boundary Stratotype Section and Point* (GSSP), bekannt als *golden spike*.
- ein bestimmter Rang in der stratigrafischen Hierarchie (Stadium, Phase, Abschnitt, Ära, Periode, Epoche).

Die Arbeitsgruppe geht dabei zentralen geowissenschaftlichen Fragen des Anthropozäns nach: Lässt sich der menschliche Einfluss auf die Erde als messbare Signale in geostratigrafischen Formationen ablesen? Unterscheidet sich die Welt des Anthropozäns merklich von der stabilen Epoche des Holozäns der letzten 11.700 Jahre, in der sich die menschliche Kultur entwickelt hat? Und wo liegt die zeitliche Untergrenze des Anthropozäns?

Die vorläufige Antwort auf diese und weitere Fragen findet sich in einem in der Zeitschrift *Science* publizierten Artikel, der den programmatischen Titel trägt: *The Anthropocene is functionally and stratigraphically distinct from the Holocene*.[12] Die Arbeitsgruppe hat stratigrafische Signaturen ermittelt, die neu

---

10 Lewis/Maslin, Anthropocene.

11 Warde u. a., Stratigraphy, S. 5; vgl. auch Finney/Edwards, Anthropocene, S. 8.

12 Water u. a., Anthropocene.

sind oder deutlich außerhalb der gewöhnlichen Holozän-Variation fallen. Darunter sind Materialien wie etwa elementares Aluminium, Beton, Plastik oder Kohlenstoffpartikel, Veränderungen in den Prozessen der Sedimentbildung etwa durch Euthrophierung und Sedimentabfang hinter Staudämmen und durch Atombombentests ausgebrachte Radionuklide in Sedimenten und Eis.

Doch ob die *Subcommission on Quaternary Stratigraphy* dem Vorschlag, das Anthropozän um die Mitte des 20. Jahrhunderts beginnen zu lassen, zustimmen und an die nächsthöhere Instanz, die *International Commission on Stratigraphy*, weiterleiten wird, gilt keineswegs als ausgemacht. Im Gegenteil, ein von Martin J. Head, dem Vorsitzenden der *Subcommission*, kürzlich publizierter programmatischer Artikel formuliert Skepsis. Den wenigen Vorteilen der Definition einer neuen erdgeschichtlichen Ära stünden vielfache Nachteile entgegen: Die Epoche des Holozäns würde abgeschnitten, und einen solchen Fall hat es in der gut zweihundertjährigen Geschichte der Erdwissenschaften noch nie gegeben. Die gesamte geowissenschaftliche Zeitskala würde verstümmelt, und eine Flut von Literatur zum Holozän stünde der neuen Epoche entgegen.[13]

Die Einwände reichen von fachwissenschaftlichen Argumenten, etwa der Infragestellung der Langzeitdauer potentieller Grenzmarker wie der Radionuklidenschicht in der Atmosphäre, die aus dem Einsatz und der Erprobung von Atombomben resultiert, bis zu moralischen und standespolitischen Bedenken: Ein Intervall in der Erdgeschichte erstmals nicht nur nach einer einzigen Art, sondern nach einer Art, die wir selbst sind, zu benennen, würde die Hybris stärken, die wir überwinden müssen, wenn wir ein ökologisch robusteres Anthropozän schaffen wollen.[14] Der amtierende Vorsitzende der *International Union of Geological Sciences*, Stanley C. Finney, befürchtet gar eine Politisierung seiner Disziplin, denn letztlich gehe es in der Anthropozändebatte nicht um wissenschaftliche Fragen, sondern um „a political statement".[15]

1.2 *Das Anthropozän als kulturelles Konzept*

Geschichte und Literaturwissenschaften, Politologie und Soziologie, Philosophie und Anthropologie sind die geistes- und sozialwissenschaftlichen Fachgemeinschaften, in denen das Anthropozän als kulturelles Konzept besonders

13 Vgl. Head/Gibbard, Subdivision.

14 Vgl. Gibbard/Walker, Term; Finney/Edwards, Anthropocene.

15 Finney/Edwards, Anthropocene, 4. In einer exzellenten Replik weisen Paul Warde, Libby Robin und Sverker Sörlin nach, dass in der Geschichte der Geologie zentrale Konzepte und Fragen häufig an der Schnittlinie zu Politik und Gesellschaft verhandelt wurden; Warde u. a., Stratigraphy, S. 3.

intensiv diskutiert wird. Wie intensiv die Debatte geführt wird, zeigt sich auch darin, dass neben zwei naturwissenschaftlichen Fachzeitschriften zum Anthropozän (*Elementa. Science of the Anthropocene* und *Anthropocene*) mit *The Anthropocene Review* mittlerweile auch ein Journal existiert, das sich vornehmlich an die Geistes- und Sozialwissenschaften richtet. Das Bild hinge kräftig schief, würde man nicht hinzufügen, dass mittlerweile viele weitere Fachgemeinschaften eine vitale Debatte um das Anthropozän führen, etwa die Rechts- und Religionswissenschaften.[16]

Das Anthropozän lässt etablierte Grenzlinien auf vielen Ebenen unscharf werden. Genau darin liegt dessen zentrale Bedeutung als kulturelles Konzept. Der französische Philosoph und Wissenschaftssoziologe Bruno Latour geht sogar noch einen Schritt weiter und stellt nicht nur die moderne Dichotomie von Natur und Kultur in Frage, sondern deren Existenz als separierte Kategorien überhaupt: „The point of living in the epoch of the anthropocene is that all agents share the same shape-changing destiny. A destiny that cannot be followed, documented, told, and represented by using any of the older traits associated with subjectivity or objectivity. Far from trying to ‚reconcile' or ‚combine' nature and society, the task, the crucial political task, is on the contrary to distribute agency as far and in as differentiated a way as possible – until, that is, we have thoroughly lost any relation between those two concepts of object and subject that are of no interest any more except patrimonial."[17] Die Qualität des Anthropozäns, etablierte Kategorien und Grenzen infrage zu stellen, zeigt sich bereits in der Arbeitsgruppe selbst. Denn interessanterweise sind an deren fachwissenschaftlichen Debatten nicht nur Geowissenschaftler, Erdsystemforscher und Ozeanografen beteiligt. Unter ihren 37 Mitgliedern finden sich auch der Rechtswissenschaftler Davor Vidas, der Anthropologe Bronislaw Szerszynski, der Umwelthistoriker John R. McNeill und die Wissenschaftshistorikerin Naomi Oreskes. Mit Andrew C. Revkin, langjähriger Wissenschaftsjournalist der New York Times, gehörte bis vor kurzem auch ein Experte für öffentliche Wissenschaftskommunikation zu diesem interdisziplinären Zirkel.

Deutlicher noch als in den Geowissenschaften melden sich in den Geistes- und Kulturwissenschaften kritische Stimmen zu Wort. Während die einen den analytischen Mehrwert gegenüber etablierten Konzepten bezweifeln, das Verhältnis von Natur und Kultur sowie Umwelt und Gesellschaft zu bestimmen, hegen andere eine noch tiefergehende Befürchtung. Die Benennung einer neuen geowissenschaftlichen Epoche nach dem Menschen würde dem grassierenden Anthropozentrismus massiven Vorschub leisten und die menschli-

---

16 Vgl. u. a. Kersten, Anthropozän-Konzept; Haber u. a., Ökologie; Szerszynski, Anthropocene; Deane-Drummond u. a., Religion.

17 Latour, Agency, S. 17.

che Achtung des moralischen Eigenwerts der Natur weiter schwinden lassen.[18] Zudem werden aus der Anthropologie kritische Stimmen laut. Obwohl nur kleine Gruppen von Menschen in Industrieländern in massiver Form für die Umweltprobleme der Moderne verantwortlich seien, werde – unter Rückgriff auf den *anthropos* als kulturelle Entität – die gesamte Menschheit für verantwortlich erklärt. Anstatt dringend notwendige soziale und politische Veränderungen zu stimulieren, verschleiere der Begriff die Zuschreibung konkreter Verantwortlichkeiten – eine Verantwortung, die eng mit kapitalistischen Interessen in Zusammenhang stehe.[19]

Um keine Zweifel aufkommen zu lassen: Das Anthropozänkonzept braucht kaum etwas dringender als eine konstruktiv-kritische Debatte um seine Leistungsfähigkeit. Und hier ist die Technikgeschichte mit ihrem scharfen Blick für das Verhältnis von Mensch und Technik und die Rückwirkungen der vom Menschen geschaffenen Technik auf Umwelt und Gesellschaft wie kaum eine andere Disziplin dafür prädestiniert, sich kritisch in die Anthropozän-Debatte einzubringen. Der meist allein auf den Begriff abhebende Vorwurf einer Verstärkung des Anthropozentrismus aber verkennt den normativen Fluchtpunkt des Konzepts in fundamentaler Weise. Im Anthropozän geht es gerade nicht um die Bekräftigung der Dichotomie von Natur und Kultur, die sich im Verlauf der Moderne herausgebildet hat, sondern um eine kritische Infragestellung des daraus resultierenden Anthropozentrismus. Nicht von ungefähr findet das Anthropozän als kulturelles Konzept bei Vertretern posthumanistischer Ansätze besonders hohe Resonanz. Das Verwischen der Grenzen zwischen Natur und Kultur stattet nicht-menschliche Akteure mit Handlungsmacht aus – im offenen Raum des Posthumanismus werden hybride Formen der Existenz sichtbar. Solchermaßen verstanden eröffnet das Anthropozän letztlich einen veränderten Blick auf den Menschen und seine vermeintliche Einzigartigkeit auf der Erde.[20] Der Mensch wird, in den Worten der Literaturwissenschaftlerin und posthumanistischen Vordenkerin Ursula Heise, zum Bestandteil „von Netzwerken verteilter Handlungsträger“, die Tiere und Pflanzen ebenso einschließt wie chemische Substanzen und technische Objekte.[21] Das Anthropozänkonzept in posthumanistischer Perspektive verstanden, bedeutet, sich

---

18 Vgl. Manemann, Kritik; LeCain, Anthropocene. Eine vehemente Widerlegung dieser Kritik liefert Schwägerl, Neurogeology.

19 Vgl. Malm/Hornborg, Geology, S. 62-64.

20 Zu einer historisch-anthropologischen Perspektive der Technikgeschichte vergleiche den Beitrag von Martina Heßler in diesem Band.

21 Heise, Posthumanismus, S. 40. Ähnlich die Anthropologin Anna Lowenhaupt Tsing, die ihre Geschichte des Matsutake-Pilzes als anthropozänes Beziehungsgeflecht mit einer luziden Kapitalismuskritik verbindet; Tsing, Pilz.

bewusst zu werden, dass die Menschen in dieses Netzwerk unentrinnbar eingebunden sind, zu jedem Moment und in all ihren Handlungen.

Als besonders kontrovers hat sich die These von einem „guten Anthropozän" erwiesen. Ihre Verfechter, darunter Erle C. Ellis, Mitglied der *Anthropocene Working Group*, lassen sich von der Hoffnung leiten, dass „knowledge and technology, applied with wisdom, might allow for a good, or even great, Anthropocene". Ein gutes Anthropozän erfordere, „that humans use their growing social, economic, and technological powers to make life better for people, stabilize the climate, and protect the natural world".[22] Technikhistorikerinnen und -historiker sind solche Glaubensbekenntnisse in den Technofix nur allzu vertraut. Der Rekurs auf die säkularisierte Heilsgewissheit von Naturwissenschaft und Technik zählt, wie unter anderem Ulrich Wengenroth betont hat, zu den Leitideen der Moderne.[23] Für Thomas Hänseroth ist das Fortschrittsversprechen von Technik nicht weniger als das Signum der Epoche der „Technokratischen Hochmoderne", die mit dem Einsetzen der zweiten industriellen Revolution um etwa 1880 begann und mit der tiefen Zäsur um 1970 auslief.[24] Für James C. Scott ist der Technofix des „high modernism" noch längst nicht zu Ende gekommen, und in der Tat zeigt die Debatte um das „gute Anthropozän", wie tief der Glaube in die Heilskraft von wissenschaftlicher und technischer Kreativität im kulturellen Haushalt moderner Gesellschaften verankert ist und dass er zyklisch wiederkehrt.[25]

Kritiker befürchten, dass ein so weitgehendes Vertrauen in die Fähigkeit von Technik, die negativen Folgen menschlicher Eingriffe in die Erde zu überwinden und die Natur gleichsam zu heilen, den Weg für fragwürdige Konzepte des Geoengineering ebnen würde.[26] Sie können darauf verweisen, dass vor einigen Jahren kein anderer als der ‚Vater' des Anthropozäns selbst, Paul J. Crutzen, aus Verzweiflung über den fortschreitenden Klimawandel vorgeschlagen hat, 1,5 Millionen Tonnen Schwefeldioxidpartikel in die Atmosphäre zu injizieren, um das Sonnenlicht zu reflektieren und so die globale Erwärmung zu stoppen.[27] Dafür wurde er massiv kritisiert. In Folge solcher Diskussionen über technische Eingriffe, bei denen die langfristigen Folgen für Klima und Erde völlig unbekannt sind, hat die Idee des Anthropozäns für viele einen bitteren Nachgeschmack erhalten.

---

22 Asafu-Adjaye u. a., Manifesto, S. 6.
23 Vgl. Wengenroth, Technik, S. 32, 132, 237 u. ö.
24 Vgl. Hänseroth, Technischer Fortschritt; siehe auch Fraunholz/Wölfel, Ingenieure.
25 Vgl. Scott, Seeing.
26 U. a. Latour, Monsters; Latour, Agency; Hamilton, Theodicy; Hourdequin, Ethics.
27 Crutzen, Albedo.

Wie eng der Glaube in die Umweltheilungskräfte der Technik mit handfesten Wirtschaftsinteressen verbunden ist, zeigt das im April 2015 veröffentlichte *Ökomoderne Manifest.* Zu den Autoren dieser Theodizee der Technik zählen neben Erle C. Ellis auch Michael Shellenberger und Ted Nordhaus, Gründer des *Breakthrough Institute*, einer konservativen US-Denkfabrik mit engen Verbindungen zur Industrie. Sie haben sehr kontroverse Bücher veröffentlicht, in denen sie das Ende der Umweltbewegung vorhersagen, sich gegen Klimaverhandlungen stellen und sich für eine Fortsetzung der Nutzung von Kernenergie einsetzen, um das Klima zu schützen und zu stabilisieren.[28] Besonders umstritten ist ihr Versuch, die kumulativen Kosten der Kernenergie im Zeitverlauf neu zu berechnen. Dabei greift das *Breakthrough Institute* auf durch die ökonomische Realität längst widerlegte Thesen wie „there is no inherent cost escalation trend with nuclear power" und Kernreaktorkosten „rise before they fall" zurück und bietet politischen Entscheidungsträgern damit eine Rechtfertigung für den Bau neuer Reaktoren an, anstatt sie dazu anzuhalten, sich von der Kernenergie abzuwenden.[29]

Ellis kritisiert jedoch auch aus einer weiteren Perspektive den Vorschlag seiner Kolleginnen und Kollegen in der *Anthropocene Working Group*, die Formalisierung des Anthropozäns als geologische Epoche rasch voranzutreiben und die 1950er Jahre als deren Beginn zu privilegieren. Dadurch würden die vielen Jahrtausende früherer menschlicher Einflüsse auf die Erde, von der Nutzung des Feuers bis zum Beginn der Landwirtschaft ignoriert und stattdessen ein eurozentrisches, elitäres und technokratisches Narrativ der Mensch-Umweltbeziehungen fixiert. Er fordert daher, Vertreterinnen und Vertreter der Sozial- und Geisteswissenschaften viel stärker als bisher in die Debatten um das Anthropozän einzubeziehen, konsequent eine historische Langzeitperspektive anzulegen und den gesamten Prozess der Entscheidungsfindung offen und transparent neu aufzusetzen: Denn: „How can a human-centred geological period be defined without characterizing the development of societies, urbanization, colonization, trading networks, ecosystem engineering and energy transitions from biomass to fossil fuels?"[30]

Hier zeigt sich besonders deutlich, dass es in der kulturellen Debatte um das Anthropozän gleichsam um das Ganze geht: Wie wollen wir künftig wirtschaften, arbeiten und leben? Welche Rolle soll Technik dabei spielen, und welche Technik wollen wir einsetzen, welche nicht? Und welche neuen Narrative brauchen wir dafür, auch und gerade in der Technikgeschichte? Das macht die

---

28 Vgl. Shellenberger/Nordhaus, Death; Nordhaus/Shellenberger, Break Through.

29 Lovering u. a., Construction, S. 371.

30 Ellis u.a., Scientists, S. 193.

Debatte so spannend und so relevant für unsere Gegenwart und unsere Zukunft, auch und gerade aus technikhistorischer Perspektive.

1.3 *Das Anthropozän als gesellschaftliches Phänomen*

Die öffentliche Debatte um das Anthropozän verläuft kaum weniger vielstimmig. Parallel zum Beginn der geowissenschaftlichen Debatte und noch bevor diese in den Sozial-, Geistes- und Kulturwissenschaften rezipiert wurde, schaffte es das Anthropozän auf die Titelblätter großer internationaler Zeitungen wie *Le Monde, Time Magazine* und *Der Spiegel*. Das erste deutschsprachige Buch zum Anthropozän stammte von dem Wissenschaftsjournalisten Christian Schwägerl.[31]

Mit dem Artikel in *Science*, in dem die AWG die Zwischenergebnisse ihrer Arbeit zu Beginn des Jahres 2016 veröffentlichte, stieß sie in den Medien auf breite Resonanz. Noch vor der Publikation der Printversion erschienen Online-Beiträge etwa in der *Frankfurter Allgemeinen Zeitung*, dem *Züricher Tagesanzeiger*, dem *Guardian*, der *Daily Mail*, der *Washington Post*, dem *New Scientist* und dem *Scientific American*, und noch am Tag der Printausgabe berichteten die wichtigsten Medien weltweit darüber, dass die Wissenschaftlergemeinde eine neue erdwissenschaftliche Epoche vorgeschlagen habe. Das Anthropozän wird zu einer kulturell verhandelten Angelegenheit, welche die Grenzen zwischen Wissenschaft und Gesellschaft sprengt.

Auch Museen und Kulturzentren nehmen die Debatte auf und transformieren sie in forschungsbasierte Ausstellungen. Das 2013 vom *Haus der Kulturen der Welt* in Berlin gestartete *Anthropozän-Projekt* hat weltweit großes Aufsehen erregt, eine Vielzahl von vergleichbaren Aktivitäten angestoßen, und es dient bis heute als weltweit genutztes Forum für Anthropozän-Diskurse. Ähnliches gilt für die 2014 eröffnete Ausstellung *Willkommen im Anthropozän. Unsere Verantwortung für die Zukunft der Erde*, die sich international zahlreiche Einrichtungen zum Vorbild genommen haben, um die Anthropozändebatte öffentlich zu verhandeln.[32] Aktuell werden weltweit mehrere Dutzend Ausstellungen gezeigt, die in unterschiedlicher Größe und unterschiedlichem konzeptionellem Zuschnitt sich die Idee des Anthropozäns aneignen und öffentlich kommunizieren.

Auch in den Künsten, der Ästhetik und der Kulturtheorie beschränkt sich die Aneignung des Anthropozänkonzepts nicht auf theoretische Diskussionen. Künstlerinnen und Künstler oder auch Architektinnen und Architekten begin-

31 Vgl. Schwägerl, Menschenzeit.

32 Vgl. Möllers u. a., Anthropozän; Renn/Scherer, Anthropozän; Robin u. a., Galleries; Robin u. a., Anthropocene.

nen in ihren praktischen Arbeiten, auf den geologischen Imperativ zu reagieren, die Bedeutung des Begriffs für ihre Arbeit zu diskutieren und sie praktisch zu erproben.[33] Das Spektrum der Formate reicht von Tanz- und Theaterinszenierungen über Fashion Shows bis hin zu Comics. Poeten nehmen Inhalte des Konzepts in ihre lyrischen Texte auf und laden Literaturwissenschaftler dazu ein, über solche Umsetzungspraktiken nachzudenken.[34]

Es ist sicherlich noch zu früh, um verallgemeinernde Tendenzen des öffentlichen Diskurses um das Anthropozän herauszuarbeiten. Gleichwohl fällt auf, dass erstens die Medien – und dabei durchaus nicht nur wissenschaftsnahe Journale, sondern auch die Tagespresse und die Massenmedien – sehr früh die naturwissenschaftliche Debatte aufgreifen und jeweils sehr zeitnah über neue Ergebnisse berichten. Die mediale Repräsentation ist dabei, zweitens, einerseits eng mit der Debatte über den Klimawandel verschränkt, geht andererseits aber weit darüber hinaus und reflektiert interessanterweise auch komplexe epistemologische Fragen wie die der wissenschaftlichen Evidenz für ein neues erdgeschichtliches Zeitalter, das nach dem Menschen benannt ist. Es kann kaum verwundern, dass, drittens, die öffentliche Debatte um das Anthropozän in hohem Maße normativ geprägt ist, die Problemdimensionen des menschlichen Einflusses auf die Erde betont und von der Frage geleitet wird, was sich in Politik, Wirtschaft, Wissenschaft und Technik sowie Gesellschaft ändern müsse, um Umweltprobleme zu lösen bzw. ihre negativen Folgen zu reduzieren. Viertens schließlich fällt auf, wie früh und wie breit Künstlerinnen und Künstler mit ihrem feinen Sensorium für kulturell-gesellschaftliche Veränderungen den Anthropozändiskurs aufgegriffen und als Chance erkannt haben, Wandel anzustoßen.

Die multipolare Debatte, die hier aus analytischen und narrativen Gründen in drei separierten Strängen vorgestellt worden ist, ist in der diskursiven Praxis vielfach miteinander verschränkt, ineinander verwoben und aufeinander bezogen. Sie wird auf der einen Seite im disziplinären Container geführt, wobei eine Vielzahl von Wissenschaftsgemeinschaften vor dem Hintergrund ihrer jeweiligen fachlichen *Frameworks* die heuristische und analytische Qualität des Konzepts kritisch überprüft. Sie sprengt auf der anderen Seite aber mit Wucht die disziplinären Grenzziehungen und entwickelt sich in interdisziplinären und transdisziplinären Formaten.

---

33 Vgl. Davis/Turpin, Architecture; Turpin, Art.

34 Vgl. Bristow, Anthropocene; Falb, Anthropozän; Clark, Ecocriticism; Bayer/Seel, Majestät.

2. Technik und die Periodisierung des Anthropozäns

Wissenschaft und Technik haben für die Herausbildung moderner Gesellschaften eine zentrale Rolle gespielt. Erst die umfassende Technisierung aller Lebensbereiche hat jene Eindringtiefe des Menschen in Natur und Umwelt ermöglicht, die wir heute unter dem Begriff des Anthropozäns als Problem und Chance gleichermaßen diskutieren. Die Debatten um die Datierung des Menschenzeitalters kreisen daher zu einem Gutteil um die Frage nach technikhistorischen Prozessen und deren Wirkung auf Natur und Gesellschaft. Die Suche nach dem Beginn der neuen Epoche gestaltet sich als komplexe Frage, die Elemente von *longue durée*-Prozessen menschlicher Geschichte mit rezenten Phänomenen verbindet.

Ein erster Datierungsvorschlag, der in dem Paläoklimatologen William F. Ruddiman einen besonders prominenten Vertreter findet, bezieht sich auf den Übergang von mobilen Gesellschaften der Jäger, Sammler und Fischer zu sesshaften, Ackerbau und Viehzucht betreibenden Gesellschaften. Nach heutiger Kenntnis begann dieser vor rund 11.700 Jahren im Nahen Osten im Gebiet des Fruchtbaren Halbmonds und wird mit dem Begriff der Neolithischen Revolution bezeichnet.[35] Eine Revolution im Sinn eines abrupten Wandels war dieser Prozess, der rund fünf Jahrtausende dauerte, keineswegs, wohl aber im Sinne einer umwälzenden Veränderung. Die langfristigen Folgen dieser epochalen Zäsur sind von Vertretern zahlreicher Disziplinen, darunter auch der Technikgeschichte, instruktiv herausgearbeitet worden. Erstmals veränderte der vorzeitliche Mensch großflächig Landschaften und griff durch die von ihm kultivierten Nutzpflanzen und domestizierten Wildtiere tief in den Genpool der Natur ein. Der Übergang zu Sesshaftigkeit, Ackerbau und Tier- und Pflanzenzucht ging mit neuen Techniken einher: Das Brennen feuerfester Tongefäße erlaubte die Vorratshaltung von Agrarprodukten. Verbesserte Steinwerkzeuge und bautechnische Innovationen ermöglichten die Anlage fester Siedlungsplätze. Die Erfindung des Pflugs schließlich erleichterte das Aufbrechen der Ackerkrume und steigerte die Produktivität.

Bereits die Neolithische Revolution hat nachweisbare Spuren in der Erdgeschichte hinterlassen. Zahlreiche Befunde aus Pollenforschung, Archäologie, Geologie, Geschichte und Kulturanthropologie stützen die These, dass menschliche Eingriffe in die Landschaft Eurasiens im späten Steinzeitalter begannen und in der Bronze- und Eisenzeit eine neue Qualität gewannen. Nur

35 Siehe zum Folgenden Trischler, Anthropocene, Trischler, Geologie; Trischler, Anthropozän in technikhistorischer Perspektive; Trischler, Jahren; vgl. Ruddiman, Anthropogenic; Ruddiman, Anthropocene.

durch diese menschlichen Eingriffe lässt sich erklären, warum die Konzentration von Kohlendioxid und Methan in der Erdatmosphäre während des mittleren Holozäns (6. bis 3. Jahrtausend v. Chr.) auf anomale Werte anstieg, welche die Schwankungen während der vorausgegangenen Jahrhunderttausende erheblich übertrafen.[36] Ruddiman kommt gar auf der Basis der Auswertung der drei verknüpften Indikatoren Waldrodungen bzw. Landnutzung, Treibhausgasemissionen (CO_2 und CH_4) und globaler Temperaturanstieg zu dem bemerkenswerten Ergebnis, dass die Rodungen in neolithischer Zeit einen größeren anthropogenen Nettoeffekt auf den globalen Temperaturanstieg hatten als in industrieller Zeit.[37]

Vor gut 200 Jahren setzte eine weitere Revolution ein, in deren Verlauf die Technik und das technische Wissen rasant expandierten: die industrielle Revolution. Ganze Bibliotheken füllt die Debatte darüber, inwieweit man den Prozess einer umfassenden, technikgestützten Industrialisierung, der sich im Pionierland Großbritannien über fast ein Jahrhundert erstreckte, sinnvollerweise als Revolution bezeichnen kann. Im Ergebnis aber wurden die von der Industrialisierung erfassten Gesellschaften auf eine Weise transformiert, die in der Tat umwälzend wirkte. Treiber waren wiederum technische Innovationen. Im Kern wirkten dabei drei Prozesse zusammen: erstens die Maschinisierung der Handarbeit, zweitens die mechanische Energieerzeugung und -umwandlung durch die Dampfmaschine und drittens die massenhafte Förderung bzw. Erzeugung und Verwendung von Kohle und Eisen. Der Vorschlag Paul Crutzens, das Anthropozän mit der Industrialisierung beginnen zu lassen, hat dann auch in der ersten Diskussionsphase um das Konzept besonderen Anklang gefunden.[38]

Treiber der Industrialisierung war, neben der Mechanisierung des Spinnens und Webens, die Dampfmaschine. Die Dampfkraft löste eine wirtschaftliche und technische Dynamik aus, denn erstmals stand Energie ortsunabhängig zur Verfügung. Als der Bergbau in immer größere Tiefen vordrang, löste die Dampfmaschine das Problem, die Pumpen anzutreiben, die benötigt wurden, um das in die Gruben einströmende Wasser zu entfernen. Die Dampfmaschine wurde mit Kohle befeuert, wodurch wiederum die Nachfrage nach Kohle stieg. Dampfkraft trieb Produktions- und Arbeitsmaschinen in Textil- und Stahlindustrie, Eisenbahn und Schifffahrt an. Waren konnten billiger und in Massen hergestellt werden. Die Industrialisierung kam in Gang. Auch heute noch wird Dampfkraft in Dampfturbinen zur Stromerzeugung in Kraftwerken eingesetzt,

---

36 Vgl. Petit u. a., History.

37 Ruddiman, Anthropocene, S. 65.

38 Vgl. Crutzen, Geology; Steffen u. a., Anthropocene.

aber die Dampfmaschine ist längst durch eine Fülle von Kraft- und Arbeitsmaschinen unterschiedlicher technischer Auslegung wie etwa Heißluftmotoren, Verbrennungskraftmaschinen, die in Form von Otto- und Dieselmotoren insbesondere im Fahrzeugbau zum Einsatz kommen, sowie Gas-, Wasser-, Wind- und Wellenturbinen abgelöst worden.

Technische Neuerungen basierten in der industriellen Revolution selten auf systematischer naturwissenschaftlicher Forschung. Der Wirtschaftshistoriker Joel Mokyr hat nachgewiesen, dass Großbritannien ein Nettoimporteur von Basisinnovationen war, zugleich aber ein Nettoexporteur von kleinteiligen, inkrementellen Innovationen kreativer Erfinder und Bastler.[39] Im Verlauf des 19. Jahrhunderts bildete sich dann jedoch ein tief in die Gesellschaft hineinreichendes technisches Bildungssystem aus, das versierte Instrumentenbauer wie Jesse Ramsden und vielseitige Ingenieure wie Marc Isambard Brunel hervorbrachte, den Konstrukteur der *Great Western Railway*, der Dampfschiffe Great Western und Great Eastern sowie der damals weltgrößten Brücke *Clifton Suspension Bridge*. In diesem Sinne schuf bereits diese erste Welle der Industrialisierung auf wissenschaftlich-technischem Wissen basierende Ökonomien, ehe die zweite Welle der Hochindustrialisierung gegen Ende des 19. Jahrhunderts mit der Chemie und Elektrotechnik als Leitsektoren vollends den Durchbruch moderner, auf wissenschaftlich-technischer Expertise beruhender Innovationssysteme brachte.

Wesentlicher, tiefer und ‚nachhaltiger' als die Neolithische Revolution wirkte die Industrialisierung auf Umwelt und Gesellschaft ein. Nicht von ungefähr findet sich ein seit den 1830er Jahren mit wachsender Intensität geführter Umweltdiskurs. Die Zeitgenossen begannen zu registrieren, dass sich durch die neue Technik Landschaft und Umwelt und nicht selten die eigenen Lebensgrundlagen tiefgreifend veränderten. Im Umweltdiskurs des 19. und 20. Jahrhunderts ging es um die Wahrnehmung des Wandels von Natur im Verhältnis zur Gesellschaft, aber auch ganz handfest um Konflikte über die Verteilung von natürlichen Ressourcen wie Wasser, Holz, Luft und Boden. Besonders drastisch wirkte dabei der enorme Anstieg des Verbrauchs fossiler Energieträger, der aus dem massenhaften Einsatz von kohlebefeuerten Arbeitsmaschinen resultierte. Schon im 19. Jahrhundert erwarben sich britische Industriestädte wie Manchester, Glasgow und auch London den zweifelhaften Ehrentitel *Big Smoke*.[40] Die Entwicklung der kohlebefeuerten, dampfgetriebenen Eisenbahn war dabei nur eines von zahlreichen Technikfeldern, das auf der Nutzung fossiler Energie basierte. Die rasche Verbreitung der Eisenbahn verlieh ihrerseits der

39 Vgl. Mokyr, Economy.
40 Vgl. Brimblecomb, Smoke; Uekötter, Rauchplage.

Eisen- und Stahlindustrie einen kräftigen Schub und beschleunigte so die Industrialisierung. Nimmt man den Kohlendioxid-Anteil in der Atmosphäre als ebenso einfachen wie signifikanten Indikator, so stieg dieser von einem vorindustriellen Niveau von 270-275 ppm (parts per million) auf 310 ppm um die Mitte des 20. Jahrhunderts an.[41]

Der Periodisierungsvorschlag der sogenannten Großen Beschleunigung um die Mitte des 20. Jahrhunderts verzichtet zwar auf den Revolutionsbegriff, lässt sich aber in seiner markanten zeitlichen Verdichtung am ehesten als eine revolutionäre Umwälzung fassen. Wie ein internationales Team von Erdsystem- und Klimaforschern unter der Leitung von Will Steffen gezeigt hat, gingen im Verlauf der 1950er Jahre die Kurven für zahllose Parameter von einem linearen in ein exponentielles Wachstum über. Diese charakteristische exponentielle Kurve in Gestalt eines Hockeyschlägers, die berühmte *hockey stick curve*, lässt sich auf der globalen Ebene für den Verbrauch von Ressourcen wie Erdöl, Wasser und Kunstdünger ebenso nachweisen wie für den Bau von Staudämmen, Automobilen und Telefonen und auch für ökonomische Indikatoren wie den Anstieg des internationalen Tourismus, ausländischer Direktinvestitionen und des Bruttosozialprodukts.[42]

In stratigrafischer Perspektive zeichnet sich sich demzufolge ein wachsender Konsens ab, den Beginn des Anthropozäns in der Mitte des 20. Jahrhunderts zu verorten. In der *Anthropocene Working Group* vertritt aktuell nur eine kleine Minderheit davon abweichende Periodisierungsvorschläge.[43]

Die hier näher vorgestellten Periodisierungsvorschläge sind nicht nur Ankerpunkte der geochronologischen Debatte um den Beginn des Anthropozäns. Sie haben auch, wie weiter unten gezeigt wird, Historikerinnen und Historiker stimuliert, andere Geschichten als üblich zur Technikentwicklung zu erzählen und neue Zeitlichkeiten in der Verknüpfung von geologischen und historischen Temporalitäten zu entwickeln.[44]

3. Technosphäre und Technozän – Technikkonzeptionen in planetarer Perspektive

Der Diskurs um die Rolle von Technik für die Epoche des Menschenzeitalters hat sich in den letzten Jahren ausgeweitet und vertieft. Über disziplinäre

41 Vgl. Petit u. a., History; Bonneuil/Fressoz, Shock.
42 Vgl. Steffen u. a., Change; Steffen u. a., Boundaries.
43 Vgl. Zalasiewicz u. a., Working Group, S. 58.
44 Vgl. zu Technik und Temporalitäten den Beitrag von Heike Weber in diesem Band.

Grenzen hinweg wird er sowohl in den Natur- als auch in den Geistes- und Sozialwissenschaften geführt. Eine Schlüsselrolle hat dabei der Begriff der Technosphäre inne, den Peter Haff eingeführt hat. Der Geophysiker, der auch Mitglied der *Anthropocene Working Group* ist, beschreibt das zunehmend komplexer werdende System von Technik als Technosphäre.[45]

Wie im Fall des Anthropozäns selbst handelt es sich auch bei der Technosphäre um keine gänzlich neue Idee. Sie baut auf älteren Debatten um Technik auf, von denen einzelne Aspekte aufgegriffen werden. Haff bezieht sich etwa auf die Trope einer autonomen Technik, die Technikphilosophen und -soziologen wie Jacques Ellul und Langdon Winner bereits vor einem halben Jahrhundert zu diskutieren bzw. zu widerlegen begannen.[46] Das *Oxford Dictionary* datiert den Begriff folgerichtig bis in die 1960er Jahre zurück.[47]

Haff geht davon aus, dass die Prozesse des globalen Wandels, die durch das Anthropozänkonzept gefasst werden, dazu führen, den *anthropos* als technisches Subjekt zu verstehen. Seine ingeniöse technische Kreativität habe es dem Menschen ermöglicht, tief in den globalen Stoffwechsel einzugreifen. Einen ähnlichen Gedanken – freilich mit völlig anderen Schlussfolgerungen hinsichtlich des Mensch-Umwelt-Verhältnisses – verfolgt der neomaterialistische Ansatz, der Mensch und Kultur nicht als Meister ihrer materiellen Umwelt, sondern als deren Produkte auffasst.[48]

Die Technosphäre beschreibt Haff in systemkritischer Perspektive als ein neu entstandenes Erdsystem, das aus „the world's large-scale energy and resource extraction systems, power generation and transmission systems, communication, transportation, financial and other networks, governments and bureaucracies, cities, factories, farms and myriad other 'built' systems, [...] all the parts of these systems, including computers, windows, tractors, office memos and humans" besteht; und er zählt auch intermediäre gesellschaftliche Institutionen wie Kirchen und NGOs dazu.[49]

Im Unterschied zu frühen Verwendungen des Begriffs in den Naturwissenschaften als der vom Menschen durch Technik modifizierten Umwelt geht Haff nicht von der Annahme aus, dass die Technosphäre in erster Linie ein vom Menschen erschaffenes und von ihm kontrolliertes System ist. Das Funktionieren der modernen Menschheit sei vielmehr das Produkt eines Systems, das jenseits individueller und kollektiver Kontrolle operiere und dem menschli-

45 Vgl. Haff, Humans; Haff, Human.
46 Vgl. Ellul, Society; Winner, Technology.
47 https://en.oxforddictionaries.com/definition/technosphere, 16.01.2018.
48 Einen Überblick bietet LeCain, Anthropocene.
49 Haff, Humans, S. 127.

chen Verhalten seine eigenen Forderungen auferlege. Die Menschen gelten als essentielle, aber dennoch untergeordnete Teile des Systems.

In dieser Perspektive repräsentiert die Technosphäre als autonomes, dynamisches und globales System eine neue Stufe in der Entwicklung der Erde: Auf einer Ebene mit Lithosphäre, Atmosphäre, Hydrosphäre und Biosphäre verortet, agiert sie im Einklang mit physikalischen Prinzipien. Eine Reihe von Regeln, die sogenannten *six rules*, steuern die Beziehung zwischen Technosphäre und Menschheit.[50]

Als eine dieser Regeln identifiziert Haff Führung und Kontrolle. Die menschliche Fähigkeit, Führung zu übernehmen, gilt als Voraussetzung dafür, Kontrolle über ein System ausüben zu können. Jedoch ist Führung nur möglich, sofern das betreffende System bestimmte einfache Strukturen bereitstellt. Zu realisieren ist dies allein dadurch, dass Systeme so weit vereinfacht werden, dass sie mit den Fähigkeiten des Kontrolleurs übereinstimmen. Da die Technosphäre keine solche einfache Struktur bereitstellt, sind weder Führung noch Kontrolle durch den Menschen möglich. Die Regel der Reziprozität impliziert die Regeln der Unzugänglichkeit sowie der Machtlosigkeit: Der Mensch kann nur mit Systemen der eigenen Größe direkt interagieren, nicht aber mit der ihm an Größe überlegenen Sphäre der Technik. Dass die Technosphäre wie etwa auch die Biosphäre auf einer übergreifenden, komplexeren Ebene verortet ist als der Mensch hat einerseits zur Folge, dass – abgesehen von Ausnahmefällen – das größere das kleinere System nicht beeinflussen kann, ohne zugleich viele andere kleine Systeme mit zu beeinflussen. Andererseits ist die Technosphäre als größeres System nicht direkt empfänglich für jedes singuläre (Fehl-)Verhalten kleinerer Systemteile. Denn wäre dies der Fall, würden Ausnahmefälle zu Regelfällen, und jeder Ausfall eines Teils untergeordneter Systeme könnte eine Kettenreaktion auslösen, resultierend in einem umfassenden Systemausfall.

Somit müssen zumindest einige Handlungen einzelner Systemteile den Stoffwechsel der Technosphäre unterstützen, um deren Funktion aufrechtzuerhalten. Die Beziehung zwischen Technosphäre und Menschheit ist von einem Abhängigkeitsverhältnis gekennzeichnet. Mit der Ermöglichung des Transports von Nahrungsmitteln über weite Distanzen etwa leistet einerseits die Technosphäre einen erheblichen Beitrag zum Überleben großer Bevölkerungsteile. Andererseits tragen die Menschen mit dem Aufbau der Infrastruktur zur Weiterentwicklung der Technosphäre bei. Komplettiert wird das Regelwerk durch den Faktor der Bereitstellung. Die Technosphäre muss eine

50 Die sechs Regeln sind: *inaccessibility, impotence, leadership and control, reciprocity, performance* sowie *provision*. Da die Reziprozitäts-Regel diejenigen der *inaccessibility* und *impotence* impliziert, sind nur vier Regeln besonders relevant; Haff, Humans, S. 130-135.

Umwelt bereitstellen, die es den Menschen ermöglicht, ihre unterstützende Funktion zu erfüllen. Phänomene des Anthropozäns wie Umweltzerstörung, Bevölkerungszunahme und die globale Erwärmung aber führen dazu, dass die Technosphäre möglicherweise daran scheitern wird, der *provisional agency*[51] nachzukommen, von der sowohl die Zivilisation als auch die Technosphäre selbst abhängen.

Wie aber lässt sich erklären, dass wir nach wie vor davon überzeugt sind, relativ losgelöst von den Zwängen der Technosphäre agieren zu können? Haff führt diesen scheinbaren Widerspruch darauf zurück, dass wir in all unserem vermeintlich freien Handeln und Entscheiden den Erhalt der Technosphäre – wenn auch unbeabsichtigt – mit unterstützen. Kurzum, alles menschliche Handeln ist technisches Handeln.

Zwar werden Parallelen zur Tradition der Kulturkritik offenkundig, in letzter Konsequenz aber läuft Haffs Technosphären-Konzept auf nicht weniger als eine grundlegende Neuinterpretation der Technikentwicklung hinaus, freilich ohne diese in eine konkrete temporale, räumliche oder gesellschaftliche Perspektive zu setzen. Die Technikgeschichte und die sozialwissenschaftliche Technikforschung sind sich seit den 1970er Jahren darin einig, dass Technik durch die Gesellschaft geprägt wird. Technische Systeme agieren gerade nicht autonom, sondern sind vom Menschen gestaltet. Wie Technik mit anderen gesellschaftlichen Subsystemen wie Politik und Wirtschaft verknüpft ist, wie Wissenschaft und Technik als Wissens- und Artefaktsysteme interagieren, wie Technikproduktion und Techniknutzung aufeinander bezogen sind – über diese und ähnliche Fragen wird intensiv diskutiert und trefflich gestritten, und es werden insbesondere auch immer wieder neue Konzepte vorgelegt, welche kulturellen Faktoren Technik prägen und wie diese ihrerseits mit Kultur interagieren. Der vorliegende Band reiht sich prominent in diese Agenda ein.

Ganz anders aber Haff: Er versteht Technik, wie dargestellt, nicht als Konsequenz menschlichen Handelns, sondern sieht die Menschheit als Teil des dynamischen, von ihr gerade nicht zu kontrollierenden Erdsystems der Technosphäre, aus dem sie nicht ausbrechen können und in dessen Dienst sie

51 Der Begriff *provisional agency* bezieht sich auf die Wirkungsweise der Technosphäre, die sich aus der Regel der Bereitstellung ergibt. Die Technosphäre muss eine Umgebung bereitstellen, die es allen Systemteilen, darunter auch den Menschen ermöglicht, ihre unterstützende Funktion zu erfüllen. Nur dann kann sie selbst funktionieren. Da die Technosphäre allerdings auch von bestimmten Ressourcen und damit einer funktionierenden/gesunden Umwelt abhängt, diese aber angesichts der Prognosen des Anthropozäns nicht mehr bzw. zeitnah nicht mehr gewährleistet ist, wird sie möglicherweise bald nicht mehr in der Lage sein, eine adäquate Umgebung für die sie unterstützenden Systemteile bereitzustellen; Haff, Humans, S. 105.

agieren. Demzufolge sind die Menschen „locked into technospheric feedback loops of performance and provision [...], from which position they cannot exit without peril to necessities of existence".[52]

Während Haff die Technosphäre primär im zeitlichen Sinn versteht, im Grunde gleichbedeutend mit dem Anthropozän als einer neuen geologischen Epoche, bevorzugen es die meisten Wissenschaftler, die sich das Konzept zu eigen gemacht haben, es in einem räumlichen Sinn zu verwenden, wie es der Begriff der „Sphäre" nahelegt. So hat sich die *Anthropocene Working Group* die Aufgabe gestellt, die Masse und Diversität der physikalischen Technosphäre in einer ersten vorläufigen Abschätzung zu quantifizieren. Zu diesem Zweck definiert sie die physikalische Technosphäre als die Gesamtheit des materiellen Outputs aller menschlichen Unternehmungen, bestehend aus ruraler, urbaner, unterirdischer und Aerosphäre. Die Masse der Technosphäre wird auf etwa 30 Billionen Tonnen (Tt) geschätzt; das entspricht rund 50 kg pro Quadratmeter Erde. Die Diversität komplexer technische Objekte, die sich als potentielle Spurenfossilien eignen, wächst rasch. Man geht von 130 Millionen fossilierbaren Arten technischer Objekte aus.[53] Damit überträfe die technofossile Diversität auf Basis paläontologischer Kriterien die biologische Diversität bereits an Reichtum.

Grundsätzlich versteht die Arbeitsgruppe die Technosphäre als Subkategorie des Anthropozäns, wobei sich der stratigrafische Untersuchungsgegenstand der materiellen Technosphäre deutlich von demjenigen des Anthropozäns, der *Anthropocene Series*, unterscheidet. Letztere schließt alle Strata ein, die sich während des Anthropozäns abgelagert haben. Dazu zählen neben anthropogenen auch solche Sedimente, die sich ohne erkennbaren menschlichen Einfluss während der Zeit, die das Anthropozän umfasst, abgelagert haben. Nach traditioneller Klassifikation jedoch sind die offensichtlichsten Teile der physikalischen Technosphäre wie Gebäude oder Motorfahrzeuge nicht Bestandteil der *Anthropocene Series*. Hingegen zählen Sedimentablagerungen in der Tiefsee, in Schnee oder Eis, die in der *Anthropocene Series* enthalten sind, aber völlig losgelöst von jeglichem menschlichen Einfluss entstanden sind, nicht zur materiellen Technosphäre. Die Arbeitsgruppe ist der Ansicht, „the physical technosphere provides an alternative prism within which the Anthropocene phenomenon can be considered, that more clearly reflects its dynamic nature than does the chronostratigraphic Anthropocene Series".[54]

---

52 Haff, Human, S. 108.

53 Zahlen nach Zalasiewicz u. a., Scale.

54 Ebd. S. 18.

Grundlegende Kritik an Haffs Ansatz kommt dagegen sowohl aus den Reihen der Naturwissenschaften als auch aus den Sozial- und Geisteswissenschaften. Sie bezieht sich erstens auf die mangelnde Berücksichtigung direkter Wechselwirkungen der Technosphäre mit anderen Systemen und Faktoren. Zweitens, und mehr noch, wird die inhärente Degradierung der Menschheit bemängelt, indem Haff der Technosphäre eine relative Autonomie zuschreibt.[55] Interessanterweise werfen hier gerade diejenigen, die befürchten, das Anthropozän-Konzept würde dem grassierenden Anthropozentrismus Vorschub leisten, Haff vor, mit seiner These einer autonomen Technosphäre den Menschen aus dem Fokus zu verlieren.

Eine Forschungsgruppe rund um den Erdsystemwissenschaftler Jonathan Donges bezieht in ihr Verständnis der Technosphäre die makrosoziale Ebene ein und legt den Fokus auf die Koevolution makrosozialer und technischer Strukturen während und in Folge der Großen Beschleunigung. Im Gegensatz zu Haff geht die Gruppe von einer direkten Interaktion von Technosphäre und Gesellschaft aus: Megagesellschaften und Technikkomplexe befinden sich auf einer Ebene, was direkte Wechselwirkungen ermöglicht. Abhängigkeiten laufen nicht zwangsläufig in eine Richtung.[56]

Mit Interdependenzverhältnissen setzt sich auch eine vom Haus der Kulturen der Welt in Berlin ins Leben gerufene Online-Publikation auseinander, die sich das Ziel setzt, das Konzept der Technosphäre inter- und transdisziplinär weiterzudenken. Das *Technosphere Magazine* zielt darauf ab, die verschiedenen Aspekte des Konzepts aus unterschiedlichen Perspektiven zu reflektieren und dabei wissenschaftliche, künstlerische und experimentelle Ansätze zu vereinen. Seine Initiatoren verstehen die Technosphäre als „the defining matrix and main driver behind the ongoing transition of this planet into the new geological epoch of humankind, the Anthropocene“. Sie resultiere aus der Ubiquität menschlicher Kultur und globaler Technologien und verknüpfe Technik und Natur in unauflöslicher Form zu einer Art höherer Ökologie.[57]

Auch der Anthropologe und Humanökologe Alf Hornborg geht von der enormen gesellschaftlichen Prägekraft von Technik aus und denkt diese jedoch nicht in räumlicher, sondern in zeitlicher Perspektive. Konsequenterweise plädiert er dafür, anstelle des Anthropozäns mit dem Technozän als

---

55 Vgl. Lorimer, Anthropo-scene; Donges u. a., Technosphere; LeCain, Anthropocene; Edwards, Knowledge; Szerszynski, Technosphere.

56 Vgl. Donges u. a., Technosphere.

57 Editorial, https://technosphere-magazine.hkw.de/about (1.02.18). Für einen Versuch, die Technosphäreidee technikhistorisch produktiv in neue Narrative zu übersetzen s.a. Möllers u.a., New Machine.

Epochenbegriff zu operieren.[58] Ausgangspunkt seiner Untersuchung bildet die Frage nach dem Sinn, in kartesischen Kategorien zu denken, sowie nach dem Mehrwert, der sich aus einem Wandel in Richtung post-kartesischen Denkens ergäbe. Ein Denken in der Dichotomie von Natur und Kultur führe geradezu zwangsläufig dazu, ausgehend von der Materialität von Technik diese der Natur zugehörig zu klassifizieren.[59] Post-kartesische Konzepte, wie etwa die Akteur-Netzwerk-Theorie und der Posthumanismus, lösen den Dualismus von Natur und Kultur bzw. Umwelt und Gesellschaft gänzlich auf. Ohnehin stellt sich durch die rasante anthropogene Überformung der Biosphäre mehr und mehr die Frage, wo „Natur aufhört und Kultur" beginnt.[60] Hornborg favorisiert einen dritten Weg: Trotz der untrennbaren Verbindung von Natur und Kultur bestehe kein Anlass, deren analytische Separierung aufzuheben. Denn „there are social objects and natural subjects":[61] Die scheinbar objektiv operierende Technik hänge von der subjektiv und sozial konstruierten Ökonomie ab. So gelte die These, dass die Kategorien Natur und Gesellschaft obsolet seien, allein für die abstrakten Imaginationen dieser Kategorien als in der Realität voneinander losgelöste Bereiche, nicht aber für deren analytischen Nutzen.

Im Einklang mit der Anthropozän-These von der Zentralität des anthropogenen Einflusses und im Anschluss an die Technikgeschichte und sozialwissenschaftliche Technikforschung steht für Hornborg die Frage nach der sozialen, ökonomischen und eurozentrischen Dimension von Technik im Fokus.

Ganz im Sinne Paul Crutzens setzt er den Beginn des Technozäns mit der industriellen Revolution im späten 18. Jahrhundert an. Die konventionelle Historiografie nehme die Entwicklung ingenieurtechnischen Wissens und die Verwendung fossiler Brennstoffe als maßgebliche Faktoren für die Industrialisierung an und verkenne dabei aber, dass diese von Beginn an auf hoher sozialer Ungleichheit aufbaute und deren Errungenschaften global noch heute sehr ungleich verteilt seien: „This uneven distribution of modern, fossil-fuel technology is in fact a condition for its very existence. [...] What we have understood as technological innovation is an index of unequal exchange."[62]

Die Störung des biogeochemischen Zyklus der Erde durch massiven Technikeinsatz sei jedoch keineswegs eine bewusste Entscheidung des Wirtschaftsbürgertums gewesen. Vielmehr handelt es sich dabei, in den Worten des Soziologen Daniel Cunha, um ein „product of unconsciousness and

58 Vgl. Hornborg, Anthropocene, S. 9.
59 Ebd.; Hornborg, Technology as Fetish.
60 Vgl. Descola/Sahlins, Nature.
61 Vgl. Hornborg, Fetishistic, S. 93.
62 Hornborg, Ecology, S. 60.

objectification",[63] einen von Profitgier angestoßenen Prozess, der zunehmend außer Kontrolle geriet. In der Sicht von Hornborg wie auch Cunha hilft das marxistische Fetischismuskonzept weiter, um ein kritisches Verständnis der Rolle von Technik im Anthropozän zu gewinnen.[64] Die Fetischthese des späten Marx, in der er seine Entfremdungsthese weiterentwickelte, schreibt technischen Artefakten autonome Wirkungskraft zu. Im Einklang mit der weitgehenden Gleichsetzung von Anthropozän und Kapitalozän wird das Technozän als „fetishized form of interchange between Man and Nature historically specific to capitalism" beschrieben.[65] Die Menschen unterwerfen sich den Artefakten, die sie selbst erschaffen haben und wälzen so die Verantwortung für Mensch-Umwelt-Beziehungen auf Dinge ab.[66]

Laut Hornborg ist die Menschheit als kollektive Entität nie als historischer Agent in Erscheinung getreten – auch nicht während der Industrialisierung. Da das Anthropozänkonzept irreführenderweise dazu verleite, die Menschheit als genau diese undifferenzierte, kollektive Entität zu begreifen, favorisiert er das Konzept des Technozäns, um die neue geologische Epoche zu bezeichnen: „To suggest alternative designations such as the 'Capitalocene' or 'Technocene' is to evoke the very real logic of a blind socioecological system, not the subjective choice of the ruling class."[67]

Die Debatten um die Technosphäre und das Technozän zeigen, dass die Analyse technischer Prozesse und deren wirtschaftliche, politische, gesellschaftliche und kulturelle Wirkungen untrennbar mit ethischen Fragen wie der nach Verantwortung und Gleichheit bzw. Ungleichheit verbunden sind. Normative Perspektiven des Mensch-Technik-Umwelt-Verhältnisses, die in technikhistorischen Arbeiten meist eher implizit verhandelt werden, stehen im Fokus der Debatten um Technosphäre und Technozän. Und beide Konzepte werden ebenso wie das Anthropozän nicht in intradisziplinär festgefahrenen Diskursen erörtert, sondern häufig in inter- und transdisziplinären Settings.

---

63 Cunha, Geology, S. 263.

64 Vgl. Malm/Hornborg, Fetishism; Cunha, Anthropocene. In der Zeitschrift *The Anthropocene Review* finden sich mehrere Artikel von den Humanökologen Andreas Malm und Alf Hornborg einerseits und Daniel Cunha andererseits, die direkt aufeinander Bezug nehmen. Darin diskutieren sie in erster Linie die Frage nach der Verantwortlichkeit bestimmter Akteursgruppen im Anthropozän und teilen die Einschätzung von der ungebrochen hohen Erklärungskraft des Marxsche Fetischismuskonzepts.

65 Cunha, Anthropocene, S. 65.

66 Vgl. Hornborg, Ecology; vgl. auch Soriano, Anthropocene.

67 Malm/Hornborg, Fetishism, S. 206.

4. Neue Narrative der Technik- und Umweltgeschichte in anthropozäner Perspektive

Nicht von ungefähr wird das Anthropozän in den Geschichtswissenschaften, insbesondere in der Umwelt- und Technikgeschichte, intensiv diskutiert. Wie Stratigrafinnen und Stratigrafen sind Historikerinnen und Historiker als Experten für die Periodisierung der Menschheitsgeschichte von der Anthropozänthese ganz unmittelbar betroffen, denn in den Debatten um den Beginn des Anthropozäns werden letztlich zentrale technikgeschichtliche Fragen verhandelt. Sich in die Diskussion um das Anthropozän als kulturelles Konzept einzumischen, bedeutet nicht weniger als die Herausforderung, etablierte Narrative und Zeitlichkeiten kritisch auf den Prüfstand zu stellen.

Zahlreiche international führende Historiker haben diese konzeptionelle Herausforderung angenommen und erzählen ihre Geschichten im Lichte des Anthropozäns neu. Dipesh Chakrabarty, Vordenker der Postkolonialen Studien, fordert als Konsequenz des menschengemachten Klimawandels nicht weniger als einen „Klimawandel" auch in den Geschichtswissenschaften. Auch er erachtet die für die Moderne charakteristische Trennung zwischen Natur und Kultur als überholt und plädiert stattdessen dafür, die Geschichte des Menschen und die Geschichte der Natur nicht mehr als voneinander getrennte Kategorien, sondern als integrale Geogeschichte zu begreifen. Da sich im Anthropozän kulturelle, wirtschaftliche, soziale und politische Ordnungen gemeinsam mit natürlichen Ordnungen entwickeln, bedürfe es eines konsequenten Perspektivenwandels, der zu neuen Narrativen führe. Das klassische historische Verständnis hält Chakrabarty für veraltet, denn die Geschichte als Disziplin „exists on the assumption that our past, present, and future are connected by a certain continuity of human experience. We normally envisage the future with the help of the same faculty that allows us to picture the past. [...] Thus, our usual historical practices for visualizing times, past and future, times inaccessible to us personally – the exercise of historical understanding – are thrown into a deep contradiction and confusion."[68] Eine jüngst publizierte multidisziplinäre Analyse der Thesen Chakrabartys zeigt auf, wie diese als Ausgangspunkt für neue Erzählungen zum Mensch-Umwelt-Verhältnis genutzt werden können und für die kulturelle Ausdeutung des Anthropozäns von eminenter Bedeutung sind.[69]

Basierend auf seiner Mitarbeit in der Anthropozän-Arbeitsgruppe entfaltet der Umwelthistoriker John R. McNeill mit Peter Engelke als Ko-Autor seine

68 Chakrabarty, Climate, S. 198-199.

69 Vgl. Emmett/Lekan, Anthropocene; ähnlich jüngst Davis, S. 48-62.

Globalgeschichte seit dem Zweiten Weltkrieg als Narrativ des Anthropozäns im Zeichen der Großen Beschleunigung.[70] Dabei nimmt er in erster Linie die Nutzung der Kernenergie, Kohlendioxid- und Schwefeldioxidemissionen, Süßwassernutzung und Bewässerung, den Einsatz von Düngemitteln sowie die Freisetzung toxischer Chemikalien in den Blick, um nur einige Indikatoren für die Umweltveränderungen seit der Großen Beschleunigung zu nennen. Den Geologinnen und Geologen, die einen eindeutigen *golden spike* benötigen, schlägt er vor, in den 1940er und 1950er Jahren geborene Säugetiere zu untersuchen. Aufgrund der in dieser Zeit beginnenden Atomwaffentests ließe sich in deren Zähnen und Knochen zum ersten Mal in der Geschichte auf menschliche Technik zurückgehende Radioaktivität nachweisen. Das Teststoppabkommen von 1963 ließ diese Radionuklid-Signatur dann wieder schwächer werden. Einige dieser Knochen und Zähne könnten Bestandteil einer Sedimentschicht werden, welche die Zeit um die Mitte des 20. Jahrhunderts von all dem unterscheidet, was vorher war und danach kam.

Der Globalhistoriker Paul Dukes wiederum wählt eine andere Zeitlichkeit. Seine Geschichte der letzten 250 Jahre umfasst die Ära des Anthropozäns, die er mit dem Ende des Siebenjährigen Kriegs (1763) und der durch die Weiterentwicklung der Dampfmaschine durch James Watt (1764) beförderten Industriellen Revolution beginnen lässt. Im Anthropozän hat sich der Mensch dank seiner wissenschaftlich-technischen Kreativität in die Erde eingeschrieben. Dukes versteht seine Erzählung als eine pandisziplinäre Antwort auf die andauernde Krise, die zeigt, dass „after aeons of the development of planet Earth, we have created the mess in no more than two centuries".[71] Das Anthropozänkonzept präsentiert sich für ihn als einzigartiges Instrument, um geologische Zeit mit historischer Zeit zu verknüpfen und den Fokus gleichzeitig auf „major advances in the natural sciences and their applications" zu richten.[72] Auf die vergleichsweise junge Vergangenheit beschränkt, lässt sich das Konzept des Anthropozäns besonders gut mit seinem Bestreben vereinbaren, Umweltveränderungen zu erzählen, die aus der wissenschaftlichen Kreativität und technischen Erfindungsgabe der Menschheit seit dem Beginn der Industrialisierung resultieren.

Ein instruktives Beispiel, welche analytische und narrative Kraft von der Anthropozän-Hypothese ausgehen kann, bietet die brillante Studie des Technik- und Umwelthistorikers Gregory T. Cushman über den aus den Exkrementen des Guano-Tölpels gewonnenen, äußerst phosphatreichen Naturdünger

70 Vgl. McNeill/Engelke, Anthropocene; McNeill/Engelke, Acceleration.

71 Dukes, History, S. 5.

72 Dsukes, Minutes, S. 4-5.

Guano. Cushman beleuchtet die dramatischen globalhistorischen Folgen, die aus der Ausbeutung der Guano-Vorräte auf vor der Pazifikküste Perus gelegenen Inseln seit den 1840er Jahren resultierten. Schreibt man Geschichte aus der Perspektive dieses Stoffs, der die Welt tiefgreifend verändert hat, so spricht vieles dafür, das Anthropozän um die Mitte des 19. Jahrhunderts beginnen zu lassen. In den Worten von Cushman: „Nitrogen compounds have turned the Andean legend of El Dorado into reality, down to the nitrogen-based cyanide now used to leash gold from its ore." Und er verlängert die historischen Kontinuitätslinien solcher Stoffe in die ferne Zukunft hinein. „Our waste nitrogen phosphate is likely to leave a mark that will last until our planet died in the red blazing fire of our aging sun."[73]

Nicht von ungefähr sind Studien, die auf den rasant wachsenden Verbrauch an natürlichen Ressourcen wie fossile Energieträger oder Mineralien im Verlauf der Industrialisierung fokussieren, besonders deutlich von der Anthropozänthese inspiriert. Ressourcen waren – und sind – das Schmiermittel industrialisierter Gesellschaften in der Ära des Kapitalismus. Ihre wachsende Nutzung lässt sich ebenso quantitativ vermessen und qualitativ bewerten wie ihre Umweltauswirkungen. Cushmann hat den Verbrauch wichtiger Rohstoffe wie Phosphor von 1830 bis 1913 analysiert und schlägt auf der Basis des von ihm ermittelten Ressourcenverbrauchs vor, „that industrial civilization's unprecedented exploitation of the lithosphere in the decades leading up to 1913 as part of the Second Industrial Revolution should become our primary marker for the onset of the Anthropocene".[74] Nicht die zweite Beschleunigung in den 1950er Jahren, sondern diese erste Beschleunigung sei die eigentlich markante Zäsur auf dem Weg in das Anthropozän, das er deshalb auch mit den alternativen Begriffen „Plantationocene" oder „Eurocene" belegt.[75]

Die jüngere Technikgeschichte hat erhebliche Anstrengungen unternommen, das tief in die Geschichte der Industrialisierung eingeschriebene Fortschrittsnarrativ kritisch zu reflektieren. Insbesondere die zahlreichen Arbeiten, die an der Schnittlinie von Technik-, Wissens- und Umweltgeschichte argumentieren, haben zu einem differenzierten Bild der Transformation von Umwelt und Gesellschaft als Folge der Industrialisierung beigetragen.[76] Aus postindustrieller Perspektive stellt sich dabei u.a. die Herausforderung des kulturellen Umgangs mit dem überkommenen industriekulturellen Erbe, der so

73 Cushman, Guano, S. 346.

74 Cushman, Phosphorus.

75 Vgl. Emmett/Nye, Humanities, S. 98, die instruktiv das Potential des Anthropozäns für die boomenden Environmental Humanities ausleuchten (S. 93-116).

76 Aus der Fülle der Literatur exemplarisch Uekötter, Umweltgeschichte; Radkau, Technik; Blackbourn, Conquest.

genannten kulturalisierten Industrielandschaft oder auch Industrienatur, wie wir sie in Deutschland etwa im Ruhrgebiet, im Saarland und in der sächsischen Lausitz vorfinden. Inspiriert durch die kulturelle Anthropozändebatte hat jüngst eine Forschungsgruppe am Deutschen Bergbau-Museum vorgeschlagen, den tendenziell entfunktionalisierten Begriff der Industrienatur durch „Landschaft des Anthropozäns" zu ersetzen. Ein solche anthropozäne Narrativierung ermögliche „eine konzeptionelle Integration post-industrieller Landschaftselemente, die konstitutiv für kulturalistische Industrielandschaften sind"; sie wirke als Korrektiv für die in den Praktiken der Industriekultur vielfach anzutreffende Enthistorisierung industrieller Stätten und ermögliche es stattdessen, die tiefen Folgen industrieller Landschaftsnutzung zu beleuchten.[77]

Nicht nur die Geschichtswissenschaften stoßen bei dem Versuch, sich der Thematik adäquat zu nähern, an die Grenzen ihrer Disziplin. Auch die Geowissenschaften sehen sich damit konfrontiert, von ihrer klassischen Vorgehensweise abzurücken und eine ihrer eigenen Methodologie fremde Perspektive zu integrieren. Die Frage nach dem *golden spike* für das Anthropozän zwingt die Stratigrafen, sich vorzustellen, wie geologische Schichten in einer fernen Zukunft aussehen und welche künftigen Fossilien überdauern werden, um den Beginn der Epoche des Anthropozäns zu dokumentieren. Als besondere Schwierigkeit entpuppt sich hierbei, dass die „idea of the Anthropocene fossilises an idea of responsibility in the stratigraphy from which it is hard to return".[78]

Man muss jedoch nicht diese sehr ferne Zukunft der Erde im Blick haben, und auch nicht den fast 14 Milliarden Jahre zurückliegenden Urknall als dem Anfang von allem, wie dies Vertreter der „Big History" propagieren,[79] um die durch die Anthropozändebatte eröffnete Perspektive zu erkennen, unterschiedlich Zeitskalen miteinander zu verknüpfen. Das Anthropozänkonzept ermöglicht es, geologische Zeit und historische Zeit zu neuen Narrativen zu verknüpfen, die auf neuen Zeitlichkeiten basieren.[80] Erdgeschichte und Menschengeschichte verlaufen nicht mehr unabhängig voneinander, sondern verbinden sich zu einer integrierten Geo-Geschichte. Die Menschheit gestaltet die Erde und wird ihrerseits durch geologische Signaturen geprägt, an die wiederum der Mensch Hand angelegt hat. Diese doppelte Wechselwirkung und das damit einhergehende Verwischen der Grenzen zwischen Natur und Kultur werden zum Signum des Anthropozäns, das unterschiedliche Zeitskalen

77 Vgl. Golombek/Meyer, Erbe, S. 210.

78 Warde u. a., Stratigraphy, S. 250.

79 Programmatisch hier v. a. Christian, Maps; vgl. auch das von Bill Gates unterstützte Big History Project https://school.bighistoryproject.com/bhplive (17.1.18) sowie Dukes, History.

80 Vgl. Trischler, Anthropocene; Trischler, Anthropozän; Robin, Future.

miteinander verschränkt. Es verbindet die lange, bis hinter die Neolithische Revolution zurückreichende Periode menschlicher Eingriffe in die Erde mit der Gegenwart des ‚langen Jetzt' und der daraus erwachsenden Verantwortung für die Zukunft. Mit dem Hinweis darauf, dass die Geologie aus den Geisteswissenschaften heraus entstanden ist, formuliert der Anthropologe Bronislaw Szerszynski ein Paradox. Die strikte Trennung und scheinbare Unvereinbarkeit von historischer und geologischer Zeit stelle nur ein weiteres gedankliches Konstrukt dar, das ebenfalls mit der kategorialen Trennung von Natur und Kultur in der Moderne einhergeht.[81] Zwar schmälert das nicht die Herausforderung und Leistung des Anthropozäns, diese beiden Zeitdimensionen wieder zusammenzubringen. Die Machbarkeit dieser Zusammenführung rückt jedoch in greifbarere Nähe.

Das von dem kalifornischen Utopisten Steward Brand und seiner *Long Now Foundation* ins Leben gerufene Projekt des Baus einer Uhr (*Clock of the Long Now*), die unabhängig von menschlichen Eingriffen über 10.000 und mehr Jahre hinweg laufen können soll, verweist eindrucksvoll auf die geradezu dialektische Konstellation, dass die Menschheit Verantwortung für die in eine schier endlos ferne Zukunft hineinreichenden Folgen ihres Handelns zu übernehmen hat, ohne zu wissen, wie sie dieser Verantwortung gerecht werden kann.[82] Deutlich wird diese Dialektik etwa im deutschen Standortauswahlgesetz (StandAG) für ein Endlager für radioaktiven Abfall, das vorschreibt, für eine Million Jahre Sicherheit für Atommüll zu schaffen. Dieser verzweifelte, an Hybris grenzende Versuch lässt erahnen, dass es sich bei hochradioaktivem Abfall um eine Substanz handelt, die nicht wir beherrschen, „sondern die uns Menschen – solange es uns in den kommenden eine Million Jahren noch gibt – beherrschen wird", kommentiert der Jurist Jens Kersten.[83]

Die Probleme der nuklearen Abfallwirtschaft verdeutlichen luzide, dass die Temporalitäten des Anthropozäns weit über Erfahrungen, Verständnis und Vorstellungskraft des Menschen hinausgehen. Clive Hamilton, Christophe Bonneuil und François Gemenne mutmaßen, dass wir offensichtlich die Kontrolle über die Natur übernommen haben und zum Hauptfaktor für ihre Veränderung geworden sind, wobei wir jedoch wenig dafür geeignet, ja vielleicht sogar unfähig, sind, eine Welt unter dem Einfluss dieser Veränderung zu regeln.[84] Dieses bemerkenswerte Paradox des Anthropozäns fordert dazu auf,

---

81 Vgl. Szerszynski, Anthropocene, S. 116.
82 Vgl. http://longnow.org/ (17.1.18).
83 Vgl. Kersten, Million, S. 285.
84 Vgl. Hamilton u.a., Anthropocene, S. 10.

die Praktiken der globalen Regierungspraxis, oder besser die Regierungsverantwortung für den Planeten, zu überdenken.

5. Die Provokation des Anthropozäns – technikhistorische Antworten

Trotz der hohen Dynamik der aktuellen Debatte um das Menschenzeitalter wird es wohl noch viele Jahre, wenn nicht Jahrzehnte dauern, bis das Anthropozänkonzept sein provokatives Potential voll entfaltet haben wird, um nicht nur in den Naturwissenschaften, sondern auch in den Sozial- und Geisteswissenschaften neue Forschungsfragen zu stimulieren und neue Narrative zu entwickeln. Schon heute aber ist das Anthropozän ein Feld für bemerkenswerte Kooperationen über das weite akademische Spektrum hinweg geworden. Geowissenschaftler diskutieren mit Historikern, Erdsystemforscher mit Anthropologen und Theologen, und sie alle sehen sich mit einem breiten medialen und öffentlichen Interesse am Zeitalter des Menschen konfrontiert. Damit ist bereits viel gewonnen. Denn kaum etwas braucht unsere Gesellschaft dringender als den tradierte Grenzen überschreitenden Dialog über die Verantwortung des Menschen für die Erde in Vergangenheit, Gegenwart und Zukunft.

Der Technikgeschichte bietet sich die gleichsam ‚natürliche' Chance, in diesem Dialog eine inter- und trans-disziplinäre Scharnierrolle zu übernehmen, ihre etablierten Narrative kritisch zu überprüfen und auf der Basis der neuen Fragen und der neuen Zeitlichkeiten des Anthropozäns neue Geschichten zu erzählen. Fünf Reaktionsfelder der Technikgeschichte auf die Provokation des Anthropozäns und damit verbundene Herausforderungen sollen abschließend nochmals akzentuiert werden:

Erstens fällt die dominante Rolle der Technik im Anthropozändiskurs auf. Die konzeptionellen Ideen der Technosphäre als eine eigenständige Sphäre neben Atmosphäre, Lithosphäre oder Hydrosphäre und des Technozäns als von menschlicher Technik geprägter Epoche, die mit der Industrialisierung begonnen hat, stellen Technik in ihr Zentrum. Wie gezeigt, zirkulieren sowohl die geologische als auch die kulturwissenschaftliche und öffentliche Anthropozändebatten um Fragen nach der Rolle und Bedeutung von Technik in Vergangenheit, Gegenwart und Zukunft. In diesen Debatten bleibt freilich häufig bemerkenswert unbestimmt, welcher Technikbegriff den Diskursen jeweils zugrunde liegt. Das Technosphäre-Konzept etwa ist von einer dominant materiellen Technikvorstellung geprägt und blendet damit weite Teile einer soziotechnisch verstandenen ‚Technosphäre' aus, wie sie die Technikgeschichte und die sozialwissenschaftliche Technikforschung konzipieren würden.

Zweitens zeitigt die Technikgeschichte vielfach auf den Feldern innovative Ergebnisse, in denen sie in enger Verbindung mit Schwesterndisziplinen wie Umwelt- und Wissensgeschichte agiert, wie Dolly Jørgensen jüngst hervorgehoben hat. Um ihr epistemologisches Potential voll auszuschöpfen, fordert Jørgensen die Technikgeschichte zugleich aber auf, ihr Technikverständnis auszuweiten. In Übereinstimmung mit der Akteur-Netzwerk-Theorie und neo-materialistischen Ansätzen umfasst ihr Technikbegriff nicht nur materielle Artefakte, sondern auch Tiere und Pflanzen, und komplementär dazu versteht sie Technik als integralen Teil des Ökosystems.[85] Die Anthropozändebatte legt nahe, noch einen konzeptionellen und methodologischen Schritt weiterzugehen und im Sinne der vielbeschworenen großen Interdisziplinarität die Kooperation mit den Geowissenschaften zu suchen. Und in der Tat, um die lange Geschichte des Menschen als einem geo-, bio- und erdsystemischen Faktor konzeptionell und narrativ fassen zu können, gilt es, die (inter)disziplinäre Perspektive der Technikgeschichte weiter zu öffnen. Konsequent in diese Richtung weist etwa das von Wissenschafts-, Technik- und Umwelthistorikerinnen und -historikern gemeinsam mit Geo- und Erdsystemforscherinnen und -forschern betriebene Verbundprojekt IHOPE, das sich das programmatische Ziel gesetzt hat, eine integrierte Geschichte und Zukunft der Menschheit auf der Erde zu konzeptionalisieren.[86]

Die Verknüpfung von Human- und Geogeschichte konfrontiert, drittens, die Geschichtswissenschaften im Allgemeinen und die Technikgeschichte im Besonderen mit der Herausforderung, sich von überkommenen linearen Temporalitäten zu lösen. Anstatt historischen Wandel auf der horizontalen Ebene zu erzählen, gilt es dann, sowohl nicht-lineare Narrative zu entwickeln, was vielfach bereits überzeugend demonstriert worden ist, als auch, Geschichte auf der vertikalen Ebene zu verorten. Während Stratigrafen die Erdgeschichte in vertikaler Richtung lesen, indem sie geologische Schichten analysieren, um neben Zeiteinheiten kontinuierlichen Wandels disruptive Phasen planetaren Dimension zu identifizieren, sind die Geschichtswissenschaften gehalten, Schichtenmodelle historischer Temporalität zu konzeptionalisieren. Die florierende Forschung zu Memorialkulturen und zum kollektiven Gedächtnis hat neue Wege in diese Richtung gewiesen.

Die Debatte um das Anthropozän legt es, viertens, nahe, Technikgeschichte nicht nur in zeitlicher, sondern auch in räumlicher Dimension zu erweitern.

---

85 Vgl. Jørgensen, Hands.

86 Vgl. Costanza u.a. 2007; Robin/Steffen, History; Costanza u.a., 2012. Aus IHOPE ist u.a. hervorgegangen Robin u.a., Future.

Die Globalgeschichte hat der Technikgeschichte Wege gewiesen, in Überwindung nationaler und europäischer Engführung Prozesse transnationaler Verflechtungen zu analysieren, die insbesondere auch durch die Zirkulation technischer Artefakte und technischen Wissens geprägt wurden.[87] Während die Globalgeschichte in der „Flughöhe der Adler" operiert, legt es das Anthropozänkonzept nahe, noch höher zu steigen, um eine planetare Perspektive einnehmen zu können.[88] Die Satelliten- und Weltraumtechnik hat in erheblichem Maße zur Erweiterung der räumlichen Dimension beigetragen und erstmals eine detailgetreue Visualisierung der planetaren Perspektive ermöglicht. Die neue Perspektive hat nicht nur eine Erweiterung des Wissensspektrums ermöglicht, sondern sie dient auch als Impulsgeber, die Frage nach der Rolle von Technik in räumlicher Dimension auf einer weiteren Ebene zu denken. Bronislaw Szerszynski etwa nimmt in seinen Überlegungen zu Exo-Technosphären eine interplanetare Perspektive ein.[89] Für Jeremy Davies geht diese Perspektivenerweiterung mit der zentralen Aufgabe einher, die „power relations between geophysical actors, both human and nonhuman", in ihren Verschränkungen zu analysieren.[90] Freilich gilt auch hier das Diktum Jürgen Osterhammels, den weiten Überblick und dennoch auch „die Details am Boden fest im Auge" zu behalten.

Die Debatte um ein „gutes Anthropozän" hat, fünftens, luzide gezeigt, dass Fragen nach der Rolle des Menschen als geologischer Faktor unabdingbar normativ geprägt sind. Es gehört zu den methodisch-theoretischen Grundannahmen, dass jede Historiografie a priori gegenwartsorientiert ist, so auch jede Geschichte in anthropozäner Perspektive. Anthropozän-Narrative sind freilich nicht nur gegenwartsgeprägt, sondern zukunftsgeleitet. Sie verbinden eine lange Geschichte der Gegenwart mit teils impliziten, teils expliziten, in jedem Fall aber hochgradig normativen Annahmen, auch und gerade in Bezug auf die Frage, welche Rolle welchen Technologien für die Lösung in der Gegenwart identifizierter und in die Zukunft projizierter Probleme planetarer Dimension zugeschrieben wird. Die normativen Dimensionen der Anthropozändebatte, wie sie in den Konzepten der Technosphäre und des Technozän zum Ausdruck kommen, multidimensional freizulegen und an historische Diskurse über Technik zurückzubinden, eröffnet der Technikgeschichte ebenso spannende wie vielversprechende Perspektiven.

---

87 Vgl. den Beitrag von Ute Hasenöhrl in diesem Band.
88 Vgl. Osterhammel, Flughöhe.
89 Vgl. Szerszynski, Viewing.
90 Davies, Birth, S. 62; im Original kursiv gedruckt.

Literaturverzeichnis

Asafu-Adjaye, John u. a.: *An Ecomodernist Manifesto*, 2015, URL: http://www.ecomodernism.org/manifesto-english/ (acc. 26.1.2018).

Autin, Whitney J./Holbrook, John M.: Is the Anthropocene an Issue of Stratigraphy or Pop Culture?, in: GSA Today 22, H. 7 (2012), S. 60-61.

Bayer, Anja/Seel, Daniela (Hg.): All dies hier, Majestät, ist deins. Lyrik im Anthropozän. Anthologie. Berlin 2016.

Blackbourn, David: The Conquest of Nature. Water, Landscape, and the Making of Modern Germany. London 2006.

Bonneuil, Christophe/Fressoz, Jean-Baptiste: The Shock of the Anthropocene: The Earth, History and Us. London 2016.

Brimblecombe, Peter: The Big Smoke: A History of Air Pollution in London since Medieval Times. New York 1987.

Bristow, Tom: The Anthropocene Lyric: An Affective Geography of Poetry, Person, Place. Houndmills/Basingstoke 2015.

Chakrabarty, Dipesh: The Climate of History: Four Theses, in: Critical Inquiry 35 (2009), S. 197-222.

Christian, David C.: Maps of Time. An Introduction to Big History. Berkeley 2005.

Clark, Timothy: Ecocriticism on the Edge: The Anthropocene as a Threshold Concept. London 2015.

Costanza, Robert u.a. (Hg.): Sustainability or Collapse: An Integrated History and Future of People on Earth. Cambridge 2007.

Costanza, Robert u.a.: Developing an Integrated History and Future of People on Earth (IHOPE), in: Current Opinion in Environmental Sustainability 4 (2012), S. 106-114.

Crutzen, Paul J./Stoermer, Eugene F.: The „Anthropocene", in: Global Change Newsletter 41 (2000), S. 17-18.

Crutzen, Paul J.: Geology of Mankind, in: Nature 415, H. 6867 (2002), S. 23.

Crutzen, Paul J.: Albedo Enhancement by Stratospheric Sulfur Injections: A Contribution to Resolve a Policy Dilemma?, in: Climatic Change 77 (2006), S. 211-220.

Cunha, Daniel: The Geology of the Ruling Class?, in: The Anthropocene Review 2, H. 3 (2015), S. 262-266.

Cunha, Daniel: The Anthropocene as Fetishism, in: Mediations 28, H. 2 (2015), S. 65-77.

Cushman, Gregory T.: Guano and the Opening of the Pacific World. A Global Ecological History. Cambridge 2013.

Cushman, Gregory T.: Phosphorus and the Opening of the Anthropocene, in: Technosphere Magazine, https://technosphere-magazine.hkw.de/article3/f15575e0-9cf1-11e6-83e8-41b723b47367/5db8d570-9242-11e6-a7fc-6b6d1bb86c29.

Davis, Heather/Turpin, Etienne (Hg.): Architecture in the Anthropocene: Encounters among Design, Deep Time, Science and Philosophy. Ann Arbor 2013.

Davies, Jeremy: The Birth of the Anthropocene. Oakland 2016.
Deane-Drummond, Celia u. a. (Hg.): Religion and the Anthropocene. Eugene 2017.
Descola, Philippe/Sahlins, Marshall: Beyond Nature and Culture. Chicago/London 2014.
Donges, Jonathan u. a.: The technosphere in Earth System Analysis. A Coevolutionary Perspective, in: The Anthropocene Review 4, H. 1 (2017), S. 23-33.
Dukes, Paul: Minutes to Midnight: History and the Anthropocene Era from 1763. London 2011.
Dukes, Paul: Big History, Deep History and the Anthropocene, in: History Today 63, H. 11 (2013), S. 4-5.
Edwards, Paul N.: Knowledge Infrastructures for the Anthropocene, in: The Anthropocene Review 4, H. 1 (2017), S. 34-43.
Ellis, Erle u. a.: Involve social scientists in defining the Anthropocene, in: Nature 540, H. 7632 (2016), S. 192-193.
Ellul, Jacques: The Technological Society. New York 1967.
Emmett, Robert S./Lekan, Thomas (Hg.): Whose Anthropocene? Revisiting Dipesh Chakrabarty's "Four Theses". München 2016.
Emmett, Robert S./Nye, David E.: The Environmental Humanities. A Critical Introduction. Cambridge/London 2017.
Falb, Daniel: Anthropozän. Dichtung in der Gegenwartsgeologie. Berlin 2015.
Finney, Stanley C./Edwards, Lucy: The "Anthropocene" Epoch: Scientific Decision or Political Statement?, in: GSA Today 26, H. 3 (2016), S. 4-10.
Fraunholz, Uwe/Wölfel, Sylvia (Hg.): Ingenieure in der technokratischen Hochmoderne. Thomas Hänseroth zum 60. Geburtstag. Cottbus 2012.
Gibbard, Philip L./Walker, M.: The Term "Anthropocene" in the Context of Formal Geological Classification, in: Geological Society of London Special Publications 395 (2014), S. 29-37.
Golombek, Jana/Meyer, Torsten: Das (post-)industrielle Erbe des Anthropozän – Überlegungen zu einer Weitung des Blickfelds, in: Der Anschnitt 68, H. 6 (2016), S. 198-215.
Guldi, Jo/Armitage, David: The History Manifesto. Cambridge 2014.
Haber, Wolfgang u. a. (Hg.): Ökologie und Humanität: Die Herausforderungen des Anthropozän. München 2016.
Hänseroth, Thomas: Technischer Fortschritt als Heilsversprechen und seine selbstlosen Bürgen: Zur Konstituierung einer Pathosformel der technokratischen Hochmoderne, in: Hans Vorländer (Hg.): Transzendenz und die Konstitution von Ordnungen. Berlin 2013, S. 267-288.
Haff, Peter: Humans and Technology in the Anthropocene. Six rules, in: The Anthropocene Review 1, H. 2 (2014), S. 126-136.

Haff, Peter: Being Human in the Anthropocene in: The Anthropocene Review 4, H. 2 (2017), S. 103-109.

Hamilton, Clive: Earthmasters: The Dawn of the Age of Climate Engineering. New Haven 2013.

Hamilton, Clive: The Theodicy of the "Good Anthropocene", in: Environmental Humanities 7 (2015), S. 233-238.

Hamilton, Clive u. a.: Thinking the Anthropocene, in: ders. u. a. (Hg.): The Anthropocene and the Global Environmental Crisis: Rethinking Modernity in a New Epoch. London 2015, 1-13.

Haraway, Donna: Anthropocene, Capitalocene, Plantationocene, Chthulucene: Making Kin, in: Environmental Humanities 6 (2015), S. 159-165.

Head, Lesley: Contingencies of the Anthropocene: Lessons from the "Neolithic", in: The Anthropocene Review 1, H. 2 (2014), S. 1-13.

Head, Martin J./Gibbard, Philip L.: Formal Subdivision of the Quaternary System/ Period: Past, Present, and Future, in: Quaternary International 383 (2015), S. 4-35.

Heise, Ursula: Posthumanismus: Den Menschen neu denken, in: Nina Möllers u. a. (Hg.): Willkommen im Anthropozän: Unsere Verantwortung für die Zukunft der Erde. München 2015, S. 38-42.

Hornborg, Alf: Technology as Fetish: Marx, Latour, and the Cultural Foundations of Capitalism, in: Theory, Culture & Society 31, H. 4 (2014), S. 119-140.

Hornborg, Alf: The Political Ecology of the Technocene: Uncovering Ecologically Unequal Exchange in the World-System, in: Clive Hamilton u. a. (Hg.): The Anthropocene and the Global Environmental Crisis. Rethinking Modernity in a New Epoch. New York 2015, S. 57-69.

Hornborg, Alf: Does the Anthropocene Really Imply the End of Culture/Nature and Subject/Object Distinctions?, 2014, URL: https://osmilnomesdegaia.files.wordpress.com/2014/11/alf-hornborg-does-the-anthropocene-really-imply-the-end-of-culturenature-and-subjectobject-distinctions.pdf (acc. 29.01.18).

Hornborg, Alf: Fetishistic Causation. The 2017 Stirling Lecture, in: Hau: Journal of Ethnographic Theory 7, H. 3 (2017), S. 89-103.

Hourdequin, Marion: Ethics, Adaptation, and the Anthropocene. In: Light, Andrew/ Shockley, Kenneth (Hg.): Ethics in the Anthropocene. Cambridge/London 2019.

Jørgensen, Dolly: Not by Human Hands. Five Technological Tenets for Environmental History in the Anthropocene, in: Environment and History 20 (2014), S. 479-489.

Kersten, Jens: Das Anthropozän-Konzept: Kontrakt – Komposition – Konflikt, in: Zeitschrift für rechtswissenschaftliche Forschung 3 (2014), S. 378-414.

Kersten, Jens: Eine Million Jahre? Über die juristische Metaphysik der atomaren Endlagerung, in: ders. (Hg.): Inwastement. Abfall in Umwelt und Gesellschaft. Bielefeld 2016, S. 269-287.

Latour, Bruno: Love Your Monsters: Why We Must Care for Our Technologies as We Do Our Children, in: Breakthrough Journal (2012), URL: http://thebreakthrough.org/index.php/journal/past-issues/issue-2/love-your-monsters (acc. 26.1.2018).

Latour, Bruno: Agency at the Time of the Anthropocene, in: New Literary History 45 (2014), S. 1-18.

Latour, Bruno: Facing Gaia. A New Enquiry into Natural Religion. Cambridge 2017.

LeCain, Timothy J.: Against the Anthropocene: A Neo-Materialist Perspective, in: International Journal of History, Culture, and Modernity 3 (2015), S. 1-28.

Lewis, Simon L./Maslin, Mark A.: Defining the Anthropocene, in: Nature 519 (2015), S. 171-180.

Lorimer, Jamie: The Anthropo-scene. A Guide for the Perplexed, in: The Anthropocene Review 4, H. 1 (2017), S. 117-142.

Lovering, Jessica R. u. a.: Historical Construction Costs of Global Nuclear Power Reactors, in: Energy Policy 91 (2016), S. 371-382.

Malm, Andreas/Hornborg, Alf: The Geology of Mankind? A Critique of the Anthropocene Narrative, in: The Anthropocene Review 1, H. 1 (2014), S. 62-69.

Malm, Andreas/Hornborg, Alf: Yes, it is all about Fetishism. A Response to Daniel Cunha in: The Anthropocene Review 3, H. 3 (2016), S. 205-207.

Manemann, Jürgen: Kritik des Anthropozäns. Plädoyer für eine neue Humanökologie. Bielefeld 2014.

Markl, Hubert: Natur als Kulturaufgabe: Über die Beziehung des Menschen zur lebendigen Natur. Stuttgart 1986.

Mauelshagen, Franz: Redefining Historical Climatology in the Anthropocene, in: The Anthropocene Review 1, H. 2 (2014), S. 171-204.

Mauelshagen, Franz: Zivilisatorischer Kollaps in der Geschichte und als Zukunftsszenario, in: GAIA 24, H. 2 (2015), S. 128-129.

Mauelshagen, Franz: Bridging the Great Divide: The Anthropocene as a Challenge to the Social Sciences and Humanities, in: Celia Deane-Drummond u. a. (Hg.): Religion and the Anthropocene. Eugene 2017, S. 87-102.

McNeill, John/Engelke, Peter: Into the Anthropocene: People and Their Planet, in: Akira Iriye (Hg.): Global Interdependence: The World after 1945. Cambridge 2014, S. 365-533.

McNeill, John/Engelke, Peter: The Great Acceleration. An Environmental History of the Anthropocene since 1945. Cambridge 2016.

Moore, Jason W. (Hg.): Anthropocene or Capitalocene? Nature, History, and the Crisis of Capitalism. Oakland 2016.

Möllers, Nina: Das Anthropozän: Wie ein neuer Blick auf Mensch und Natur das Museum verändert, in: Heike Düselder u. a. (Hg.): Umweltgeschichte: Forschung und Vermittlung in Universität, Museum und Schule. Köln 2014, S. 217-229.

Möllers, Nina/Keogh, Luke/Trischler, Helmuth: A New Machine in the Garden? Staging Technospheres in the Anthropocene, in: Ana Duarte Rodrigues, Ana Simões, Maria

Paula Diogo (Hg.): Prometheus in the Garden of Eden. Rethinking the Garden, Staging the Anthropocene. London und New York 2019.

Mokyr, Joel: The Enlightened Economy: An Economic History of Britain 1700-1850. New Haven 2009.

Nordhaus, Ted/Shellenberger, Michael: Break Through: From the Death of Environmentalism to the Politics of Possibility. Boston 2007.

Osterhammel, Jürgen: Die Flughöhe der Adler. Historische Essays zur globalen Gegenwart. München 2017.

Parker, Geoffrey: Crisis and Catastrophe: The Global Crisis of the Seventeenth Century Reconsidered, in: The American Historical Review 113 (2008), S. 1053-1079.

Parker, Geoffrey: Global Crisis: War, Climate Change and Catastrophe in the Seventeenth Century. New Haven 2013.

Petit, Jean-Robert u. a.: Climate and Atmospheric History of the Past 420,000 Years from the Vostok Ice Core, Antarctica, in: Nature 399, H. 6735 (1999), S. 429-436.

Pfister, Christian (Hg.): Das 1950er Syndrom: Der Weg in die Konsumgesellschaft. Bern 1995.

Radkau, Joachim: Technik in Deutschland. Vom 18. Jahrhundert bis heute. Frankfurt am Main 2008.

Renn, Jürgen/Scherer, Bernd (Hg.): Das Anthropozän: Zum Stand der Dinge. Berlin 2015.

Robin, Libby u. a.: Three Galleries of the Anthropocene, in: The Anthropocene Review 1, H. 3 (2015), S. 207-224.

Robin, Libby u. a.: Displaying the Anthropocene in and beyond Museums, in: Jennifer Newell u.a. (Hg.): Curating the Future. Museums, Communities and Climate Change. London/New York 2017, S. 252-266.

Robin, Libby: A Future Beyond Numbers, in: Nina Möllers u. a.(Hg.): Welcome to the Anthropocene: The Earth in Our Hands. München 2015, S. 19-24.

Robin, Libby/Steffen, Will: History for the Anthropocene, in: History Compass 5 (2007), S. 1694-1719.

Robin, Libby u.a. (Hg.): The Future of Nature: Documents of Global Change. New Haven 2013.

Ruddiman, William F.: The Anthropogenic Greenhouse Era Began Thousands of Years Ago, in: Climatic change 61 (2003), S. 261-293.

Ruddiman, William F.: The Anthropocene, in: Annual Review of Earth and Planetary Sciences 41 (2013), S. 45-68.

Schwägerl, Christian: Menschenzeit. Zerstören oder gestalten? Die entscheidende Epoche unseres Planeten. München 2010.

Schwägerl, Christian: Neurogeology: The Anthropocene's Inspirational Power, in: Helmuth Trischler (Hg.): Anthropocene: Exploring the Future of the Age of Humans. München 2013, S. 29-37.

Schwägerl, Christian: Ein Konzept mit Geschichte, in: Nina Möllers u.a. (Hg.): Welcome to the Anthropocene: The Earth in Our Hands. München 2015, S. 128-129.

Scott, James C.: Seeing Like a State: How Certain Schemes to Improve the Human Condition Have Failed. New Haven 1998.

Shellenberger, Michael/Nordhaus, Ted: The Death of Environmentalism: Global Warming Politics in a Post-Environmental World. Washington D.C. 2004.

Soriano, Charles: The Anthropocene and the Production and Reproduction of Capital, in: The Anthropocene Review, online first (20.12.2017).

Steffen, Will u.a.: Global Change and the Earth System: A Planet under Pressure. Stuttgart 2004.

Steffen, Will u. a.: The Anthropocene: Are Humans Now Overwhelming the Great Forces of Nature?, in: Ambio 36, H. 8 (2007), S. 614-621.

Steffen, Will: Commentary on Paul J. Crutzen and Eugene F. Stoermer "The Anthropocene" (2000), in: Libby Robin u. a. (Hg.): The Future of Nature: Documents of Global Change. New Haven 2013, S. 486-490.

Steffen, Will u. a.: Planetary Boundaries: Guiding Human Development on a Changing Planet, in: Science 349, H. 6254 (2013), S. 1286-1287.

Szerszynski, Bronislaw: Nature Technology and the Sacred. London 2006.

Szerszynski, Bronislaw: The Anthropocene Monument, in: The Anthropocene Review 4, H. 1, (2017), S. 111-131.

Szerszynski, Bronislaw: Viewing the Technosphere in an Interplanetary Light, in: The Anthropocene Review 4, H. 2 (2017), S. 92-102.

Toivanen, Tapio u. a.: The Many Anthropocenes: A Transdisciplinary Challenge for the Anthropocene Research, in: The Anthropocene Review 4, H. 3 (2017), S. 183-198.

Trischler, Helmuth: The Anthropocene – A Challenge for the History of Science, Technology, and the Environment, in: N.T.M. – Journal of the History of Science, Technology, and Medicine 24 (2016), S. 309-335.

Trischler, Helmuth: Das Anthropozän in technikhistorischer Perspektive, in: Nina Möllers u. a. (Hg.): Willkommen im Anthropozän: Unsere Verantwortung für die Zukunft der Erde. München 2015, S. 25-29.

Trischler, Helmuth: Zwischen Geologie und Kultur: Die Debatte um das Anthropozän, in: Anja Bayer/Daniela Seel (Hg.): All dies hier, Majestät, ist deins. Lyrik im Anthropozän. Anthologie. Berlin 2016, S. 268-285.

Trischler, Helmuth: Das Anthropozän – Neue Narrative zu Vergangenheit, Gegenwart und Zukunft, in: aviso – Zeitschrift für Wissenschaft & Kunst in Bayern 3 (2016), S. 13-16.

Trischler, Helmuth: Vor 200 Jahren: Technik und die lange Gegenwart moderner Träume, in: Ernst Seidl (Hg.): Ursprünge. Schritte der Menschheit/Origins. Steps of Humankind. Tübingen 2017, S. 266-280.

Trischler, Helmuth/Will, Fabienne: Technosphere, Technocene, and the History of Technology, in: ICON: Journal of the International Committee for the History of Technology 23 (2017), S. 1-17.

Tsing, Anna L.: Der Pilz am Ende der Welt. Über das Leben in den Ruinen des Kapitalismus. Berlin 2018.

Turpin, Etienne (Hg.): Art in the Anthropocene: Encounters among Aesthetics, Politics, Environments and Epistemologies. Ann Arbor 2015.

Uekötter, Frank: Umweltbewegung zwischen dem Ende der nationalsozialistischen Herrschaft und der „ökologischen Wende“: Ein Literaturbericht, in: Historische Sozialforschung 28, H. 1/2 (2003), S. 270-289.

Uekötter, Frank: Von der Rauchplage zur ökologischen Revolution. Eine Geschichte der Luftverschmutzung in Deutschland und den USA 1880-1970. Essen 2003.

Warde, Paul u. a.: Stratigraphy for the Renaissance: Questions of Expertise for „the Environment“ and „the Anthropocene“, in: The Anthropocene Review 4, H. 3 (2017), S. 246-258.

Waters, Colin N. u. a.: Can Nuclear Weapons Fallout Mark the Beginning of the Anthropocene Epoch?, in: Bulletin of the Atomic Scientists 71, H. 3 (2015), S. 46-57.

Waters, Colin N. u. a.: Global Boundary Stratotype Section and Point (GSSP) for the Anthropocene Series: Where and How to Look for Potential Candidates, in: Earth-Science Reviews 178 (2018), S. 379-429.

Waters, Colin N. u. a.: The Anthropocene Is Functionally and Stratigraphically Distinct from the Holocene, in: Science 351, H. 6269 (2016), 8.1.2016.

Wengenroth, Ulrich: Technik der Moderne – Ein Vorschlag zu ihrem Verständnis. München 2015 (https://www.fggt.edu.tum.de/fileadmin/tueds01/www/Wengenroth-offen/TdM-gesamt-1.0.pdf).

Winner, Langdon: Autonomous Technology: Technics-out-of-Control as a Theme in Political Thought. Cambridge 1977.

Zalasiewicz, Jan u. a.: A Stratigraphical Basis for the Anthropocene?, in: Geological Society, London, Special Publications 395 (2014), S. 1-21.

Zalasiewicz, Jan u. a.: When Did the Anthropocene Begin? A Mid-twentieth Century Boundary Level is Stratigraphically Optimal, in: Quaternary International 383 (2015), S. 196-203.

Zalasiewicz Jan u. a.: Scale and Diversity of the Physical Technosphere. A Geological Perspective, in: The Anthropocene Review 4, H. 1 (2017), S. 9-22.

Zalasiewicz, Jan u. a.: The Working Group on the Anthropocene: Summary of Evidence and Interim Recommendations, in: Anthropocene 19 (2017), S. 55-60.

Heike Weber

Zeitschichten des Technischen: Zum Momentum, Alter(n) und Verschwinden von Technik

Es sei „an der Zeit, die Zeiten neu zu bedenken", konstatierte Achim Landwehr kürzlich.[1] Geschichtstheoretische Reflexionen zur Zeit haben die Geschichtswissenschaft immer wieder begleitet und die derzeitige Debatte markiert durchaus einen Umbruch in der Zeitwahrnehmung vieler Historiker als Zeitgenossen.[2] So haben laut Landwehr „modernisierungs- und fortschrittstheoretische Narrative ihre Überzeugungskraft verloren" und „etablierte Schemata" der Zeiteinteilung können in seiner Sicht in dem Maße kaum mehr überzeugen, „in dem man den Eindruck gewinnen kann, nicht mehr in hübsch säuberlich voneinander separierten Zeiträumen zu leben, weil die Vergangenheit vielfach in die Gegenwart hineinragt (Erinnerungskulturen, Musealisierungen, Retro-Bewegungen etc.) und die Zukunft zugleich schon heute aufgebraucht wird (Klimawandel, Schuldenkrise usw.)". Landwehr schlägt den Begriff der „Chronoferenzen" vor, um die Verkopplung von „anwesenden" mit „abwesenden Zeiten" fassen und untersuchen zu können: Damit werde das Neue nicht mehr „beständig gegen das Alte" ausgespielt und man höre auf, Fortgeschrittenes von Zurückgebliebenem unterscheiden zu wollen. Überkommene Konzepte historischen Wandels stehen seit längerem auf dem Prüfstand und werden zunehmend durch plurale oder vernetzte Modelle eines „Nebeneinanders" unterschiedlicher Zeithorizonte verdrängt.[3] Kosellecks Metapher der „Zeitschichten" hat erneuten Aufwind erfahren,[4] und auch die Denkfigur von einer „Gleichzeitigkeit des Ungleichzeitigen", die das 20. Jahrhundert begleitete, wird wieder neu bedacht.[5] Bezog sich das „Ungleichzeitige" zunächst auf Eigenzeiten von Kulturen oder Traditionen und meinte, dass sich zur gleichen Zeit verschiedene Gruppen oder Phänomene vorfinden lassen, die der dominierende westliche Blick üblicherweise unterschiedlichen historischen Entwicklungsstufen zuordnen würde, so weist die Rede von der „Gleichzeitigkeit des Ungleichzeitigen" inzwischen auch auf neuartige temporale Kluften hin:

---

1 Landwehr, Vergangenheit, S. 286 f, folgende Zitate: S. 289.

2 Mit Nennung der männlichen Bezeichnung ist in diesem Beitrag, sofern nicht anders gekennzeichnet, immer auch die weibliche Form mitgemeint.

3 Raphael, Strukturwandel.

4 Koselleck, Zeitschichten.

5 Schmieder, Gleichzeitigkeit; Landwehr, Gleichzeitigkeit.

 | DOI:10.30965/9783657792337_005

Denn in Zeiten von Umweltkrise und Klimawandel drehen sich gesellschaftliche Aushandlungsprozesse sowohl um gegenwärtige Handlungen wie um ihre prognostizierten, aber letztlich nicht „wissbaren" Wirkungen in der Zukunft. Im Anthropozän-Konzept wiederum geraten Überreste vergangener technisch-industrieller Tätigkeiten zu gegenwärtigen Proxydaten, mit denen der Anbruch einer vom Menschen gekennzeichneten Erdepoche behauptet wird. Beispielsweise datieren manche Autoren die Epoche des Anthropozäns anhand der Dichte der „technofossilen Diversität".[6]

Auch der vorliegende Artikel plädiert dafür, die „Zeiten neu zu bedenken", allerdings im spezifischen Blick auf Technik und an sie geknüpfte Wissensbestände, Umgangsweisen und Werte. Die derzeitige Reflexion der Geschichtswissenschaft zu Zeit, Zeitmodellen und historischem Wandel wird aufgegriffen, um darin bisher kaum beachtete technikhistorische Fragen und Sachlagen zu thematisieren.[7] Dabei greife ich Reinhart Kosellecks Bild der Zeitschichten auf – und zwar als Denkmodell und ohne im Detail auf sein Denken zur Zeit oder seine wichtigen Einsichten zu den Tiefenschichten von Begriffen einzugehen. Die Metapher von „Zeitschichten des Technischen" dient mir dazu, nach Zeitdimensionen zu fragen, die durch vergangene Techniken, Technikverwendungen oder Technikdiskurse definiert oder geprägt wurden.

Einleitend werden fünf Dimensionen differenziert, die je unterschiedliche Verhältnisse von Zeit und Technik in ihrer historischen Wirkmacht fassen. Im Hauptteil des Artikels wird es anschließend darum gehen, das Bild für eine Perspektive auf Technikgeschichte zu nutzen, die nicht mehr vorwiegend nach dem „Neuen" in Technikentwicklung und -verwendung fragt, sondern nach der Beständigkeit, der Vergänglichkeit, dem „Altern" sowie dem Verschwinden von Technik. Dazu wird zunächst dargestellt, warum und wie Technikgeschichte ihre traditionelle Frage nach dem Entstehen des Neuen erweitern und die gängige Rubrizierung in „alt" und „neu" durch eine differenzierte Analyse der Zeitlichkeit von Technik ersetzen müsste. Danach werden Theorieansätze zur Persistenz alter Technik aufgeführt, wie sie in Teilen der Technikgeschichte, der Innovationsforschung sowie der Mediengeschichte bereits vorliegen; da Alter(n) darin noch kaum beachtet wurde, greife ich außerdem auf die empirischen Beispiele von Gebrauchtmärkten und Obsoleszenz zurück. Dem folgt ein Überblick zu überwiegend in der Sozial- und Wirtschaftsgeschichte

6 Vgl. den Beitrag von Helmuth Trischler und Fabienne Will in diesem Band. Ähnlich hat Andrea Westermann kürzlich die bisherig produzierten Plastikmengen als „Technofossil" der Zukunft diskutiert, vgl. Westermann, Technofossil; siehe auch Zalasiewicz u.a., Cycle.

7 Vgl. z.B.: Geppert/Kössler, Obsession; Graf, Zeitkonzeptionen; Esposito, Zeitenwandel. Für die internationale Debatte siehe z.B. das „Forum: Multiple Temporalities" in History & Theory (53), 2014, H. 4, S. 498-591. Vgl. auch Nowotny, Zeit.

situierten Forschungen zum Niedergang einer Technik bzw. zum Schrumpfen einer Industrie, ehe abschließend nach dem aktiven Entfernen von Technik und der jüngeren Problematik der so genannten „Nachsorge“ gefragt wird.

Der Fokus auf „alte“ Technik und deren Persistenz bildet in mehrfacher Hinsicht eine Provokation. Zum einen blendet unsere innovationsfixierte Gegenwart die Gebundenheit kommender Neuerungen an bestehende Strukturen, Techniken, Praktiken oder Wissensbestände allzu gerne aus. Neue Techniken sollen dieser Tage zudem eine Energie- und Mobilitätswende, ja möglicherweise sogar den tief greifenden Gesellschafts- und Strukturwandel einer „Großen Transformation“[8] vollbringen, ohne dabei aber allzu stark in unsere Alltagspraktiken und Gewohnheiten einzugreifen. Der technikhistorische Verweis auf die – materielle wie kulturelle – Persistenz von Technik sowie auf die Langwierigkeit und Vielschichtigkeit von „Technikwenden“ kann solche Hoffnungen nur irritieren. Ginge es nach der Erwartungshaltung des Durchschnittsbürgers, des Politikberaters oder auch des Unternehmers, sollte Technikgeschichte zum anderen der Gesellschaft primär dabei helfen zu eruieren, wie eine neue Technik schnellstmöglich zum Erfolg zu bringen ist. Dass sie stattdessen erklärt, warum bestehende Technik und daran geknüpfte Verfahren, Praktiken, Werte oder Hoffnungen nicht einfach und keinesfalls von selbst verschwinden, mag für viele Leser außerhalb der Disziplin eine Zumutung sein. Die disziplinäre Technikgeschichte wiederum ist aufgerufen, wesentlich stärker als bisher auf das Verhältnis von Zeit, Zeitlichkeit und Technik zu schauen – und das bedeutet nicht zuletzt auch, wieder stärker auf die Technik selbst zu schauen.

1. Zeitschichten des Technischen als Denkmodell: Fünf Dimensionen im Zeit-Technik-Verhältnis

Zeit und Technik sind auf vielfache Weise miteinander verflochten. Allerdings wurde ihr Verhältnis in der historischen Forschung, insbesondere in jener zur Moderne, eher nur für bestimmte Bereiche untersucht, und zwar als Frage nach der wissenschaftlich-technischen Beschleunigung, der Flexibilisierung von Zeitstrukturen sowie der wissenschaftlich-technischen Fassung von Zeit etwa als Weltzeit. Behandelt wurde vor allem die Frage, inwieweit Kommunikations-,

8 Der Begriff greift einen Buchtitel von Karl Polanyi von 1944 auf, der die Herausbildung sozial nicht mehr gebändigter, kapitalistischer Märkte, denen Gesellschaft wie Natur unterworfen wurden, als „Great Transformation“ beschrieb, vgl. Polanyi, Transformation. Zur Forderung einer Großen Transformation vgl.: Wissenschaftlicher Beirat, Wandel; Schneidewind, Transformation.

Verkehrs- und Transporttechniken wie Eisenbahn, Fließband oder das Handy Zeitstrukturen beschleunigt haben, weil Abläufe dichter organisiert wurden oder sich das Erleben von Zeit verdichtete.[9] Die Metapher der Zeitschichten des Technischen macht demgegenüber auf weitere, bislang kaum thematisierte Dimensionen aufmerksam. Sie lässt eine vielgefächerte Analyse des Zeit-Technik-Verhältnisses zu, das weit über das Beschleunigungs- und Flexibilisierungsparadigma oder auch die wissenschaftlich-technische Fassung von Zeit hinaus geht.

Nach Koselleck verweisen Zeitschichten, „wie ihr geologisches Vorbild, auf mehrere Zeitebenen verschiedener Dauer und unterschiedlicher Herkunft, die dennoch gleichzeitig vorhanden und wirksam sind".[10] Dabei grenzte Koselleck „historische" Zeiten von „naturbedingten Zeiten" ab. Der Artikel schlägt vor, einen weiteren – oder präziser: einen anderen Typus – zu konzeptualisieren, nämlich Zeiten, die mit einer Technik einher gehen, ihr zugeschrieben oder von ihr mitbestimmt werden. Diese lassen sich nicht trennscharf von den Zeiten der Geschichte oder der Natur abgrenzen, zumindest nicht mehr für die letzten Jahrhunderte, wie es beispielsweise die Anthropozän-Debatte indiziert. Bei den Zeitschichten des Technischen – technisch meint hier Technik, ihre Nutzung und damit zusammenhängende Wissensbestände, Kulturen und Werte – geht es also um etwas anderes als bei historischen Periodisierungen, die auf Technik rekurrieren wie „Industrialisierung" oder das „digitale" Zeitalter. Das Bild von Schichten und Sedimentationen verweist vielmehr darauf, dass eine jeweilige „technische" Epoche durchaus Techniken verschiedenster Zeiten aufweist.

Der Zeitschichten-Begriff mag suggerieren, es ginge um eine exakte Datierung von Anfang, Dauer und Ende der Zeitschicht. Im Vordergrund steht jedoch die Mehrdimensionalität des Bildes, das radikal mit dem Narrativ einer linearen Fortschrittsentwicklung von Technik bricht: Es lässt regional geprägte Abfolgen und Schichtungen von Technik ebenso zu wie Verwerfungen, Brüche oder auch mancherorts fehlende Schichten – ein Sachverhalt, den der Terminus der „Chronoferenz" nicht fassen könnte. Von Zeitschichten des Technischen zu reden bedeutet darüber hinaus, dass auch Techniken selbst mit je spezifischen Temporalitäten einher gehen.

Aus dem Denkmodell ergeben sich fünf, durchaus in Wechselwirkung stehende Dimensionen im Zeit-Technik-Verhältnis; ihre Tragfähigkeit wird in weiteren empirischen Untersuchungen näher zu prüfen sein.[11] So kann (1) im

9 Siehe dazu prägnant: Rosa, Beschleunigung; vgl. auch Koselleck, Beschleunigung.

10 Koselleck, Zeitschichten, S. 9.

11 Ein größeres Forschungsprojekt zu den „Zeitschichten des Technischen" ist in Vorbereitung, in welchem in Einzelstudien nach den unterschiedlichen Dimensionen solcher Temporalitäten von Technik gefragt werden wird.

synchronen Blick die unterschiedliche Technisierung einzelner Gesellschaften oder Regionen beschrieben und im diachronen Blick nach unterschiedlichen historischen Entwicklungswegen der Technisierung gefragt werden. Des Weiteren gerät (2) die Gleichzeitigkeit unterschiedlich alter Techniken in den Blick, was als Polychronie gefasst wird. Es lässt sich außerdem (3) nach den Temporalitäten von Technik selbst fragen, z.B. nach Alter, Nutzungsdauern oder der Persistenz von Technik. Ebenso können aber auch, als die Zukunft betreffende Dimensionen, (4) vergangene wie gegenwärtige Zukunftsrelationen und -vorstellungen und (5) das „Nachleben“ von Technik untersucht werden. Im Folgenden wird dies kurz ausgeführt.

So lassen sich erstens in einer synchronen Makrosicht – also im horizontalen Blick auf die Oberfläche der Zeitschichten zu einem bestimmten Zeitpunkt – die je verschiedenen Ausprägungen des Technischen betonen: Unterschiedliche Regionen weisen *spezifische Technisierungsmuster und -grade* auf. Diese ergeben sich, wenn wir über die Zeit hinweg – also im vertikalen Blick – schauen, aus historisch je unterschiedlichen *Technisierungspfaden*. Dies ist eine gut untersuchte Betrachtungsebene, die sich inzwischen auch davon verabschiedet hat, den westlichen Technisierungspfad in die Moderne als universalhistorisch anzusehen. Technikhistorische Studien haben sich intensiv mit den spezifischen Ausprägungen einzelner Gewerbe- und Wirtschaftsregionen beschäftigt und beispielsweise Konzepte wie den „nationalen Technikstil“ (Thomas P. Hughes) entwickelt. Auch sind die Unterschiede zwischen Stadt und Land gut beforscht. Transnationale und schließlich erste Globalgeschichten haben in den letzten Dekaden zudem aufgezeigt, inwiefern Technik „andernorts“, abseits der westlichen Hemisphäre, andere Entwicklungen genommen hat.[12] Es war insbesondere dieser globale Blick, der aufzeigte, dass so mancher Ansatz, der die Diversität der historischen Technik- und Gesellschaftsentwicklung betonte, weiterhin von westlichem Zentrismus und der Modernisierungstheorie geprägt blieb wie etwa das Konzept der „multiple modernities“[13] oder die nach wie vor populäre Redewendung der „Gleichzeitigkeit des Ungleichzeitigen“; diese suggeriert letztlich, dass es sich beim Beschriebenen um einen gewissen Anachronismus handeln müsse, bei dem zeitlich eigentlich nicht Zusammengehöriges zusammen treffe.[14] Bereits Koselleck hatte im übrigen das Bild der Zeitschichten mit der damals noch wenig hinterfragten Beschreibung von der „Gleichzeitigkeit des Ungleichzeitigen“ assoziiert, derweil sein eigenes Denkbild solche Fangstricke eigentlich vermeidet.

12 Vgl. den Beitrag von Hasenöhrl in diesem Band.

13 Eisenstadt, Modernities; zur Kritik durch die Globalgeschichte vgl. z.B. Conrad, Globalgeschichte, S. 130-135.

14 Vgl. z.B. Landwehr, Gleichzeitigkeit; Schmieder, Gleichzeitigkeit.

Auch kennen Zeitschichten des Technischen keinen „modernen" Technisierungsweg und legen keine „normalen" Zeitspannen und Etappen für Technikentwicklungen fest.

Zweitens verweist die Metapher der Zeitschichten des Technischen mithin immer auch auf die prinzipielle *Polychronie* von Technik: Zu keiner Zeit wurde nur die jeweils neueste Technik genutzt; vielmehr repräsentierte die Technik einer Zeit stets ein Panorama aus alt und neu. Es lassen sich also Sedimentationsschichten von Techniken aus verschiedensten Zeiten antreffen. Die städtische Mobilitätsrevolution in den Dekaden um 1900 beispielsweise beruhte nicht nur auf neuen Verkehrstechniken wie der Eisen- und Straßenbahn, sondern auf deren Ineinandergreifen mit bestehenden Transportmöglichkeiten wie dem Pferd.[15] Ähnlich besteht die heutige Automobilität ebenso aus einem sich stetig erneuerndem Fuhrpark wie auch aus Infrastruktur-Elementen verschiedenster Altersstufen, die konstanter Wartung und Erneuerung bedürfen, und selbst die Digitalisierung unserer Tage kommt ohne die Kupferkabel der Telefon-Ära nicht aus. Wie sich die jeweilige Polychronie der Technik darstellt, ist regional verschieden und durch die unterschiedlichen Technisierungswege mitbedingt.

Drittens bestehen genuine *Temporalitäten der Technik*: Zum einen sind Techniken – als technisches Prinzip wie auch in Form von Artefakten oder Wissensbeständen – unterschiedlich lange beständig, wodurch es zur beschriebenen Polychronie kommt. Wies Thomas Park Hughes mit dem Begriff des „Momentum" einst darauf hin, dass soziotechnische Systeme stabilisierende Elemente entwickeln, die sie gegenüber dem Wandel träge machen, so soll die Rede vom Momentum etablierter Technik darauf verweisen, dass diese zudem nicht ohne weiteres verschwindet oder entfernt werden kann und dass manche Technik persistent bleibt, selbst wenn es längst technisch überlegenere Alternativen gibt.[16] Zum anderen haben technische Artefakte Eigenzeiten, die ihnen materiell und durch Verschleiß und Vergänglichkeit eingeschrieben sind oder die ihnen gesellschaftlich zugeschrieben werden. Kohle oder Öl etwa führen uns als Stoffe um Jahrmillionen in die Vergangenheit zurück, werden in Form von Heizkohle oder Plastiktüte kurzzeitig genutzt und hinterlassen

15 McShane/Tarr, Horse.

16 Die Überlegungen zum Beharren, Altern und zur Persistenz von Technik gehen auf Gespräche am IZWT zurück, die wir dort in Vorbereitung eines Kollegs zu „Kontinuität und Wandel in Wissenschaft und Technik seit 1800" führten. Meinen dortigen Kollegen, insbesondere Volker Remmert und Gregor Schiemann, möchte ich hiermit herzlich für den konstruktiven Austausch danken. Zu Hughes' Momentum-Begriff vgl.: Hughes, Momentum.

wiederum ihren Abdruck in kommenden Zeiten.[17] Manche Techniken fanden ein Ende, indem sie dem Verfall preisgegeben wurden, andere wurden zerstört, andere gehortet und gepflegt. Im 20. Jahrhundert entstand darüber hinaus der Gedanke von Nutzungsdauern. Wo Brücken auf mehrere Jahrzehnte Haltbarkeit hin ausgelegt werden, endet die so genannte „Lebensdauer" von PKWs oftmals nach rund zehn Jahren; ein Handy gilt bereits nach zwei Jahren als „veraltet" und Snapchat ist so programmiert, dass es Nachrichten nach 24 Stunden zerstört. Helga Nowotny sprach für solche Phänomene von einer „Chronotechnologie":[18] Dieser ginge es nicht mehr um eine Zeitdisziplin, die Arbeiter und Maschine koordiniere, sondern die Chronotechnologie versuche, Eigenzeiten für das Produzierte hervor zu bringen, also eine institutionelle und organisatorische Zeitdisziplin in Bezug auf Innovationen und deren Verfall zu schaffen. In meiner etwas weiter gefassten Sicht haben wir es mit Temporalitäten der Technik sowohl dort zu tun, wo es um solche chronotechnologischen Zuschreibungen geht, wie auch dort, wo es um Haltbarkeiten, Vergänglichkeit oder die Persistenz von Technik geht.

Wie es die beschriebenen Temporalitäten von Technik bereits andeuten, ragen vergangene wie gegenwärtige Zeitschichten des Technischen auch in die Zukunft hinein. Eine vierte Dimension von Zeitschichten des Technischen sind Zukunftsbezüge, die über Diskurse, Visionen oder Annahmen zur kommenden Technikentwicklung konstruiert werden. Die Untersuchung solcher *Technikzukünfte* – Jasanoff et al. sprechen auch von „socio-technical imaginaries" – hat derzeit nicht nur in der Geschichtswissenschaft Konjunktur. So ist die historische Wirkmacht von Technikutopien etwa für den „Astrofuturismus" gut untersucht. Gleiches gilt für die Entstehung der engeren Zukunftsforschung, die als Planungsinstrument der Wissenschafts- und Technikpolitik in der zweiten Hälfte des 20. Jahrhunderts aufkam.[19] Auch die sozialwissenschaftliche und philosophische Technikforschung beschäftigt sich vermehrt mit solchen Zukunftsentwürfen, denn sie beeinflussen die Technikgestaltung, prägen Technikentwickler und mobilisieren die Akteure im Feld von Technik, Industrie und Politik ebenso wie ökonomische, kulturelle und soziale Ressourcen.[20]

Fünftens hat Technik zumeist ein bei seiner Einführung oft weder bedachtes noch bekanntes „Danach", das hier als *Nachleben der Technik* angesprochen wird. Im Grunde genommen handelt es sich hierbei um eine Temporalität der

17 Für Plastik: Westermann, Technofossil; siehe auch: Steininger, Erdzeit.

18 Vgl. Nowotny, Eigenzeit, S. 64-66; zu „Lebensdauern" der Technik: S. 73.

19 Geppert, Space; Hölscher, Zukunft; Radkau, Geschichte; Seefried, Zukünfte; Andersson/Rindzevičiūtė, Struggle; Hartmann/Vogel, Zukunftswissen. Zu den Zukunftsentwürfen des Computers siehe auch den Beitrag von Gugerli/Zetti in diesem Band.

20 Grunwald, Technikzukünfte; Urry, Future; Jasanoff/Kim, Dreamscapes.

Technik, die in eine unbekannte Zukunft hinein reicht, in der die eigentliche Technik so jedoch oftmals gar nicht mehr existiert. Langzeitwirkungen von Technik sind historisch nicht neu, aber sie haben im späten 20. Jahrhundert neuartige räumliche und zeitliche Reichweiten angenommen und das Nachsorgen ist entlang eines steigenden Umweltbewusstseins zu einem genuinen Feld der Mensch-Technik-Interaktion geworden. Technik und Zukunft sind über dieses Nachleben der Technik in ein Verhältnis getreten, das weit über die klassische Rede von Technikfolgen und deren Antizipation mittels Zukunftsforschung oder der seit den 1970er Jahren etablierten Technikfolgenabschätzung hinaus reicht.[21] Längst sind zahlreiche Ingenieurwissenschaften damit beschäftigt: So manche Innovation „repariert" die Folgen von einst eingeschlagenen Technikpfaden; die Beispiele reichen von der Gebäudedämmung zur jüngsten Anordnung zur Phosphat-Rückgewinnung aus Klärschlämmen, die die Ökobilanz der alten Wasserentsorgungsinfrastruktur ausbessern soll. In aufgegebenen Technikbereichen ist Nachsorge zu leisten, etwa bei der Wasserhaltung stillgelegter Kohleabbau-Gebiete. Der „Nachbergbau" ist inzwischen zum eigenständigen Forschungs- und Tätigkeitsbereich geworden. Andere Techniken wie Asbest, DDT, PCB oder die Kernkraft erwiesen sich über die Zeit hinweg als schädlich für Gesundheit oder Umwelt oder als von der Gesellschaft nicht akzeptiert, so dass ihre „Ausführung" beschlossen wurde. Dieser Fülle von nachsorgenden Interventionen scheint die sozial- und geisteswissenschaftliche Technikforschung hinterher zu hinken. Sie bietet bisher nur wenige Konzepte, darunter z.B. Forderungen nach einer „Zukunftsgerechtigkeit" oder einer „Hermeneutik des Möglichen" oder das Denkmodell der „slow violence", das die negativen sozialen und ökologischen Folgen von Technik als schleichende, aber langfristig und in die Zukunft hinein wirkende Gewalt beschreibt.[22]

Auch wenn es zahlreiche Probleme birgt, eine geologische und mithin räumliche Metaphorik für das Zeitliche zu nutzen, scheint mir das Zeitschichten-Bild geeignet, zentrale historische Phänomene im Zeit-Technik-Verhältnis zu bündeln, denen bisher kaum Aufmerksamkeit gewidmet wurde. Die erstgenannte Dimension – spezifische Technisierungsmuster und -pfade – lenkte und lenkt das technikhistorische Forschen; demgegenüber sind die weiteren bisher kaum genuiner Forschungsgegenstand gewesen. Persistenz und Polychronie von Technik sind aber zumindest in der Disziplin der Technikgeschichte an sich bekannte Sachverhalte, wie der folgende Abschnitt zeigt. In populären Narrativen zur Technikentwicklung werden sie hingegen weitge-

21 Zu Technikfolgenabschätzung vgl.: Grunwald, Technology Assessment.

22 Grunwald, Technik; Nixon, Violence.

hend ignoriert, und auch manche historische Abhandlung lässt sie trotz aller technikhistorischen Kritik zugunsten der weiterhin beliebten „innovation timeline“ außen vor.[23] Die weiteren zeitlichen Dimensionen sind auch für die Technikgeschichte Neuland. Solange vornehmlich nach dem Neuen und seiner Aneignung gefragt wurde und wird, geraten sie nämlich kaum in den Blick. Fragen wir stattdessen wie im Hauptteil dieses Artikels systematisch nach dem „Alten“, werden Polychronie, die der Technik eigenen und zugeschriebenen Temporalitäten sowie das Nachleben von Technik hingegen zu wichtigen Bereichen technikhistorischen Forschens.

2. Vom „Neuen“ zum „Alten“: Momentum, Alter(n) und Verschwinden von Technik und Wissen als historische Herausforderung

Traditionell fragen Studien zum wissenschaftlich-technischen Wandel nach Innovation, nach neuen Techniken und neuen Erkenntnissen. Das „Alte“ tritt also vornehmlich in Abgrenzung zum „Neuen“ in Erscheinung. Dabei stellt die Entgegensetzung von „alt“ und „neu“ durchaus ein tradiertes Erzählmuster der Wissenschafts- und Technikgeschichte dar. Es wird aber selten dezidiert nach dem „Alten“ oder dem Prozess seines Verschwindens gefragt. Zweifelsohne ist das Begriffspaar von „alt“ und „neu“ für eine erste chronologische Einordnung in ein Früher und Später wichtig. Der Historiker, der um die kommenden Entwicklungen wissend ex post auf die Vergangenheit schaut, wird das binäre Denkschema daher nicht ablegen wollen.[24] Es gibt jedoch mehrere Gründe, warum der Dualismus einer differenzierteren zeitlichen Analyse weichen sollte.

Erstens ist der Alt/Neu-Dualismus in Zeiten, die dem Neuen huldigen, wertend, weil er Rückständigkeit auf der einen und Fortschrittlichkeit sowie Überlegenheit auf der anderen Seite suggeriert. *Zweitens* verdeckt er die historischen Prozesse von Vergänglichkeit, Alterung und der Zuschreibung und Wertung von Alter. Der Alt/Neu-Dualismus reduziert die Zeitlichkeit des Technischen auf ein Früher oder Später, und diese binäre Zuschreibung war stets auch Teil des Machtkampfs der historischen Akteure um die Technikgestaltung der Zukunft. Wurde das Bestehende als obsolet beschrieben, konnte es zugunsten des Neuen marginalisiert werden. So sprachen Hydroingenieure um 1900 in Bezug auf die bestehende Mühlentechnik von deren „überholten“,

---

23 Edgerton, Shock, S. 28-51.

24 Auch im Folgenden wird weiterhin von „alt“ und „neu“ gesprochen, und zwar dort, wo diese Rubrizierung innerhalb der benannten Studien auch so auftaucht.

„veralteten", „verwahrlosten" oder „unvollkommenen" Wasserrädern, um sie von der soeben entstehenden Turbinentechnik abzusetzen. De facto jedoch prägten Mühlen noch für Jahrzehnte einzelne Mittelgebirgsregionen – was wir nicht erkennen können, wenn wir der zeitgenössisch nahegelegten Etikettierung von „neu" und „veraltet" folgen.[25] Auch handelt eine Gesellschaft konstant in einem Abwägen zwischen Kassation und Traditionsbildung aus, welche „alte" Technik verschwindet und welche als erhaltenswert bewahrt und hierzu beispielsweise musealisiert werden soll.[26] *Drittens* legt der Alt/Neu-Dualismus in Bezug auf Technik eine Abfolge oder gar Substitution nahe, wo für die Zeitgenossen die Polychronie der Technik selbstverständlich war. Erst in der rückblickenden historischen Einordnung erscheint so beispielsweise die bereits angeführte Gleichzeitigkeit von Tram und Pferd in der Stadt um 1900, die Verwendung von Rohrpost im computerisierten Apollo Mission Control Center oder das Nutzbarmachen von Mobilfunk und Email für das Faxen als eine eigenwillige „Ungleichzeitigkeit", bei der „alte" und „neue" Technik zusammen treffen.[27] *Viertens* verwischt die polare Alt-Neu-Gegenüberstellung nicht nur diese Polychronie, sondern auch die Temporalitäten von Technik wie z.B. langwierige Ausbreitungs- und Ablösungsprozesse, die Alterung von Technik oder auch die Wiedernutzung aufgegebener Techniken.

Innerhalb der Technikgeschichte sind die innovationsfixierten Studien der Vergangenheit längst von solchen ergänzt worden, die über die Phasen von Technikentstehung, -gestaltung und Erstausbreitung hinaus blicken. Für Alltagstechniken wie Trinkwasseranschluss, Haushaltsgeräte oder Medientechniken wurde beschrieben, wie die zunächst neue Technik durch die Einbettung in Routinen und Praktiken normalisiert bzw. domestiziert wurde. Aktuell wird auch nach Reparatur und Instandhaltung von Technik gefragt. Dennoch ist die Rolle von etablierten Wissensbeständen, tradierten Praktiken oder „veralteten" Techniken im wissenschaftlich-technischen Wandel auch in der Technikgeschichte bisher seltsam unerforscht. Gleiches gilt für die Phänomene von Verlust, Entwertung oder Niedergang von Wissens- oder Technikbeständen, demgegenüber sich zur Erforschung des „Neuen" spezifische Felder wie die historische Innovationsforschung oder STI (Science, Technology, and Innovation) herausgebildet haben.

Was also könnte es für eine Subdisziplin wie die Technikgeschichte bedeuten, genauer nach der Zeitlichkeit und Vergänglichkeit von Technik zu fragen

---

25 Zumbrägel, Kleinwasserkraft, S. 17, S. 282f, S. 77 (Zitate der Hydroingenieure).

26 Siehe auch den Beitrag von Anne-Katrin Ebert in diesem Band, der u.a. auch die neuerlichen Überlegungen zu einer Deakzession von Museumsobjekten anspricht.

27 Gugerli, Welt; Coopersmith, Rise.

und das Altern und Ausrangieren von Technik und dem dazugehörigen Wissen zur genuinen Forschungsfrage zu machen? Welche Potentiale und Herausforderungen liegen darin? Erste Ansätze eines solchen Perspektivwechsels liegen vor. So wurden Ansätze einer „Verfalls"- oder auch einer „Entschaffensgeschichte" der Technik vorgelegt.[28] Für den Fall der Atomwaffenproduktion hat Donald MacKenzie problematisiert, inwieweit das „Wieder-Erfinden" und das „Entfinden" („uninvention") möglich sein könnten und welche Rolle dabei das überwiegend personengebundene, implizite Wissen (tacit knowledge) spielt.[29] Dass aufgegebene Techniken zu einem späteren Zeitpunkt wiederentdeckt und neu entwickelt werden, ist in der Technikgeschichte nicht einmal selten, wurde aber noch kaum theoretisiert. Beispiele, bei denen die derzeitige Innovationstätigkeit „wiedererfindet", was längst vergessen ist, wären auf dem Bereich „grüner" Techniken die Kunststoff-Gewinnung aus Milch oder mittels Vulkanfiber oder das Recycling von Abwässern oder Fäkalien.[30] Im Bereich der Wissen(schaft)sgeschichte wiederum hat Peter Burke nach dem Verlust oder auch der Zerstörung und Verschleierung von Wissen gefragt.[31] Unter dem Stichwort des „prekären" Wissens hat Martin Mulsow flüchtiges, unterdrücktes oder geheimes, aber auch nicht mehr zeitgemäßes Wissen von Gelehrten der Frühen Neuzeit untersucht, die nach und nach an den Randzonen der etablierten Wissenschaft in Vergessenheit gerieten, um zu einer „anderen" Ideengeschichte zu gelangen. Simon Werret ist für den Fall der frühneuzeitlichen Wissenschaft dem „Recycling" von alten Wissensbeständen oder Instrumenten nachgegangen.

Bereits Begriffe wie „Entwissenschaftlichung"[32], „uninvention" oder die Rede von Deindustrialisierung deuten ebenso wie die derzeitigen Aufrufe zu „Exnovation" oder „Dekarbonisierung" in ihrer Verkehrung der sonst betrachteten Prozesse über negative Präfixe wie *Ent-*, *Ex- und Rück-* die Unbeholfenheit von Fach- wie Alltagssprache an, dieser Dimension von Wissenschaft und Technik nachzugehen. In Bezug auf Technik behilft man sich mit anthropomorphen Metaphern wie „Technikgenerationen", dem „Altern" von Technik

28 Möser, Grauzonen; Weber, Entschaffen.

29 MacKenzie, Knowledge.

30 Vgl. für den Fall der Biogaserzeugung aus Abwässern Moss, Waste-to-Energy. Unter dem Titel „Vulkanfiber – ein historischer Werkstoff ‚neu gedacht'" entsteht derzeit an der Ruhr-Universität Bochum eine Promotion von Simon Große-Wilde, die nach dem heutigen Potenzial dieser alten Erfindung fragt.

31 Vgl. dies und das Folgende: Burke, Knowledge, daraus: The Price of Progress; Mulsow, Wissen; Werret, Recycling.

32 Vgl. für den Begriff: Vogel, Wissensgeschichte, S. 657.

oder „Lebensdauern", um Ablösung und Verschwinden der Technik begrifflich zu fassen.

Auch in den Kulturwissenschaften ist das Verschwinden wenig untersucht. Aleida Assmann thematisiert es als einen Prozess des „Vergessens". Dabei unterscheidet sie mehrere Formen wie z. B. das „automatische" Vergessen, bei dem etwas nach zeitlicher Alterung sozial vergessen und dann material entsorgt werde, das „Verwahrensvergessen", bei dem Sammler oder andere als Agenten des Aufschubs auftreten und Museen, Archive und Bibliotheken gegen den Existenzverlust wirken, oder das „selektive" Vergessen, das von Ignoranz und Agnotologie getrieben sei.[33] In Blick auf Technik erwähnt sie jedoch nur die weit in das 20. Jahrhundert hinein anzutreffende Sicht, nach der Zerstörung und Vergessen als Motor des Fortschritts fungieren. So war der amerikanische Philosoph Ralph Waldo Emerson Mitte des 19. Jahrhunderts davon überzeugt, dass neue Techniken die alten zerstören und überflüssig machen würden – die Eisenbahn etwa den Kanaltransport, was im Übrigen als derart simple Substitution nie eintrat.[34] Nach Assmann hat sich erst im späten 20. Jahrhundert im Zusammenhang mit der Recycling-Idee eine Mentalität entwickelt, die das kulturelle Vergessen verlangsame und das Alte neu deute. Jedoch geschieht auch die von Assmann als „automatisch" gesetzte Form des Vergessens keinesfalls automatisch. Vielmehr bedarf es Handlungen des Entfernens oder zumindest einer Werte-Umschreibung, bei der die einst als wichtig wahrgenommene Technik als wertlos oder überholt deklariert werden muss, um sie dem Verfall oder auch der Entfernung preiszugeben.

Als „Shock of the Old" (2007) betitelte David Edgerton sein populäres Buch zur langzeitigen Verwendung von an sich als „überholt" geltenden Techniken, die diese zumeist abseits der Regionen ihrer Erstnutzung finden. Der eigentliche „Schock des Alten" ist aus Sicht dieses Artikels jedoch weniger die lange Nutzungsphase, sondern dass Techniken auch darüber hinaus persistent und wirkmächtig bleiben und schlussendlich irgendwie ausrangiert oder dem Verfall preisgegeben werden müssen. Nicht nur das, was Edgerton „technology-in-use" nennt, ist mithin zu untersuchen, sondern auch, wie Technik „altert" und irgendwann ersetzt wird, in Vergessenheit gerät oder entsorgt wird. Das betrifft zum einen die materielle Dimension – den Verschleiß einer Technik – und zum anderen das Denken und Handeln beim Technikumgang sowie die an eine jeweilige Technik geknüpften Wissensbestände, Praktiken, Mentalitäten, Ideen und Werte, die nach und nach ebenfalls verschwinden oder entlang der Ersatztechnik transformiert werden. Während die sozialwissenschaftliche

33 Assmann, Vergessen, für folgende Ausführungen vgl. S. 32-34.

34 Assmann, Vergessen; Assmann, Zeit, S. 170.

und technikhistorische Forschung mit den inzwischen klassischen Begriffen von „Technikgenese“ und dem „Making Technology“ Technikentstehung und -gestaltung konzeptionalisiert hat und mit Ansätzen wie Technikaneignung, Domestizierung, Normalisierung oder Kreolisierung auch Konzepte zum langzeitigen Umgang mit Technik vorliegen, fehlt es noch an Konzeptionalisierungen zum „Entschaffen“ bzw. zum „Unmaking Technology“.[35]

Auch unser Alltag und unsere ganz persönlichen Biografien scheinen einer solchen Wahrnehmungsverzerrung zugunsten des Neuen zu unterliegen: Wer etwa weiß noch, wann und warum er oder den dritten oder vierten Computer aussortiert hat, wenn man sich erst einmal an den Umgang mit Computern nach der Anschaffung des ersten Geräts gewöhnt hat? Und wann und wie haben die Älteren unter uns verlernt, mit dem inzwischen auch kaum mehr erhältlichen Rechenschieber umzugehen? Lautlos und ohne viele Spuren zu hinterlassen scheint sich das Verschwinden abzuspielen, demgegenüber das Anschaffen etwa des ersten Taschenrechners oder Mobiltelefons oftmals mit biografischen Erinnerungen verknüpft ist; einzige Ausnahme scheint der ungewollte Verlust von Dingen zu sein. In der Technikgeschichte wimmelt es von Memoiren oder Tagebucheinträgen zum Einzug neuer Technik in den Alltag. Man denke nur an die immer wieder zitierten Beobachtungen berühmter Persönlichkeiten wie etwa Victor Klemperers Schilderung, wie 1926 ein Grammophon angeschafft wurde, oder diejenige von Walter Benjamin zur Installation eines Telefons in der elterlichen Wohnung. Mithin mangelt es auch aus handfesten Gründen an Untersuchungen zum Altern, Aussondern oder Vergessen von Technik: Es gibt wenig zugängliche Quellen dazu, wie und mit welchen Folgen sich einzelne Nutzer oder Institutionen von der einst angeschafften technischen Neuerung wieder trennen.

3. Forschungen, Ansätze und Fallbeispiele zum Momentum des „Alten“

3.1 *Polychronie und Persistenz von Technik als historischer Normalfall*

Bereits in seinen „ten eclectic theses on the historiography of technology“ von 1999 hatte David Edgerton gefordert, Technikgeschichte müsse ihren Fokus von der „Innovation“ hin zur Nutzung bzw. einer „technology-in-use“ wenden.[36] Sein Buch „Shock of the Old“ richtete sich demgegenüber nicht mehr (nur) an die Disziplin selbst, sondern auch an die allgemeine Öffentlichkeit. Gemeinhin

35 Weber, Entschaffen; Salehabadi, E-Waste.
36 Edgerton, Innovation to Use.

werden Innovationen als entscheidend für unseren technischen Alltag wahrgenommen. Demgegenüber zeigte Edgerton, dass dieser wesentlich von längst etablierten Techniken oder gar dem Wiederauftauchen von veralteten Techniken geprägt ist, und zwar teils mit durchaus überspitzten Verweisen wie der Feststellung, dass der Einsatz von Pferden für die nationalsozialistische Kriegführung entscheidender war als „Wunderwaffen" wie die V2. Zudem verwies Edgerton auf die damals noch kaum beachtete Bedeutung von Wartung und Reparatur sowie auf die „creole technologies" nicht-westlicher Regionen:[37] In westlichen Regionen als veraltet geltende oder gar bereits verbotene Techniken wie das Bauen mit Wellblech oder Asbest erfahren andernorts, etwa in den Favelas des Globalen Südens, in lokal spezifischen Adaptierungen eine neue Verwendung. In ähnlicher Weise argumentierte auch Marcel Hänggi kürzlich in seinen „Fortschrittsgeschichten" gegen die populäre Idee eines linearen Fortschritts und setzte das Bild der „Addition" von Techniken dagegen: So blieben beispielsweise auf dem Feld der Energie neben den neuen, alternativen Energiequellen die alten wichtig, was bereits der Fakt bezeugt, dass im heutigen, angeblich „postfossilen" Zeitalter noch nie so viel Kohle wie zuvor extrahiert wurde.

Was Hänggi wie Edgerton in die weite Öffentlichkeit zu tragen suchen, ist innerhalb der Disziplin der Technikgeschichte allerdings bereits seit längerem in einer Reihe von empirischen, nutzungsorientierten Studien aufgezeigt worden. So haben detaillierte Studien seit den späten 1970er Jahren nach dem Technikgebrauch im Alltag gefragt.[38] Insbesondere die Frauen- und Geschlechterforschung haben den Umgang mit Technik zu einem zentralen Feld der (technik)historischen Analyse gemacht, so etwa die Arbeiten von Ruth Schwarz Cowan, Karin Zachmann oder Ruth Oldenziel.[39] Martina Heßler hat später für die Elektrifizierung des Haushalts das Bild des „Implementierens" von Technik genutzt, um zu verdeutlichen, wie schwierig ein späteres Entfernen der elektrischen Geräte wäre.[40] Sich an einem noch stark männlich geprägten Technikkonzept abarbeitend, hat die feministische Kritik außerdem auf häusliche und alltägliche Technikbereiche aufmerksam gemacht, die üb-

37 Edgertons Begriff der „creole technologies" übernimmt die Idee der Kreolisierung, die – als eine Vermischung von fremden und eigenen Kultur- bzw. Sprachelementen – in den Sprachwissenschaften und den *Cultural Studies* seit den 1980er Jahren konzeptionalisiert wurde.

38 Diese werden in den beiden stärker populär denn fachwissenschaftlich ausgerichteten Büchern kaum gewürdigt; Edgerton erwähnt sie aber in folgendem Artikel: Edgerton, Innovation, Technology, or History, S. 688.

39 Cowan, Consumption; Oldenziel, Man the Maker.

40 Heßler, Modern Woman.

licherweise nicht als Innovationsfelder wahrgenommen wurden. So nahmen haushälterische Praktiken des Konservierens oder der Seifenproduktion Verfahren vorweg, die von der entstehenden Nahrungsmittel- oder Seifenindustrie des 19. und 20. Jahrhunderts aufgegriffen und adaptiert wurden.

Die von Hänggi und Edgerton zusammengetragenen Beispiele zur Persistenz des Alten lassen sich problemlos um weitere ergänzen: So fand der Postbrief erst um 2000, also im digitalen Zeitalter, den Höhepunkt seiner globalen Verwendung;[41] insbesondere in der höheren Geschäftskommunikation hält er sich aufgrund von kulturellen oder rechtlichen Konventionen und symbolischen Zuschreibungen, die an die etablierte Technik geknüpft sind, hartnäckig. Das System von Fabrik und Maschinenarbeit entstand auf der Grundlage von Wasserkraft und es dauerte in den verschiedenen Regionen unterschiedlich lange, bis sich die Dampfmaschine als neue Kraftmaschine durchsetzte.[42] In den Hochphasen der Industrialisierung entstanden wiederum nicht nur Fabriken; vielmehr erlebten auch tradierte Produktionssysteme wie dezentrale Manufakturen und dezentrale Heimarbeit neue Höhepunkte, was vor allem für die Textilindustrie gezeigt wurde.[43] Wo sie die standardisierte Massenproduktion ergänzten, hatten sie nämlich durchaus technisch-ökonomische Vorteile, weil sie die Produktqualität besser sichern und Nischen- oder Modemärkte schneller bedienen konnten und weil die Arbeitskraft billiger und meist ohne Gewerkschaftsschutz zu haben war. Die global vertriebenen Barmer Bänder beispielsweise wurden noch um 1900 größtenteils in Heimarbeit in Hinterhof-Werkstätten hergestellt.[44]

Diese Art der Persistenz des Alten ist für Technikhistoriker mithin kein „Schock“, sondern wohl bekannt. Svante Lindqvist hatte schon Mitte der 1990er Jahre betont, die Welt der Technik sei beinahe gänzlich von „old age“ Techniken bestimmt, die sich – im Bild der S-Kurve von Diffusionstheorien gesprochen – bereits im Zustand der Reife oder des Niedergangs befänden.[45] Unter anderem verwies er auf eine Umfrage der Schwedischen Gesellschaft für (graduierte) Ingenieure, die 1980 unter ihren 22.000 Mitgliedern durchgeführt

41 Bündner, Papierbrief.

42 Technikhistorisch ist dieser Sachverhalt gut aufgearbeitet; in der populären Rezeption jedoch bleibt die Dampfmaschine Initialzünder der „Industriellen Revolution“. So hat kürzlich Malm darauf hingewiesen, dass die Nutzung von Wasserkraft mancherorts auch noch in der zweiten Hälfte des 19. Jahrhunderts Vorteile hatte: Die Anlagen waren weniger störanfällig als Dampfmaschinen und einfach zu operieren. Vgl. Malm, Fossil Capital, S. 94.

43 Vgl. für Sachsen: Schäfer, Industrialisierung.

44 Piore/Sabel, Massenproduktion.

45 Lindqvist, Changes, S. 276; folgende Zahlen: 277; Zitat: 284.

wurde. Sie kam zu dem Ergebnis, dass nur 18 Prozent der Befragten in der Entwicklung neuer Technologien arbeiteten, aber 72 Prozent im Feld von Wartung und Kontrolle bestehender Techniken und zehn Prozent in der Wissensvermittlung. Lindqvist beschrieb die technische Welt daher als ein Gebilde von verschiedenen, übereinandergelagerten und ko-existenten Technikstufen: „For any given technology and at any time we will find that the prevailing technological volume is a mixture of several and at least the following three components: an older technology in decline (A), a second at its peak (B), and a third one emerging (C).“ Unter den von ihm zur Illustration angeführten Beispielen findet sich der letzte noch mit Holzkohle betriebene Hochofen Schwedens, der erst 1966 stillgelegt wurde, oder auch der Fakt, dass Pferde in Deutschland aufgrund ihrer Persistenz in der Landwirtschaft in den 1920er Jahren ihre höchste Verbreitung fanden.

In der Epoche der Moderne finden wir mithin „sehr viel vormoderne Technik oder epochenunspezifische Technik“, wie es kürzlich auch Ulrich Wengenroth festhielt.[46] Wo Epochenbezeichnungen zwar die Dominanz einer Technik nahelegen, finden wir die Polychronie von Technik als historischen Normalfall vor. Die Gründe hierfür sind vielfältig und berühren technische wie ökonomische, soziale, kulturelle und politische Kontexte. So hat Kurt Möser eine Vielzahl von Typen beschrieben, bei denen Technik persistent geblieben ist, selbst wenn technisch überlegenerer Ersatz zur Stelle war:[47] Mal lässt sich die ältere Technik im Unterschied zum Neuesten durch billige Massenproduktion herstellen, ist bedienfreundlicher oder robuster wie im Falle des Motorrads in Indien des späten 20. Jahrhunderts. Mal führen hohe Resilienzanforderungen zum Beibehalten des verlässlich geprüften „Alten“; in sowjetischen Militärjets wurde beispielsweise bis in die 1990er Jahre auf Elektronikröhren zurück gegriffen, weil diese eine Kernwaffen-Detonation besser als digitale Elektronik überstehen. Mal ist neue Technik noch fehleranfällig oder lässt sich kaum in bestehende Infrastrukturen einfügen. Mal wird Altes über Innovationen verbessert oder das Neue imitiert lediglich das Alte. Zeiten bzw. Regionen, in denen Krieg oder Krisen herrschen, finden neue Nutzungen für alte Technik; in reichen Regionen wiederum entstehen subversive Verwendungen oder Kulturen der Techniknostalgie wie z.B. die Lomografie oder das VJ-ing am Plattenspieler.

46 Dies wie folgendes Zitat vgl. Wengenroth, Technik, S. 9.

47 Möser, Wiederkehr.

3.2 *Überlagerungen, Verschiebungen und Verwerfungen zwischen „Alt" und „Neu": Ansätze aus der Innovations- und Mediengeschichte*

Auch zum technischen Wandel und zu Innovation haben Technikgeschichte und -forschung, darunter insbesondere die Subfelder von historischer wie soziologischer Innovationsforschung und STI, inzwischen differenzierte Ansätze vorgelegt, die dem populären Narrativ des linearen Fortschrittspfeil ebenfalls mehrfach widersprechen. In neueren Innovationsmodellen setzt sich nämlich weder das technisch Überlegenere zwangsläufig durch noch substituiert das Neue das Alte reibungslos oder vollständig, sondern es kommt zu Überlagerungen, zu graduellen Ablösungen und Verschiebungen, aber auch zu Verwerfungen oder gar zur Integration des Neuen im Alten. Inventionen werden in technikhistorischen Fachkreisen kaum mehr als disruptiv gehandelt,[48] und zwar auch nicht für den Fall der so genannten radikalen bzw. disruptiven Innovation, die im Unterschied zur inkrementellen, verbessernden Innovation auf einen neuen Technikpfad setzt. Im Folgenden werden entsprechende Ansätze der Innovationsforschung vorgestellt; der Abschnitt endet mit einem Blick in die Mediengeschichte, die nämlich Theoretisierungen zum Wandel alter Medien bei Einzug des Neuen vorgelegt hat.

Während differenzierte Innovationsmodelle kaum außerhalb der Wissenschaft rezipiert werden, hat zumindest das Konzept der „Pfadabhängigkeit" Eingang in die weite Öffentlichkeit gefunden.[49] Pfadabhängigkeit meint, dass neue Techniken aufgrund der Beharrungskraft von Technik und damit zusammenhängenden Wissensbeständen, Praktiken, Akteuren, Ökonomien oder Werten oftmals Elemente der etablierten Technik fortführen, auch wenn diese ökonomisch oder technisch gesehen nicht mehr notwendig wären. Bekannt wurde der Ansatz durch das historische Fallbeispiel der QWERTY-Tastatur: Bei den frühen mechanischen Schreibmaschinen war die Tasten-Anordnung so ausgerichtet, dass die Typen-Hebel sich möglichst nicht gegenseitig blockierten. Im digitalen Zeitalter hat die QWERTY-Anordnung zwar ihren technischen Sinn verloren, hat sich aber weiterhin standhaft gehalten und selbst auf dem Handy etabliert, obwohl sie dort keinerlei ergonomischen Vorteile aufweist.

---

48 So bereits Rosenberg, Factors, S. 8. Ähnlich auch Thomas Park Hughes rund 20 Jahre später: „the word invention itself, as the exploration of salients, reverse salients, and critical problems shows, can be misleading if it connotes discontinuity. Most modern inventions seem to be part of a continuum. Invention is usually correction of a reverse salient or the bringing of a system into line with a salient", in: Hughes, Dynamics, S. 115.

49 Als neuere Studie zur Pfadabhängigkeit der Technikentwicklung vgl. Wieland, Neue Technik. Als Klassiker vgl.: David, Clio.

Innovationsmodelle der historischen wie soziologischen Technikforschung betonen inzwischen die graduelle Ablösung von „alt“ und „neu“. Innovationen setzen sich innerhalb einer längeren, von steten Verbesserungsschritten geprägten Zeitphase durch, während der die ältere Technik zum einen fortbesteht. Zum anderen wird sie zumeist auch selbst weiterentwickelt: Wenn alternative technische Lösungen auftauchen, erhält die bestehende Technik einen Verbesserungsschub.[50] So zeigte der Wirtschaftshistoriker Nathan Rosenberg in den 1970er Jahren, dass Segelschiffe noch lange parallel zur aufkommenden Dampfschiff-Fahrt konkurrenzfähig bleiben konnten, indem dort verwendete Prinzipien der Eisenkonstruktion in die ältere Technik transferiert wurden.[51] Das mit Glühstrumpf verbesserte Gasglühlicht hielt sich über Jahrzehnte parallel zum neuen, elektrischen Licht am Markt.[52] Die frühen Talsperren sollten die bestehenden Wassermühlen mit ihren traditionellen Wasserrad-Antrieben zukunftsfähig machen; erst nach und nach wurden die Talsperren dann zum Grundstein einer gänzlich neuen Energieerzeugung: der Elektrizitätsgewinnung durch Turbinenanlagen.[53] In den 1950er Jahren entstanden fortschrittliche Analogrechner etwa im Feld der Gezeitenrechnung, die erst ex post wie eine zum Aussterben verdammte Dinosaurier-Technik wirken. Die heutige Elektro-Mobilität findet auf „zwei Rädern“ statt: Als Zukunftstechnik für das Automobil gepriesen, feiert der Elektro-Antrieb derzeit in Verbindung mit der noch etwas älteren Technik des Fahrrads ungeahnte Erfolge.

Aber auch radikale Innovationen stellen keinen radikalen Bruch dar, sondern führen mitunter bewährte Elemente der „alten“ Technik weiter. So bildet das Internet in seiner ozeanischen Glasfaserkabel-Netzstruktur in großen Teilen Drahtverbindungen ab, die im Zuge der Telegrafie in den Dekaden um 1900 entstanden waren.[54] Die Telegrafie war für ihren Erfolg nicht nur auf die neuen Netzwerke und Übertragungstechniken angewiesen, sondern gleichermaßen auf tradierte, körper- und materiegebundene Mobilität: Die Nachrich-

50 Rosenberg, Factors. Vgl. zum so genannten „sailing ship effect“ erstmals: Ward, Sailing Ship Effect. Rosenberg erwähnt außerdem die lange Dominanz der Holzkohle bei der amerikanischen Eisenproduktion; „pig iron“ erreichte dort erst 1890 den Höhepunkt seines Produktionsvolumens (S. 25).

51 Vgl. Rosenberg, Factors. Der Autor mahnte bereits damals an, dass ein solches Fortbestehen alter Technik aufgrund der Fokussierung der Historiker auf das Neue zu oft aus dem Blick gerate (S. 23).

52 Braun, Beleuchtungssysteme.

53 So begann auch die Karriere von Deutschlands wichtigstem Talsperren-Bauer, Otto Intze, mit Bauwerken an der Ruhr, die kleinen Draht- und Hammermühlen das Überleben ermöglichen sollten, ehe später hydroelektrische Anlagen dominant wurden. Vgl. Blackbourn, Conquest, S. 207; vgl. auch Zumbrägel, Kleinwasserkraft.

54 Starosielski, Undersea, S. 44.

ten wurden auf Papier verschriftlicht und durch Botengänger zum Empfänger befördert.[55] Ehe Netflix zum Streaming-Dienst wurde, nutzte das Online-Filmverleih-Unternehmen die Post und schickte den Kunden die per Internet bestellten Filme als DVD in ihre Briefkästen. Der derzeitige Aufstieg des digitalen Einkaufens wiederum beschert der postalischen Zustellung einen ungeahnten Boom. In vielen Bereichen kommt die New Economy also nicht ohne die Old Economy aus.[56]

Insbesondere Johan Schot und Frank Geels haben in ihren historischen Innovationsstudien die Überlagerung von „alt" und „neu" betont. Johann Schot hat für den niederländischen Weg in die Industrialisierung mit seinem „transformation model" gezeigt, inwiefern „neue" Techniken immer mit Techniken älterer Entwicklungsstufen interagierten – so sehr, dass „alt" und „neu" daher als Begrifflichkeiten kaum taugen würden, denen dennoch auch der Autor verhaftet bleibt.[57] Die lange Parallelität von Segel- und Dampfschiff oder auch der Übergang vom Flugmotor zum Turbinen-Strahltriebwerk veranlassten Frank Geels, statt von Substitution oder Ablösung von Technik durchgängig von „Transformation" oder „Transition" zu sprechen.[58]

Solche Transitionsansätze wurden inzwischen zur *multi-level perspective* (MLP bzw. auch *multi-level transition* / MLT) ausgearbeitet, die Ansätze aus STS, Innovationsforschung und evolutionärer Ökonomie zusammenführt. MLP blickt nicht systematisch auf das Alte, betont aber dessen Beständigkeit sowie auch das Scheitern von Innovationen und die Konflikte, mit denen jede Innovation einher geht. Außerdem werden Veränderungsprozesse auf der Mikro-, Meso- und der Makro-Ebene in ihrer Wechselwirkung untersucht.[59]

---

55 Downey, Boys.

56 Dass z.B. auch Informationsarbeit und Big Data nicht ohne manuelle, menschliche „wetware" auskommen, zeigen unter anderem die Arbeiten von Greg Downey, siehe Downey, Webs.

57 Schot, Usefulness. Vor allem spricht er sich gegen das Narrativ von den Niederlanden als „(Zu)Spätkommer" bei der Industrialisierung aus und beschreibt statt dessen ein alternatives Industrialisierungsmodell, in dem der Kaufmannskapitalismus mit kleingewerblichen Produzenten eine Synthese eingegangen sei.

58 Siehe u.a. Geels, Transition; Geels, System Innovations.

59 Geels und Schot unterscheiden vier Typen der Transition: die technische Substitution, bei der disruptive (Nischen-)Innovationen sich aufgrund des Anpassungsdrucks an den Kontext („landscape"; gemeint sind exogene Kontexte wie Kriege, wirtschaftliche Entwicklung, Klimawandel o.ä.) durchsetzen; die Transformation, bei der Akteure das „Regime" (d.h. die soziotechnische Mesoebene) nach und nach ändern, derweil die Innovation sich nicht ausreichend weiterentwickelt; die Rekonfiguration, bei der Innovationen in das bestehende Regime inkorporiert und so weitere Veränderungen ausgelöst werden; schließlich das „De"- oder „Re-Alignment": In diesem letzten Fall destabilisieren sich ändernde Rahmenbedingungen wie etwa der Klimawandel das Regime; die Nischen-Innovation

Inzwischen hat sich MLP zu einem innerhalb der sozialwissenschaftlichen Technikforschung zentralen Ansatz entwickelt, der von dessen Vertretern sogar als wichtiger als SCOT oder der Ansatz der *Large Technological Systems* (LTS) bewertet wird.[60]

Detaillierter auf das Problem von Beharren und Wegschaffen des Alten gehen demgegenüber Studien im engeren Feld von STI ein, die mit Ansätzen des Historischen Institutionalismus operieren. Darin werden vier Modi des (institutionellen) Wandels unterschieden, nämlich *layering, conversion, displacement* und *dismanteling*, wobei die beiden letzteren die Ebene der Abkehr vom Alten beschreiben.[61] Thomas Heinze und seine Ko-AutorInnen haben mit diesen vier sich überlagernden Prozessen erklärt, wie Großforschungsinfrastrukturen wie das 1964 eröffnete DESY trotz der Beständigkeit von Anlagen, Geräten oder Forschungspersonal neue wissenschaftliche Aufgaben übernehmen und wissenschaftlich-technische Erneuerungen leisten konnten. Verschiedene Mikro-Ereignisse resultierten über die Zeit hinweg in einer Transformation der Makro-Ebene: Wo das DESY einst Teilchenphysik betrieb, dominierten später die Material- und Lebenswissenschaften.[62]

Die bisher genannten Forschungen blicken vom Neuen her auf das Alte. Diese Blickrichtung findet sich auch in der Mediengeschichte, etwa in Form des so genannten *remediation*-Ansatzes.[63] Er besagt, dass neue Medien wie das Internet Formen und Präsenzweisen älterer Medien wie z.B. Radio- oder Zeitungsformate inkorporieren. Statt digitale Medientechniken als radikal neu zu sehen, stellen Bolter und Grusin sogar die These auf, dass diese nur deshalb so bedeutsam werden konnten, weil sie Formate des analogen Zeitalters fortführten. Jedoch hat die Mediengeschichte auch eine lange Tradition, nach dem Wandel der etablierten Medien bei Hinzutreten der neuen zu fragen. Dass eine zeitlich ältere Medientechnik durch die neue nicht substituiert, sondern verändert wird, ist eine alte medienhistorische Weisheit. Zudem ist sie uns allen eigentlich als Zeitungsleser, Kinogänger, Radiohörer oder Schallplatten-Liebhaber wohlvertraut. Etablierte Medientechniken, Medieninhalte

---

wiederum ist noch nicht ausreichend entwickelt, kann aber angesichts der Destabilität des herrschenden Regimes ein neues Regime generieren.

60 Vgl. dies und folgendes: Sovacool/Hess, Typologies, S. 703-750.

61 *Layering* passiert, wenn neue Regeln zu bestehenden dazu addiert werden; *conversion* meint, dass bestehende Regeln auf neue Ziele hin umgelenkt werden. *Displacement* bezieht sich auf den disruptiven Ersatz von alten durch neue Elemente bzw. Regeln und *dismanteling* wiederum auf den auf Substitution verzichtenden Abbau von Bestehendem. Vgl. Mahoney/Thelen, Institutional Change.

62 Vgl. Heinze u.a., Periphery.

63 Bolter/Grusin, Remediation.

und -rezeption werden durch neu hinzukommende verändert und anders bewertet.[64] Acland und andere nutzen den Begriff der „Residual Media“, um zu verdeutlichen, dass technisch als veraltet angesehene Medien wie Schallplatte oder Kassette als zentrale Randgröße der Medienkultur weiter existieren.[65]

Zugleich sind Medientechniken insofern ein Sonderfall, als ihre Nutzung wesentlich der Sinnbildung und der Erinnerung einer Gesellschaft dient. Als Träger von formalisiertem Wissen und von historischen Quellen werden sie in großen Teilen gezielt in Archiven, Bibliotheken, Museen oder auch der eigenen Briefe-Sammlung verwahrt und überliefert. Es ist daher umso erstaunlicher, dass die derzeitige Gesellschaft die Frage des Verwahrens für den neuen Fall der digitalen Medienformen noch kaum gestellt und in keinster Weise gelöst hat.

3.3 *Chronotechnologie und das Alter(n) von Technik: Die Beispiele Gebrauchtmarkt und Obsoleszenz*

Innerhalb der Technikforschung sind es derzeit primär Studien zum Reparieren und Warten, die eine Perspektivverschiebung hin zum Alten vollziehen.[66] So fordert Steven Jackson ein „broken world thinking“, das von Zerfallsprozessen wie Erosion, Breakdown oder Niedergang her denken solle, statt auf das Neue, auf Wachstum und Fortschritt zu schauen.[67] Wenn man aber einem technischen Artefakt konsequent in seiner Beständigkeit und Vergänglichkeit folgt, so lässt sich nicht bei Reparatur und Instandsetzung verweilen. Weil aber für die Dimension von Alterung und Entwertung von Technik noch erhebliche Forschungslücken bestehen,[68] werden im Folgenden zwei Beispiele skizziert: Gebrauchtmärkte und Obsoleszenz, die mit konträren Vorstellungen zur Entwertung von Technik und konträren Temporalitäten der Technik verbunden sind. Gebrauchtmärkte entstehen dort, wo sich die Entwertung von Technik allmählich, über mehrere Nutzungskaskaden hinweg, unter Zugriff auf das Reparieren vollzieht. Demgegenüber behauptet das Konzept der

---

64 So schrieb z.B. Kittler: „Neue Medien machen alte nicht obsolet, sie weisen ihnen andere Systemplätze zu“, Kittler, Kommunikationsmedien, S. 178; ähnlich auch Gitelmann, die Medien mit Kunst verglich: „Like old art, old media remain meaningful“, vgl. Gitelman, Already New, S. 4.

65 Acland, Media.

66 Vgl. hierzu Krebs u.a., Reparieren; Russell/Vinsel, Innovation. Für frühere Untersuchungen vgl. auch: Graham/Thrift, Repair; Stöger/Reith, Reparieren.

67 Jackson, Repair, S. 221 f.

68 Stoff- oder Artefaktgeschichten beanspruchen, den gesamten Produktzyklus zu betrachten; dennoch betrachten nur wenige darunter Bereiche wie Gebrauchtmärkte, Recycling oder das Ausrangieren und Beseitigen der Dinge, so z.B. Marschall, Aluminium; Sudrow, Schuh.

Obsoleszenz eine bestimmbare „Lebensdauer“ von Technik und setzt an die Stelle des Reparierens des Bestehenden seine Substitution durch das Neue innerhalb von sich ablösenden Innovationszyklen.

Gebrauchtmärkte hatten für die Verbreitung von Konsumtechniken, aber auch für den Transfer von Technik bei Investitionsgütern eine zentrale Rolle inne. Selbst das letzte Stahlwerk Dortmunds wurde 2002 nicht abgerissen, sondern demontiert und in China wieder in Betrieb genommen.[69] Gebrauchtmärkte von Konsumwaren unterlagen historischen Konjunkturen und über das 20. Jahrhundert hinweg haben sich die Handelsdistanzen von lokalen zu globalen gewandelt, so dass Gebrauchttechnik inzwischen primär von westlichen Orten der Erstnutzung in ärmere Regionen des Globalen Südens exportiert wird. Gebrauchtmärkte sind auf das Reparieren angewiesen, das meist zwischen der „Erst“-, „Zweit“- oder der weiteren Nutzung steht. Solche weitgehend über Gebrauchtmärkte vermittelte Nutzungskaskaden von Technik beinhalten neben dem Reparieren auch das Zerlegen oder die Weiternutzung als Ersatzteillager. In dem Zuge, wie die Entsorgung alter Technik zur Herausforderung geworden ist, sind in den letzten Jahrzehnten allerdings die Grenzen zwischen Gebrauchtwaren-Handel, Recycling und Müllexport unscharf geworden.

Viele zeitgenössische Techniken weisen inzwischen globalisierte Nutzungskaskaden auf. Diese haben insbesondere das Forschungsinteresse von Kultur- und Sozialwissenschaftlern erregt. Deren Studien sind teils dem Skandal des toxischen Exports gewidmet, teils der kreative Bricolage in den armen Regionen; manche sind auch von Techniknostalgie geleitet. Djahane Salehabadi, der es um die globale Ungerechtigkeit im „Unmaking“ von Elektronik-Müll geht, ist den von Berliner Haushalten ausrangierten Computern und Elektronik-Geräten auf ihrem Weg zu informellem Weiterverkauf, Wiedernutzung oder Entsorgung nach Asien, Afrika oder Osteuropa gefolgt und hat das problematische, händische und oft eben toxische Recycling fernab der Nutzungsorte beobachtet.[70] Neben Elektronik-Schrott hat außerdem die „Shipbreaking“-Industrie Aufmerksamkeit auf sich gezogen, da sie hoch konzentriert an wenigen Stränden in Bangladesch und Indien stattfindet. Dort werden in monatelanger, manueller und körperlicher Schwerstarbeit beinahe sämtliche große Schiffe der Welt zerlegt; Außenhülle und Innenleben eines Schiffes werden abgetragen und als Einzelteile wie Stahl, Motoren oder

69 Swanton, Afterimages, sowie http://www.phoenixdortmund.de/de/home/index.html (acc. 1.3.2018).

70 Salehabadi, Digital Waste.

Seile teils auch wiedergenutzt.[71] Die kreative Seite der Nutzungskaskaden zeigen Studien von Hans Peter Hahn: In Burkina Faso beispielsweise besteht ein Handy-Gebrauchtmarkt, der – weitgehend aus Frankreich importierte – Altgeräte umnutzt; diese Handys sind Ersatzteil-Lager oder werden umgebaut und neu codiert.[72] Techniknostalgie wiederum ist dort schwer abzustreifen, wo der zumeist westliche Forscher auf Nutzungen von Technik trifft, die er als längst überholt oder gar nur als Museumsobjekt kennt. So sind für die amerikanischen *Cultural Studies* wie auch für den amerikanischen Durchschnittsbürger die in Kuba fahrenden Oldtimer aus einstiger amerikanischer Produktion eine Attraktion.[73] Das deutsche Pendant bilden die Sammeltaxis in Marokkos Städten, die derzeit noch mehrheitlich von umgeschraubten und adaptierten Mercedes-Gebrauchtwagen der 1980er und 1990er Jahre gestellt werden.

Für das 20. Jahrhundert sind Ausmaß sowie Wege solcher Nutzungskaskaden kaum bekannt. Bisher hat nur die Automobilgeschichte die Wichtigkeit des Zweitmarkts für die individuelle Massenmobilisierung unterstrichen; für den Gebrauchtauto-Handel liegen nämlich erstaunlich dichte Statistiken vor. So wurden in Schweden in den Jahren um 1970 rund doppelt so viele Gebrauchtwagen wie Neuwagen verkauft und in der BRD entfielen Mitte der 1980er Jahre auf einen Neuwagenkauf rund 2,3 Gebrauchtwagenkäufe.[74] Auch für die Haushaltstechnisierung der 1950er und 1960er Jahre dürfte gebrauchte Technik keinen unwesentlichen Beitrag geleistet haben. So ermittelten GfK-Studien noch für um 1970, dass Kühlschränke, wenn sie ausrangiert wurden, in rund einem Viertel der Fälle weiterverschenkt wurden; acht bis 22 Prozent der Altgeräte wurden in Zahlung gegeben, weitere als Ersatz oder Zweitgerät gehortet bzw. weiterverwendet. Immerhin 30 Prozent der Altgeräte gelangten aber auch damals bereits unmittelbar zur Verschrottung bzw. in den Sperrmüll.[75] Erst in der Folgezeit sollte das Verschrotten die Zweitverwertung deutlich dominieren. Läden mit gebrauchten Radios, Fernsehgeräten oder Videorekordern, die gleichzeitig Reparaturarbeiten übernahmen, waren bis in die 1980er Jahre hinein zahlreich; heute lassen sich zumindest noch Handy-Gebrauchtläden antreffen.[76] Wurde in westlichen Haushalten seit den 1960er Jahren die Zweit- oder gar Drittausstattung mit Radios oder dann auch

---

71 Breen, Constellations. Siehe auch das aktuell am RCC angesiedelte Forschungsprojekt unter Leitung von Simone Müller: Hazardous Travels: Ghost Acres and the Global Waste Economy.

72 Hahn, Mobiltelefone.

73 Narotzky, Cars.

74 Vgl. für Schweden: Lindgren, Private Cars, S. 168; für die BRD: Krebs u.a., Reparieren, S. 14.

75 Fleischer, Gebrauchsgüter, S. 257f.

76 Vgl. Einleitung: Krebs u.a., Reparieren.

mit weiteren Geräten wie Fernsehen oder Autos üblich, gelangte seit dieser Zeit auch bereits eine stattliche Masse an Altelektronik oder Gebrauchtwagen in ferne Länder. Die rund 1,8 Millionen Tonnen Elektro- und Elektronikgeräte, welche die BRD der Europäischen Kommission 2006 als wieder in Verkehr gebrachte Menge von Altelektronik meldete, haben ihre historischen Vorläufer.[77] Werden solche Nutzungskaskaden verfolgt, so bringen sie bisherige Konzepte zu Technikausbreitung und -aneignung an ihre Grenzen. Weiternutzungen in fernen Regionen unterlaufen das aus Innovationsforschung und Marketing stammende Modell der S-Kurve; Aneignungsmuster, wie sie die Technikgeschichte bisher für westliche Haushalte beschrieben hat, haben Elemente der Nutzungskaskade wie Wartung und Pflege, Reparieren oder den möglichen Weitergebrauch andernorts bisher ausgeblendet. Darüber hinaus verdeutlicht insbesondere der Gebrauchtmarkt, wie stark die globale Technikausbreitung der jüngeren Vergangenheit mit sozialer wie ökologischer Ungerechtigkeit und Machtgefällen verknüpft ist.

Das Beispiel der Gebrauchtmärkte verdeutlicht, dass die Ent- und Verwertung einer „alten" Technik ein mehrere Nutzungskaskaden umspannender Prozess ist; im Hinblick auf das Vorkommen einer Technik endet mithin eine Zeitschicht des Technischen selten abrupt.

Das *Obsoleszenz*-Konzept weist demgegenüber der Technik eine angeblich bestimmbare Nutzungsspanne zu, die eng an das Aufkommen des Neuen geknüpft ist. Ähnliches gilt für Bio-Metaphern wie die Rede von „Technikgenerationen" oder der „Lebensdauer" einer Technik – ein Terminus, der einst für das Lebendige vorbehalten war und erst im späten 19. Jahrhundert vermehrt auch dort verwendet wurde, wo die Haltbarkeit etwa von Radium, Drahtseilen, Glühlampen oder einzelnen Elementen technischer Apparaturen thematisiert wurde.[78] Als „alt" gilt zumindest in reichen Ökonomien seit Ende des 19. Jahrhunderts nicht mehr das, was verschlissen ist, sondern was durch leistungsfähigere, neuere Technik überboten und damit entwertet wird: So erschien vielen das Gaslicht als veraltet, als das elektrische Licht aufkam; das Handy der „ersten Generation" (1 G, analoge Netze) scheint von jenem der „zweiten" (2 G, z.B. GSM) übertroffen zu werden etc.[79] Schematische Unterteilungen von Obsoleszenz in Varianten wie „modische" Obsoleszenz (als Neuerung mittels

77 Zahl nach: Sander/Schilling, Elektroaltgeräte.

78 Vgl. hierzu ausführlicher: Krebs u.a., Reparieren; sowie: Weber, Lebensdauer.

79 Auch Lübbe wies darauf hin, dass alt bei Werkzeugen einst eine Eigenschaft war, „die sie gebrauchsabhängig bis zu ihrer Unbrauchbarkeit hin" gewonnen haben; inzwischen sei alt das, „was ganz unabhängig von Verschleißgraden durch leistungsfähigeres Neues überboten worden ist", vgl. Lübbe, Gegenwartsschrumpfung, S. 16. Für den Fall digitaler Medientechniken auch: Sterne, Trash.

einer veränderten ästhetischen Gestaltung), „qualitative" (bei der die Konstruktion werkstofflich schneller verschleiße) oder „technisch-funktionelle" (ein Produkt mit überlegenen Funktionen löst das vorherige ab) suggerieren zudem, die Gründe für die Entwertung differenzieren zu können.[80] Reparieren oder Zweitnutzung sind demgegenüber nicht vorgesehen.

Die Idee der *Lebensdauer* einer Technik und der daran geknüpften *Obsoleszenz* ist im Kontext von Massenproduktion und Massenkonsum entstanden, als Ökonomie und Marketing Konzepte vom Innovations- und vom Produktlebenszyklus entwickelten. Statt sie in technikhistorischen Studien blind zu übernehmen, wäre zunächst ihre historische Generierung mitsamt der dahinter stehenden Akteure, Interessenslagen und Motivationen zu untersuchen. Auch wäre zu prüfen, inwiefern die darin implizierten Behauptungen zur Entwertung von Technik historisch haltbar sind und welche Rolle die damit erstellten Zukunftserwartungen für die Allokation und Legitimation von Ressourcen und die Etablierung von Märkten hatten. Technische Obsoleszenz gilt seit rund einem halben Jahrhundert als Treiber von Forschung und Entwicklung, und zwar insbesondere im Bereich von Konsumelektronik und später innerhalb der Digitaltechnik. Computerindustrie, Innovationspolitik und Marketing sprechen inzwischen vom Diktat sich beschleunigender Innovationszyklen. Für die Unausweichlichkeit sich schnell ablösender Innovationszyklen wird gemeinhin auf *Moore's Law* verwiesen, das eine konstante Verdopplung der Integrationsdichte von Chips postuliert. Erste historische Studien verweisen jedoch darauf, dass es sich bei diesem „Gesetz" um ein sozio-technisches Konstrukt handelt, das mehrfach modifiziert wurde und das an Rahmenbedingungen wie den Massenabsatz von Laptops und Handys gebunden war.[81] Es ist eine noch ungeklärte Frage, seit wann und von welchen Akteuren und Institutionen sich verkürzende Innovationszyklen im Sinne einer Chronotechnologie behauptet oder umgesetzt wurden und welche Technikbereiche davon betroffen sind. Militärtechnik beispielsweise scheint hier anderen Dynamiken zu gehorchen als digitale Konsumtechnik. Und in welcher Relation steht dies zu den *economies of speed*, die in der Produktionssphäre während der letzten Jahrzehnte neben die *economies of scale* getreten sind?

Auch im Technikkonsum haben sich chronotechnologische Veränderungen ergeben. Konsum- und Umweltgeschichte haben für die Zeit ab den

---

80 Jaeger-Erben u.a. haben kürzlich darauf hingewiesen, dass das Schlagwort von der „Obsoleszenz" einen komplexen Sachverhalt auf irreführende Weise trivialisiere, vgl. Jaeger-Erben u.a.: Obsoleszenz, S. 93. Zur Arbeit dieser Nachwuchsgruppe vgl. auch die Website: www.challengeobsolescence.info (acc. 29.3.2018).

81 Mody, Moore's Law; Cerruzzi hingegen sieht in *Moore's Law* ein technikdeterministisches Grundprinzip am Walten. Vgl. Ceruzzi, Moore's Law.

1950er Jahren eine „great acceleration“ hinsichtlich der Stoffverbräuche sowie der Emissionen konstatiert. Es ist jedoch nicht nur quantitativ gesehen „mehr“ produziert bzw. konsumiert worden, sondern die „Durchlaufzeiten“ von Konsumtechniken haben sich beschleunigt: Benötigten die frühen Waschmaschinen über zwei Jahrzehnte, bis sie in den meisten Haushalten zu finden waren, findet sich im derzeitigen Durchschnittshaushalt der BRD kaum mehr eine Maschine, die älter als zehn bis zwölf Jahre ist. In der Technikgeschichte galt noch bis vor kurzem das Fernsehgerät als Rekordhalter einer rapiden Diffusion: In den USA breitete es sich in den 1950er Jahren schneller aus als andere Konsumtechniken zuvor oder danach. Das Handy hat diesen Rekord gebrochen, und zwar bei regional teils wesentlich höheren Ausbreitungsgeschwindigkeiten. Inzwischen verfügen mehr Menschen über einen Anschluss an den Mobilfunk als an die mehr als hundert Jahre alte und an sich als Grundabsicherung wahrgenommene Infrastruktur der Wasserentsorgung.

Nicht zuletzt aufgrund solcher Beschleunigungen hat der Philosoph Hermann Lübbe in den 1980er Jahren eine „Gegenwartsverkürzung“ bzw. „Gegenwartsschrumpfung“ konstatiert:[82] Die Zeitabstände würden sich verkürzen, innerhalb derer wir beim Blick auf die Vergangenheit auf eine „veraltete Welt [...] blicken, in der wir die Strukturen unserer uns gegenwärtig vertrauten Lebenswelt nicht mehr wiederzuerkennen vermögen“; bereits die nahe Vergangenheit werde damit fremd und in Teilen unverständlich.[83] Am Rande sei bemerkt, dass Lübbes Zeitdiagnose in einem gewissen Gegensatz zu zeitgenössischen, vom Digitalen her kommenden Annahmen steht, die von einer „breiten Gegenwart“ ausgehen: Zeitliche Abfolgen seien in der digitalen Welt zugunsten von Simultanitäten aufgehoben worden; selbst Vergangenes sei permanent verfügbar und überflute die Gegenwart, so dass das Konzept der historischen Zeit an seine Grenzen gerate.[84] Laut Lübbe geht mit der Innovationsverdichtung auch eine beschleunigte „Veraltensgeschwindigkeit“ einher[85] und Phänomene einer „Ungleichzeitigkeit des Gleichzeitigen“ vermehrten sich, wie es die obigen Beispiele zur Mobilfunk- und Wasserversorgung andeuten mögen. Zudem seien auch die „Reliktmengen“ von Wissenschaft wie Technik, also das, was als veralteter Rest übrig bleibt, angestiegen.[86] Was bedeuten

82 Lübbe, Gegenwartsschrumpfung, S. 15. Vgl. auch: Lübbe, Zug der Zeit.

83 Ebd., S. 11, S. 15.

84 Gumbrecht, Gegenwart.

85 Auch Nowotny wies auf den Zusammenhang von beschleunigter Innovation und beschleunigter Alterung hin, vgl. Nowotny, Eigenzeit, S. 67.

86 Nie zuvor hätten beispielsweise auch Wissensspeicher wie die Bibliothek mehrheitlich Informationen gehortet, die als bereits veraltet gelten. Vgl. Lübbe, Gegenwartsschrumpfung, S. 15.

kürzere Zeitspannen von Technikausbreitung und -aneignung wiederum für den Umgang mit Technik? Und was für den von der Technikgeschichte immer wieder betonten Aushandlungsprozess zwischen Technik und Gesellschaft, für ihre wechselseitige Bestimmung? Technikkonsum wird von kollektiven Praktiken und Normen geleitet und bildet sich in Wechselwirkung mit Dingen und soziotechnischen Systemen heraus, die Routinen und Gewohnheiten stützen oder eben umformen. Wie aber kann eine Gesellschaft innerhalb immer kürzerer Zeit aushandeln, wie eine Technik sinnvollerweise zu nutzen sei? Wäre William Ogburns These der späten 1950er Jahre, dass das Soziale in einer Art „cultural lag" dem technischen Fortschritt hinterher hinke, angesichts von Entgleisungen, wie sie derzeit z.B. in sozialen Medien gang und gäbe sind, neu zu diskutieren? Oder können sich die neuen Techniken vielleicht auch nur deswegen so schnell verbreiten, weil sie etablierte Formate erfolgreich aufgreifen, wie es die These der *Remediation* nahe legt?

In Industrie, Unternehmen und den Ingenieurwissenschaften jedenfalls scheinen beschleunigte Innovationszyklen und Obsoleszenz seit ein, zwei Dekaden zu einer wissenschaftlich-technischen Herausforderung sui generis geworden zu sein. Zwei Beispiele mögen dies illustrieren. So ist die frühe Programmiersprache COBOL, welche die Grundlage der Computerisierung von Banken, Behörden und Unternehmen zwischen den 1960er bis 1980er Jahren bildete, auch noch in der Tiefenstruktur heutiger Software präsent. Neueste App-Programme etwa müssen auf solche residualen Programmstrukturen abgestimmt werden, die entlang von Mainframe-Computern entstanden sind. Allerdings wurde COBOL zwischenzeitig kaum mehr gelehrt und unterlag damit einer mentalen „Obsoleszenz": Die Programmiersprache geriet innerhalb der personal gebundenen Wissensbasis in Vergessenheit, blieb als technische Tiefenschicht aber präsent. So mancher heutige Großkonzern muss daher bereits pensionierte Programmierer von einst zu Rate ziehen.[87]

Geriet in diesem ersten Beispiel, bildlich gesprochen, ein technisches Sediment in Vergessenheit, betrifft das zweite Beispiel das Phänomen von als „obsolet" ausrangierten und nicht mehr am Markt verfügbaren Bauteilen. Um in den davon betroffenen Technikbereichen dennoch langfristige Betriebszeiten aufrecht zu erhalten, hat sich ein dezidiertes „Obsoleszenz-Management"

87 Die komplette Umstellung auf neue Systeme wiederum ist extrem kostspielig, risikohaft und langwierig – und wird daher oft auf die lange Bank geschoben. IBM wiederum schult junge IT-Spezialisten inzwischen (wieder) in COBOL. Vgl. FAZ, 10. Juni 2017 („Das Comeback der IT-Veteranen. Sogar Rentner werden wegen der Uralt-Programmiersprache Cobol zurückgerufen").

(OM) herausgebildet:[88] OM ermittelt Komponenten, Software oder Materialien, die möglicherweise zu schnell vom Markt verschwinden; derart als kritisch ausgemachte Ersatzteile werden dann vorausblickend gehortet oder in Form von Gebrauchtteilen aufgekauft, um ein sonst später nötiges und meist wesentlich kostspieligeres Remanufacturing zu vermeiden. Eine derart vorausblickende Vorratshaltung von Ersatzteilen war im 20. Jahrhundert zunächst nur bei der Instandhaltung und Wartung im militärischen Bereich, in Luft- und Schienenverkehr oder im Kraftwerksbau üblich. Im Zuge einer veränderten Innovationsdynamik und einer sich wandelnden Ersatzteil- und Service-Politik hat sie inzwischen auch den Anlagen- und Maschinenbau sowie den technischen Konsumgüterbereich erreicht.

Die Beispiele deuten an, dass die Chronotechnologie an technische wie menschliche Grenzen geraten könnte, wenn innerhalb eines einzigen technischen Ensembles konträre Temporalitäten zu Tage treten. Auf der einen Seite stehen immer kürzer getaktete „Lebensdauern" und Markt-Verfügbarkeiten von Technik; auf der anderen Seite Temporalitäten, die in Form von Wissen, Expertise oder Vergessen im Umgang mit Technik an den Menschen gebunden bleiben.

4. Zwischen Niedergang, Verlust und Verfall: Zum Verschwinden von Technik

Der Niedergang ist an sich ein wohlvertrautes Narrativ. Wir finden es in der Geschichtswissenschaft[89] ebenso wie in der Literatur, etwa in Dystopien, oder in den Wirtschaftswissenschaften, wo sich Joseph Schumpeters Diktum von der „schöpferischen Zerstörung" als Idee aufrecht erhalten hat: Unternehmerisches Handeln müsse alte Strukturen zerstören, um neue wachsen zu lassen. Die Umweltgeschichte war lange Zeit sogar vom Deklensionismus und seinen Geschichten der zunehmenden Zerstörung der Natur dominiert. Dass in neuerer Zeit womöglich sogar eine regelrechte Huldigung von Zerfall und Niedergang alter Dinge oder Bauten am Walten ist, legen diverse Foto- und Konservierungsprojekte nahe.[90] Manche Autoren sprechen daher vom „Ruin

88 So wurde beispielsweise im VDI-Bereich „Produktion und Logistik" 2012 ein Fachausschuss „Obsoleszenz-Management" gegründet.

89 Koselleck/Widmer, Niedergang.

90 Vgl. als Beispiele: Schade, Verfall; Villette: Spirit. Aktuell zum Ende des Kohleabbaus: Langmack, Zeche.

Porn", der – vergleichbar mit der Ruinensucht der Romantik – von Ruinen, verlassenen Orten und der Ästhetik von Vergehen und Verfall fasziniert ist.

Dennoch gibt es, abseits der näher untersuchten Textilindustrie,[91] kaum historische Detailstudien zum Niedergang als einem Prozess des Verschwindens einer Technik. Demgegenüber ist der Strukturwandel, der mit dem Rückgang einzelner Industrien oder Berufe sowie dem Entstehen neuer Wirtschafts- und Arbeitsbereiche einher geht, in der Sozial- und Wirtschaftsgeschichte wie auch der Stadt- und der Agrargeschichte dichter untersucht. Für die Übergänge zwischen vorindustrieller, industrieller und postindustrieller Gesellschaft haben solche Studien danach gefragt, wie sich die jeweils klassischen Produktionsfelder einer Phase gewandelt haben und zu welchen wirtschaftlichen, sozialen und teils auch kulturellen Auswirkungen ihre Schrumpfung oder regionale Verlagerung geführt hat. Die Stadtgeschichte hat sich darüber hinaus dezidiert der „schrumpfenden" Stadt, die Einwohner und Industrien verliert, gewidmet. Im Vordergrund von Strukturwandelanalysen stehen quantitative Größen wie Beschäftigungsfelder und -anteile, Absatz, Produktivität, Schichtenzugehörigkeit oder auch Besiedlungsstrukturen; außerdem wird nach Identitäten gefragt, wenn die schrumpfende Industrie wie z.B. im Falle von Bergbau und Schwerindustrie im Ruhrgebiet wesentlich für das Selbstverständnis einer Region oder Stadt und ihrer Bevölkerung war.

Unter dem Stichwort der „Ära nach dem Boom"[92] hat vor kurzem außerdem eine historische Aufarbeitung der 1970er und 1980er Jahre eingesetzt, die auch nach dem Rückgang der klassischen Gewerbezweige der Moderne fragt. Mit der Rede vom „Mythos der postindustriellen Welt" hat Werner Plumpe inzwischen darauf hingewiesen, dass die industrielle Produktion keinesfalls per se Verlierer war und von Dienstleistungen verdrängt wurde; vielmehr entstanden auch neue Produktionsfelder wie z.B. der Tonträgermarkt.[93] Die Wirtschaftsgeschichte sensibilisiert mithin dafür, nicht pauschal von „Schrumpfung" und „Niedergang" zu sprechen, sondern die jeweiligen Veränderungen und Verschiebungen zu beachten: Manche Produktion oder einzelne Produktionsschritte wurden ausgelagert, Gewerbe haben sich räumlich verlagert und eine zwar verringerte Zahl an Arbeitskräften erbringt möglicherweise ein Mehr an Produktion ob einer gesteigerten Produktivität, wie es das Beispiel der Landwirtschaft zeigt.

Als Verlustgeschichte ist insbesondere das Verschwinden einzelner Berufe sowie die Marginalisierung einst Epochen prägender Gesellschaftsformationen

---

91 Lindner, Faden; Singleton, Lancashire.

92 Doering-Manteuffel u.a., Gegenwart.

93 Plumpe/Steiner, Strukturwandel.

beschrieben worden.[94] So sieht die Agrargeschichte das in der allgemeinen Geschichte selten thematisierte „Verschwinden des Bauern“ zusammen mit der so genannten „Entagrarisierung“ von Landwirtschaft und Gesellschaft als zentrales Merkmal des 20. Jahrhunderts.[95] Waren zu Beginn des Jahrhunderts im Deutschen Reich noch rund 30 Prozent der Beschäftigen in Land- und Forstwirtschaft und Fischerei tätig, so lag der Anteil an dessen Ende bei unter drei Prozent und der Bauer war von einer sozial zentralen zu einer im Gesellschaftsleben marginalisierten Figur geworden. Die Geschichte der Arbeit fokussiert demgegenüber vor allem auf den Industriearbeiter. Als zumeist männlich gedachte Figur steht er paradigmatisch für das Leben und Arbeiten in der Industriegesellschaft, auch wenn Industriearbeiter quantitativ gesehen nie die Mehrheit der Arbeitenden gestellt haben. Der schon im Strukturwandel der 1970er Jahre thematisierte „Abschied vom Malocher“ wird derzeit verstärkt historisch erforscht.[96] Ähnlich haben Historiker und Ökonomen früherer Generationen den Eintritt in das Industriezeitalter und das Entstehen der Arbeiterklasse nicht nur als Industrialisierung und Proletarisierung beschrieben, sondern ebenso als eine Verlustgeschichte, bei dem die Handwerksarbeit und daran geknüpfte Verfahren und Kenntnisse sowie diverse Formen der Subsistenz-Sicherung nieder gegangen seien.

Veraltete Technik wird in den historischen Strukturwandel-Analysen zumeist als eine der Ursachen angeführt, warum etablierte Industrien dem Wettbewerb unterliegen. Hier könnte ein zweiter Blick, der vom Alten her denkt, lohnen. So zeigt Singleton für die britische Textilindustrie, dass diese um 1945 noch zu 90 Prozent mit alten Varianten des „Lancashire looms“ produzierte.[97] Die britische Textilindustrie schaffte es also trotz (oder mit!) der veralteten Produktionsbasis, zu einem wichtigen Exportgewerbe der frühen Nachkriegszeit zu werden, und sie erholte sich sogar zwischenzeitlich vom Niedergang der Zwischenkriegszeit. In den 1950er und 1960er Jahren unterlag sie schließlich der Konkurrenz aus Übersee, während die bestehenden Pläne zur Neuausrüstung der britischen Unternehmen von diesen kaum angenommen wurden. Ähnlich deutet auch Lindners Studie zur deutschen und französischen Textilindustrie – ebenfalls ungewollt – an, dass die Persistenz

94 Die Berliner Heimatmuseen haben beispielsweise aus ihrem Fotobestand solche Bilder zusammen getragen, die Werktätige mit inzwischen „ausgestorbenen“ Berufen wie z.B. Feilenhauer, Kohlenträger oder Telefonistin zeigen, vgl. Jost/Wachter, Arbeit.

95 Mooser, Bauern, folgende Zahlen: S. 26.

96 Zu dieser Formel vgl. Raphael, Anpassungen.

97 Singleton, Lancashire, S. 89, S. 95; vgl. auch Edgerton für das hohe Alter des Maschinenbestands, mit dem Großbritannien seine führende Rolle in der Textilindustrie im frühen 20. Jahrhundert aufrecht erhielt.

etablierter Technik nicht nur als Wirtschaftsbremse wirkt und dass technische Neuerungen teils nur zögerlich umgesetzt wurden. Stellte die westdeutsche Textilindustrie Anfang der 1950er Jahre immerhin noch zwölf Prozent der Beschäftigten des verarbeitenden Gewerbes der BRD, so sank diese Zahl in der Folgezeit, als man mit der japanischen und italienischen Konkurrenz nicht mehr mithalten konnte. Als Gründe benennt Lindner zum einen den überalterten Maschinenpark; zum anderen hielten die Unternehmer laut Lindner an „alte(n) Strukturen und Gewohnheiten" fest:[98] Sie setzten eine hohe Zahl verschiedener Webstuhltypen ein, darunter sogar weiterhin nichtautomatische Webstühle; sie betrieben kaum Werbung und spezialisierten sich nicht hinreichend. In der Tat produzierten zahlreiche Webereien über Jahrzehnte hinweg auf den in den Dekaden um 1900 aufgestellten Maschinen. In Einzelfällen wie z.B. im Werk Pfersee in Augsburg standen in den 1960er Jahren sogar noch Livesey-Webstühle des Baujahrs 1912 – umgebaut und an die neuen Anforderungen adaptiert. Die Unternehmer der Vergangenheit scheinen also anders mit der alten Technik gewirtschaftet zu haben, als es sich die Ökonomen oder die Innovationspolitik ihrer Zeit wünschten oder es der historische Blick für vernünftig erachtet. Wie sich der Bestand an Produktionstechnik, sein Erhalt bzw. seine Erneuerung und sein Austausch über die Zeit hinweg entwickelt haben, ist letztlich in der Wirtschafts- wie der Technikgeschichte bislang kaum untersucht worden und es fehlt an systematischen oder gar einzelne Produktionsbereiche vergleichenden Detailstudien.

Hinsichtlich des Niedergangs von Technik hat die Technikgeschichte bisher einen anderen Fokus gesetzt. Zwar skizziert so manche Studie den Niedergang anhand von sinkenden Beschäftigungszahlen oder eruiert das Datum des letzten Betriebs. Es wird aber nicht systematisch nach Abnutzung, Verschleiß, Verfall oder dem Austausch der Produktionsbasis gefragt. Hinweise dazu finden sich noch am ehesten in den oft nostalgisch motivierten Abhandlungen von Technik-Liebhabern.[99] Schwerpunkte der technikhistorischen Forschung sind demgegenüber einerseits die museale Bewahrung alter Technik und andererseits die Dimension von Ruinen und Resten. Alte Fabriken, Anlagen oder Industrieruinen sind Brevier der Industriearchäologie, der es um eine Entschlüsselung der historischen Überreste und eine denkmalpflegerische Sanierung oder Umnutzung geht. Anna Storm ergänzte dies kürzlich um

98 Lindner, Faden, S. 93; vorherige Beschäftigungszahlen: S. 137; zum Werk Pfersee: S. 128.

99 So beschreibt beispielsweise Ingmar Arnold diese Problematik für die Berliner Rohrpost. Hier lässt sich der letzte Rohrpost-Versand nicht zweifelsfrei rekonstruieren; die im Boden eingelassenen Röhren des Netzes wurden aber in den 1970er Jahren Verfall und Zerstörung anheim gegeben. Arnold, Luft-Züge, S. 219.

Fragen nach der Identität von Menschen und Regionen, indem sie aufgelassene Industrien als „landscape scars" interpretierte.[100] Es fehlt noch an Studien, die weitere Fragen stellen: Mit welchen Akteuren, Machtkonstellationen, Ökonomien, Werten und Konflikten sind – analog zur Technikgenese – „Alterung", „Verlust" und „Verschwinden" einer einst etablierten Technik und der daran geknüpften Praktiken und Wissensbestände verbunden? Und schließlich: Wie wird die bestehende Technik überhaupt ersetzt, entfernt oder vergessen?

5. Steigende Reliktmengen als Herausforderung: Entschaffen, Exnovation und das Nachleben von Technik

Technik wird zum Verschwinden gebracht, indem sie entweder zerlegt, entfernt oder entsorgt – also aktiv „entschafft" – wird oder dem Verfall zu Ruine und Überrest preis gegeben wird. Die zunehmenden Reliktmengen an Produziertem und Gebautem sind dabei im Laufe des 20. Jahrhunderts nicht nur zu einer kulturellen Herausforderung geworden, wie es Lübbe andeutet. Entsorgen stellt inzwischen eine technische wie ökologische Herausforderung dar, weil die Mengen an Produziertem gestiegen und die hergestellten Stoffgemische komplexer geworden sind. Areale, die als Senken das zu Entschaffende aufnehmen können, sind seit dem späten 20. Jahrhundert knapp, und manche Hinterlassenschaften generierten ungeahnte toxische Wirkungen. Ab den 1970er Jahren wiesen Abfallwissenschaftler auf lange, über hundert Jahre hinausreichende Absicherungszeiten für Mülldeponien hin. *Urban Mining* eruiert Hinterlassenschaften wie Mülldeponien oder Überreste von städtischen Infrastrukturen mit der Absicht, diese auszubeuten. Ingenieurwissenschaftliche Felder wie Stoffstrom-Management, Life Cycle Assessment oder Werkstoffökonomie[101] versuchen in weiteren Bereichen, Stoffbilanzen von der Produktion bis hin zur Entsorgung zu erfassen oder zu optimieren. Anlagen-Rückbau, AKW-Rückbau sowie allgemein Architektur und Bauwesen beschäftigen sich mit dem Freiräumen von Flächen, dem Ausschlachten alter Baustrukturen oder Baustoff-Recycling. In manchen Fällen kommt dabei sogar historische Expertise auf ganz neue Weise zum Tragen, etwa wenn die Altlasten-Kartierung und -Sanierung eruiert, wo toxische Gewerbe einst situiert waren oder im Gebäude-Rückbau alte Bauzeichnungen zu Rate gezogen werden.

100 Storm, Landscape Scars.

101 Vgl. das kürzlich gegründete Fraunhofer Center for Economics of Materials CEM: https://www.materials-economics.com (acc. 4.4.2018).

Innerhalb von Geschichtswissenschaft und STS liegen inzwischen einige Forschungen zum Entsorgen sowie zum „Ausführen“ von als toxisch erkannten Stoffen oder Techniken vor, die abschließend vorgestellt werden.[102] Abfallentsorgung ist von Stadt-, Umwelt- und Technikgeschichte gut untersucht.[103] Allerdings dominiert der Hausmüll das wissenschaftliche Interesse; eine historische Aufarbeitung zum quantitativ bedeutungsvolleren Bereich des Industriemülls, zum toxischeren Bereich des Sondermülls sowie zur Entdeckung und Sanierung von Altlasten fehlt demgegenüber noch. Entgegen der Annahme, dass Abfall wertlos ist, haben diese Studien gezeigt, dass es dezidierte Reste-Ökonomien gab und Müll im späten 20. Jahrhundert zum globalen Business aufgestiegen ist. Zugleich blieb Müllarbeit und -entsorgung von sozialer wie ökologischer Ungerechtigkeit geprägt: In armen Stadtvierteln wurden Müllkippen eingerichtet, Arme leisten Müllarbeit. Des Weiteren wurde auf die Rolle von Nichtwissen verwiesen, um den Pfad in die unterkomplexe, aber billige Entsorgung mittels Wegwerfen und Deponieren zu ebnen. Erst im Zuge von Umweltpolitik und Umweltbewusstsein hat sich die Abfallentsorgung zumindest in westlichen Regionen zu einem hochtechnisierten, ausdifferenzierten Feld weiterentwickelt und Recycling wurde „wiederentdeckt“.

Das gezielte Ausführen bzw. Entfernen einer Technik ist für erste Fallbeispiele wie Asbest, DDT oder FCKW untersucht worden. Ihre Ausführung und Substitution waren langwierige Prozesse, hatten nur partiellen Erfolg und zeitigten teils unerwünschte Folgen. Asbest war um 2010 in über 50 Ländern verboten, aber blieb mit weltweit jährlich produzierten 2 Millionen Tonnen weiterhin ein zentraler Baustoff.[104] In der BRD erging das Verbot 1993 und seit den 1980er Jahren wurden Asbestbauten saniert. Höper hat beschrieben, wie es erst zu einer „Ernüchterungs“-, dann zu einer „Substitutionsphase“ kam, der die „Sanierungs“- und „Entsorgungsphase“ folgten.[105] Auch für DDT und FCKW lassen sich solche Phasen von Ernüchterung, Verbot und Ersatz verfolgen; des Weiteren wurde nach den unternehmerischen Strategien bei drohendem oder erfolgtem Verbot gefragt.[106] Als das so genannte Ozonloch Mitte der 1980er Jahre entdeckt wurde, verpflichteten sich zahlreiche Länder im Montreal-Abkommen von 1987, FCKW nach und nach über Substitutionsschritte zu

102 Darüber hinaus lässt sich auf Architekturgeschichte und Stadtforschung verweisen, wo es Überlegungen zum „Unbuilding“ gibt, vgl. Hommels, Cities; Ryan, Design; Russello, Bulldozer.

103 Vgl. als Übersicht über die Literatur: Weber, Entschaffen.

104 Frank/Joshi, Asbestos.

105 Höper, Asbest, S. 251-275; vgl. zur Asbest-Entsorgung auch: Gregson u.a., Asbestos.

106 Brüggemann, Ozonschicht; Böschen, Risikogenese; Umweltbundesamt, Vorsorgeprinzip; Grevsmühl, Imaginaries.

reduzieren. Ab 1988 sank die globale Produktion von FCKW. Allerdings hat FCKW einer Lebensdauer von rund 100 Jahren; sein Nachleben wird die Gesellschaft also auch künftig begleiten. Einige Stimmen beurteilen zudem im Nachhinein die damalige Substitution durch teilhalegoniertes H-FKW[107] als wenig erfolgreich: Disruptive technische Veränderungen wurden vermieden, um eine zügige Ausführung zu ermöglichen; allerdings musste später wiederum nach einem Ausstieg aus dem bald ebenfalls als problematisch erkannten Substitut gesucht werden. Auch das Beispiel DDT zeigt, dass Verbote nicht zwingend auf Disruption hinaus laufen: Vielmehr wurden z.B. in den USA nach dem DDT-Verbot (1972) im Pestizid-Bereich mehr und mehr Organophosphate eingesetzt und es kam insgesamt sogar zu einer Vervielfachung des allgemeinen Pestizid-Einsatzes. Die Organophosphat-Pestizide erwiesen sich später als derart problematisch, dass ihnen 2001 die Zulassung entzogen wurde. Zwar haben sie eine geringere Bioakkumulation und Persistenz als chlor-organische Pestizide wie DDT, aber bereits Rachel Carson hatte auf ihre Gesundheitsschädigung für Mensch und Lebewesen hingewiesen.[108]

Es gibt mithin keinen „technological fix“, um eine etablierte „Problemtechnik“ zu ersetzen, und zukünftige Entwicklungen wurden oftmals falsch antizipiert. Eine Technik zu entfernen, berührt ob ihrer tendenziellen Persistenz zudem nicht nur bestehende Produktion, Anlagen, Infrastrukturen oder technische Systemzwänge, sondern ebenso Alltagshandeln, Kulturen, Normen oder Werte, die sich nicht von heute auf morgen ändern lassen. In den betrachteten Fällen ging es jedoch auch nie um vollständige Substitution bzw. Disruption oder ein globales Verbot, da die einzelnen Wirtschaftsbereiche nicht gefährdet werden sollten. Wo derzeit über „Exnovation“ als Kehrseite zum Innovieren nachgedacht wird, um ökologisch kritische Techniken als überholt auszusondern,[109] könnten solche technikhistorischen Erkenntnisse von Gewinn sein.

---

107 Teilhalegoniert meint, dass die Wasserstoffatome nur teilweise durch Fluoratome ersetzt sind.

108 Davis, Pesticides; Zahl zu Pestizidverwendung in den USA: S. 210. Zu Atrazin, seinem Verbot in Europa und der Weiternutzung in den USA erarbeitet Elena Kunadt derzeit eine Dissertation.

109 So enthält folgender Band lediglich einen historischen Beitrag, und zwar zur Abschaffung der Sklaverei, und eine technikhistorische Perspektive fehlt gänzlich: Arnold u.a., Innovation.

6. Ausblick: Zur Relevanz von Zeitschichten des Technischen – innerhalb wie außerhalb der (technik)historischen Disziplin

Die technische Welt ändert sich rasant: Die heutige ältere Generation hat das Verschwinden von Röhrenradios oder Schreibmaschine ebenso erlebt wie dasjenige des Sparbuchs oder der Telefonzelle, die bis auf eine von der Telekom zu leistende Grundversorgung aus dem öffentlichen Raum verschwunden ist. Stahlbetriebe schlossen, Stahlarbeiter wurden entlassen und soeben wurde das letzte deutsche Kohlebergwerk stillgelegt. Die Umstrukturierungen der Technik in der Arbeits- und Alltagswelt waren – im eigenen Erleben und erst recht im längeren historischen Blick – gewaltig und sie prägten bereits die Erfahrung der westlichen Städter um 1900.[110] Dennoch wird auch die Gegenwart markant von weit in die Vergangenheit reichenden Techniken und Infrastrukturen geprägt. Auch wenn wir lieber bei Technikzukünften wie Elon Musks Hyperloop-Wettbewerben oder Weltraum-Expeditionen mitfiebern, als uns mit diesem Momentum des Alten zu beschäftigen: Viele von uns leben in alten Häusern; städtische Infrastrukturen sind extrem veraltet; Persistenz, Polychronie und das Nachleben von Technik sind Teil unseres gegenwärtigen Alltags und zudem zu einer gesellschaftlichen wie technischen Herausforderung der Zukunft geworden.

Um solche Zeitbezüge und insbesondere das Momentum und Altern von Technik sowie ihr schwerfälliges Verschwinden in den Blick zu bekommen, wurde ausgehend vom Bild der Zeitschichten des Technischen vorgeschlagen, nicht nach dem Neuen, sondern nach der Rolle des Alten im technischen Wandel zu fragen und an die Stelle des gängigen Alt-Neu-Dualismus eine differenziertere Analyse der Zeitrelationen von Technik treten zu lassen. Die bisherige Geschichte der Technik müsste dann anders geschrieben werden: Das Neue geriete zugunsten von der Polychronie von Technik und zugunsten der diversen Temporalitäten von Technik und dem Nachleben von Technik ins Hintertreffen.

Darüber hinaus sind die Zeitschichten des Technischen aber auch für zwei hoch aktuelle Debatten relevant, nämlich erstens für die Frage nach der Zukunft von Technik und zweitens für die historische Frage zum Wandel von Zeit und Zeitverständnis.

So wäre es erstens an der Zeit, die laufenden und meist a-historisch geführten Debatten zur „Großen Transformation“ und zu den „Großen

110 Vgl. dazu z.B. die kurzen Ausführungen in: Rödder, 21.0, S. 32-35.

Herausforderungen" der Zukunft[111] um technikhistorische Einsichten zu den vergangenen, temporalen Dimensionen von Technik zu bereichern. In einer *longue durée*-Perspektive auf den Übergang von der Agrar- in die Industriegesellschaft blickend, bescheinigt Jürgen Osterhammel zwar der zurückliegenden – und ja ebenfalls „großen" – Transformation, kaum Hinweise für den anstehenden großen Wandel liefern zu können.[112] Im detaillierten, technikhistorischen Blick auf einzelne Phasen der Transition von Technik ist dies jedoch anders: Wir wissen um die tendenzielle Persistenz von Technik, um die Verhaftung im „Alten" und um die Polychronie von Technik, weil eine „neue" Technik die vorhergehende Alternative bisher fast nie substituiert, sondern eher verändert hat. Untersuchungen zu Technikverboten oder auch die Einsichten der Energiegeschichte wiederum zeigen,[113] dass es keinen „technological fix" geben wird und dass sich Transitionen stets in einem Geflecht von Technik, Wirtschaft, Kultur und Werten und Normen vollziehen. Technik, so legt es zumindest die Technikgeschichte nahe, lässt sich nicht ohne Weiteres von heute auf morgen ersetzen und dies dürfte nur möglich sein, wenn sich zusammen mit der Technik auch dieses Geflecht ändert. Jede Substitution von Technik muss darüber hinaus immer auch über die Entsorgung des Alten nachdenken. Jede Technik wiederum geht mit eigenen Temporalitäten einher, die kaum zu prognostizieren sind.

Zweitens lässt sich anhand der herausgearbeiteten Temporalitäten von Technik hinterfragen, ob Beschleunigung, Flexibilisierung und Gegenwartsschrumpfung wirklich das bisher in Geschichte wie Soziologie behauptete prägende Erfahrungsmoment der jüngeren Vergangenheit bilden. Im Laufe des 20. Jahrhunderts sind neuartige und in ihrer Überlappung geradezu irritierende Temporalitäten und Zukunftsbezüge von Technik entstanden, die noch ihrer genaueren historischen Untersuchung harren: Nachsorge von Technik ist zu einem wissenschaftlich-technischen Interaktionsfeld sui generis geworden; Techniken wurden ebenso „Lebensdauern" zugeschrieben wie der Innovation sogenannte „Zyklen" und eine sich angeblich unausweichlich verkürzende Taktung; hier nicht angesprochene Techniken wie die Kryo-Konservierung

---

111 Mote u. a., Power. Als Stellungnahme der Technikfolgenabschätzung zu den in den Ingenieurwissenschaften diskutierten „Grand Challenges" vgl. Decker u. a., Challenges. Technikhistorisch werden diese Challenges im Verbundprojekt „Technology & Societal Challenges, ca. 1815-2015" aufgegriffen (https://www.tensionsofeurope.eu/second-flagship-program-technology-societal-challenges/, acc. 30.06.2018).

112 Osterhammel, Transformationen.

113 Vgl. hierzu insbesondere die größeren Forschungsprojekte von Frank Trentmann (Material Cultures of Energy. Transistions, Disruption, and Everyday Life in the Twentieth Century) und Patrick Kupper (Vergangene Energiewenden).

versuchen, das Vergehen der Zeit zu unterbrechen, zumindest aber zu verlangsamen.[114] Dabei haben sich die Temporalitäten von Technik zu einem Spektrum hin ausgeweitet, das zuvor für diesen Bereich unbekannte Extreme umfasst: Den Hunderttausenden von Jahren des Strahlens von atomarem Müll stehen Artefakte oder Techniken gegenüber, die nur kurzzeitig genutzt werden. Damit nehmen die Zeitschichten des Technischen, die seit dem 20. Jahrhundert entstanden sind, ein Spektrum von auffallend kurzen bis kaum zu ermessenden langen Zeithorizonten ein, wie sie zuvor nur für die Biologie und die Geologie bekannt waren.

Literaturverzeichnis

Acland, Charles R. (Hg.): Residual Media. Minneapolis u. a. 2007.

Andersson, Jenny/Rindzevičiūtė, Egle (Hg.): The Struggle for the Long-Term in Transnational Science and Politics: Forging the Future. New York 2015.

Arnold, Annika u. a. (Hg.): Innovation – Exnovation. Über Prozesse des Abschaffens und Erneuerns in der Nachhaltigkeitstransformation (Ökologie und Wirtschaftsforschung, Band 99). Marburg 2015.

Arnold, Ingmar: Luft-Züge. Die Geschichte der Rohrpost. 2. Aufl., Berlin 2016.

Assmann, Aleida: Formen des Vergessens. Göttingen 2016.

Blackbourn, David: The Conquest of Nature. Water, Landscape, and the Making of Modern Germany. New York u. a. 2006.

Bolter, Jay David/Grusin, Richard: Remediation. Understanding New Media. Cambridge 1999.

Böschen, Stefan: Risikogenese. Prozesse gesellschaftlicher Gefahrenwahrnehmung. FCKW, DDT, Dioxin und Ökologische Chemie. Opladen 2000.

Braun, Hans-Joachim: Gas oder Elektrizität? Zur Konkurrenz zweier Beleuchtungssysteme, in: Technikgeschichte 47 (1980), S. 1-19.

Breen, Deborah: Constellations of Mobility and the Politics of Environment. Preliminary Considerations of the Shipbreaking Industry in Bangladesh, in: Transfers 1,3 (2011), S. 24-43.

Brüggemann, Julia: Die Ozonschicht als Verhandlungsmasse. Die deutsche Chemieindustrie in der Diskussion um das FCKW-Verbot 1974 bis 1991, in: Zeitschrift für Unternehmensgeschichte 60,2 (2015), S. 168-193.

Bündner, Helmut: Das lange Leben des Papierbriefes. Ohne die klassische Geschäftspost geht es nicht, in: Frankfurter Allgemeine Zeitung, 23. Februar 2017, S. 18.

114 Friedrich/Höhne, Frischeregime.

Burke, Peter: A Social History of Knowledge II: From the Encyclopaedia to Wikipedia. New York 2014.

Ceruzzi, Paul E.: Moore's Law and Technological Determinism. Reflections on the History of Technology, in: Technology and Culture 46,3 (2005), S. 584-593.

Conrad, Sebastian: Globalgeschichte. Eine Einführung. München 2013.

Coopersmith, Jonathan: Faxed. The Rise and Fall of the Fax Machine. Baltimore 2015.

Cowan, Ruth Schwartz: The Consumption Junction. A Proposal for Research Strategies in the Sociology of Technology, in: Wiebe E. Bijker u. a. (Hg.): The Social Construction of Technological Systems. New Directions in the Sociology and History of Technology. Cambridge MA 1987, S. 261-280.

David, Paul A.: Clio and the Economics of QWERTY, in: American Economic Review 75,2 (1985), S. 332-337.

Davis, Frederik Rowe: Banned. A History of Pesticides and the Science of Toxicology. New Haven CT 2014.

Decker, Michael u. a. (Hg.): Grand Challenges meistern. Der Beitrag der Technikfolgenabschätzung. Baden-Baden 2018.

Doering-Manteuffel, Anselm u. a. (Hg.): Vorgeschichte der Gegenwart. Dimensionen des Strukturbruchs nach dem Boom. Göttingen 2016.

Downey, Greg: Virtual Webs, Physical Technologies, and Hidden Workers. The Spaces of Labor in Information Internetworks, in: Technology and Culture 42,2 (2001), S. 209-235.

Downey, Gregory J.: Telegraph Messenger Boys: Labor, Technology and Geography, 1850-1950. New York 2002.

Edgerton, David: The Shock of the Old. Technology and Global History since 1900. Oxford 2007.

Edgerton, David: From Innovation to Use. Ten Eclectic Theses on the Historiography of Technology, in: History and Technology 16,2 (1999), S. 111-136.

Edgerton, David: Innovation, Technology, or History. What is the Historiography of Technology About?, in: Technology and Culture 51,3 (2010), S. 680-697.

Eisenstadt, Shmuel N.: Multiple Modernities, in: Daedalus 129,1 (2000), S. 1-29.

Esposito, Fernando (Hg.): Zeitenwandel. Transformationen geschichtlicher Zeitlichkeit nach dem Boom. Göttingen 2017.

Fleischer, Arnulf: Langlebige Gebrauchsgüter im privaten Haushalt. Ein Beitrag zu Bedarfsentwicklungen privater Haushalte unter besonderer Berücksichtigung des Ersatzbedarfs. Frankfurt a. M. 1983.

Frank, Arthur L./Joshi, T.K.: The Global Spread of Asbestos, in: Annals of Global Health 80,4 (2014), S. 257-262.

Friedrich, Alexander/Höhne, Stefan: Frischeregime: Biopolitik im Zeitalter der kryogenen Kultur, in: Glocalism: Journal of Culture, Politics and Innovation, 1-2 (2014), DOI: 10.12893/gjcpi.2014.1-2.3.

Geels, Frank W.: Technological Transitions and System Innovations. A Co-Evolutionary and Socio-Technical Analysis, Cheltenham 2005.

Geels, Frank W.: The Hygienic Transition from Cesspools to Sewer Systems (1840-1930). The Dynamics of Regime Transformation, in: Research Policy 35,7 (2006), S. 1069-1082.

Geppert, Alexander C.T.: Imagining Outer Space: European Astroculture in the Twentieth Century. Basingstoke 2012.

Geppert, Alexander C.T./Kössler, Till (Hg.): Obsession der Gegenwart. Zeit im 20. Jahrhundert. Göttingen 2015.

Gitelman, Lisa: Always Already New. Media, History, and the Data of Culture. Cambridge MA u. a. 2006.

Graf, Rüdiger: Zeit und Zeitkonzeptionen in der Zeitgeschichte. Version 2.0, in: Docupedia-Zeitgeschichte, 22.10.2012, http://docupedia.de/zg/graf_zeit_und_zeit konzeptionen_v2_de_2012 (acc. 3.4.2018).

Graham, Stephen/Thrift, Nigel: Out of Order. Understanding Repair and Maintenance, in: Theory, Culture & Society 24,3 (2007), S. 1-25.

Gregson, Nick u. a.: Inextinguishable Fibres. Demolition and the Vital Materialisms of Asbestos, in: Environment and Planning A: Economy and Space 42,5 (2010), S. 1065-1083.

Grevsmühl, Sebastian Vincent: The Creation of Global Imaginaries. The Antarctic Ozone Hole and the Isoline Tradition in the Atmospheric Sciences, in: Birgit Schneider/Thomas Nocke (Hg.): Image Politics of Climate Change. Bielefeld 2014, S. 29-53.

Grunwald, Armin: Technik als Transformation von Möglichkeitsräumen. Technikphilosophie anders gedacht, in: Philipp Richter u. a. (Hg.): Möglichkeiten der Reflexion. Festschrift für Christoph Hubig. Baden-Baden 2018, S. 203-216.

Grunwald, Armin: Technology Assessment. From Practice to Theory. New York u. a. 2018.

Grunwald, Armin: Technikzukünfte als Medium von Zukunftsdebatten und Technikgestaltung. Karlsruhe 2012.

Gugerli, David: Wie die Welt in den Computer kam. Zur Entstehung digitaler Wirklichkeit. Frankfurt am Main 2018.

Gumbrecht, Hans Ulrich: Unsere breite Gegenwart. Berlin 2010.

Hahn, Hans Peter: Das ‚zweite Leben' von Mobiltelefonen und Fahrrädern. Temporalität und Nutzungsweisen technischer Objekte in Westafrika. In: Stefan Krebs u. a. (Hg.): Kulturen des Reparierens. Dinge – Wissen – Praktiken. Bielefeld 2018, S. 105-119.

Hartmann, Heinrich/Vogel, Jakob (Hg.): Zukunftswissen. Prognosen in Wirtschaft, Politik und Gesellschaft seit 1900. Frankfurt am Main u. a. 2009.

Heinze, Thomas u. a.: From Periphery to Center. Synchrotron Radiation at DESY. Part I: 1962-1977, in: Historical Studies in the Natural Sciences 45,3 (2015), S. 447-492.

Heinze, Thomas u. a.: From Periphery to Center: Synchrotron Radiation at DESY. Part II: 1977-1993, in: Historical Studies in the Natural Sciences 45,3 (2015), S. 513-548.

Heßler, Martina: ‚Mrs. Modern Woman.' Zur Sozial- und Kulturgeschichte der Haushaltstechnisierung. Frankfurt am Main 2001.

Hölscher, Lucian (Hg.): Die Zukunft des 20. Jahrhunderts. Dimensionen einer historischen Zukunftsforschung. Frankfurt am Main u. a. 2017.

Höper, Wolfgang E.: Asbest in der Moderne. Industrielle Produktion, Verarbeitung, Verbot, Substitution und Entsorgung, Münster u. a. 2008.

Hommels Anique: Unbuilding Cities. Obduracy in Urban Sociotechnical Change. Cambridge MA u. a. 2008.

Hughes, Thomas P.: The Dynamics of Technological Change. Salients, Critical Problems, and Industrial Revolutions, in: Giovanni Dosi u. a. (Hg.): Technology and Enterprise in a Historical Perspective. Oxford 1992, S. 97-118.

Hughes, Thomas P: Technological Momentum, in: Merritt Roe Smith/Leo Marx (Hg.): Does Technology Drive History? The Dilemma of Technological Determinism. Cambridge 1994, S. 101-114.

Jackson, Steven J.: Rethinking Repair, in: Tarleton Gillespie u. a. (Hg.): Media Technologies. Essays on Communicaiton, Materiality and Society. Cambridge MA 2014, S. 221-239.

Jaeger-Erben, Melanie u. a.: Obsoleszenz als Herausforderung für Nachhaltigkeit. Ursachen und Alternativen für Kurzlebigkeit in der ‚Wegwerfgesellschaft', in: Hans-Christoph Binswanger u. a. (Hg.): Jahrbuch Nachhaltige Ökonomie 2016/17. Im Brennpunkt: Ressourcenwende. Weimar 2016, S. 91-121.

Jasanoff, Sheila/Kim, Sang-Hyun (Hg.): Dreamscapes of Modernity. Socio-technical Imaginaries and the Fabrication of Power. Chicago 2015.

Jost, Sarah/Wachter, Gabriela (Hg.): Die verschwundene Arbeit in Fotografien aus Berliner Sammlungen und Archiven. Berlin 2008.

Kittler, Friedrich: Geschichte der Kommunikationsmedien, in: Jörg Huber/Alois Martin Müller (Hg.): Raum und Verfahren. Basel u. a. 1993, S. 169-188.

Koselleck, Reinhart/Widmer, Paul (Hg.): Niedergang. Studien zu einem geschichtlichen Thema. Stuttgart 1980.

Koselleck, Reinhart: Zeitschichten, in: Ders.: Zeitschichten. Studien zur Historik. Frankfurt am Main 2003, S. 19-26.

Koselleck, Reinhart: Gibt es eine Beschleunigung der Geschichte? In: Ders.: Zeitschichten. Studien zur Historik. Frankfurt am Main 2003, S. 150-176.

Krebs, Stefan u.a. (Hg.): Kulturen des Reparierens. Dinge – Wissen – Praktiken. Bielfeld 2018.

Landwehr, Achim: Von der ‚Gleichzeitigkeit des Ungleichzeitigen', in: Historische Zeitschrift 295,1 (2012), S. 1-34.

Landwehr, Achim: Die anwesende Abwesenheit der Vergangenheit. Essay zur Geschichtstheorie. Frankfurt am Main 2016.

Langmack, Bernd: Was von der Zeche bleibt. Bilder nach der Kohle 1990-2017. Essen 2018.

Lindgren, Eva: Driving from the Centre to the Periphery? The Diffusion of Private Cars in Sweden, 1960-1975, in: Journal of Transport History 31,2 (2010), S. 164-181.

Lindner, Stephan: Den Faden verloren. Die westdeutsche und die französische Textilindustrie auf dem Rückzug, 1930/45-1990. München 2001.

Lindqvist, Svante: Changes in the Technological Landscape. The Temporal Dimension in the Growth and Decline of Large Technological Systems, in: Ove Granstrand (Hg.): Economics of Technology. Amsterdam 1994, S. 271-288.

Lübbe, Hermann: Im Zug der Zeit. Verkürzter Aufenthalt in der Gegenwart. Berlin u. a. 1992.

Lübbe, Hermann: Gegenwartsschrumpfung und zivilisatorische Selbsthistorisierung, in: Frithjof Hager/Werner Schenkel (Hg.): Schrumpfungen. Chancen für ein anderes Wachstum. Ein Diskurs der Natur- und Sozialwissenschaften. Berlin 2000, S. 11-20.

MacKenzie, Donald: Tacit Knowledge and the Uninvention of Nuclear Weapons, in: Ders.: Knowing Machines. Essays on Technical Change. Cambridge MA u. a. 1996, S. 215-260.

Mahoney, James/Thelen, Kathleen: A Theory of Gradual Institutional Change, in: Dies. (Hg.): Explaining Institutional Change Ambiguity, Agency, and Power. Cambridge 2009, S. 1-37.

Malm, Andreas: Origins of Fossil Capital. From Water to Steam in the British Cotton Industry, in: Historical Materialism 21,1 (2013), S. 15-68.

Marschall, Luitgard: Aluminium. Metall der Moderne. München 2008.

McShane, Clay/Tarr, Joel A.: The Horse in the City. Living Machines in the Nineteenth Century, Baltimore 2009.

Mody, Cyrus: The Long Arm of Moore's Law. Microelectronics and American Science. Cambridge MA 2017.

Möser, Kurt: Fortdauer und Wiederkehr des Alten in der Technik, in: Andreas Böhn/Kurt Möser (Hg.): Techniknostalgie und Retrotechnologie. Karlsruhe 2010, S. 17-40.

Möser, Kurt: Grauzonen der Technikgeschichte. Karlsruhe 2011.

Mote, C.D. Jr. u. a.: The Power of an Idea: The International Impacts of the Grand Challenges for Engineering. In: Engineering 2 (2016), S. 4-7.

Mooser, Josef: Das Verschwinden der Bauern. Überlegungen zur Sozialgeschichte der ‚Entagrarisierung' und Modernisierung der Landwirtschaft im 20. Jahrhundert, in: Daniela Münkel (Hg.): Der lange Abschied vom Agrarland. Agrarpolitik, Landwirtschaft und ländliche Gesellschaft zwischen Weimar und Bonn. Göttingen 2000, S. 23-35.

Moss, Timothy: The Rise, Fall and Resurrection of Waste-to-Energy Technologies in Berlin's Infrastructure History, in: Broto Frantzeskaki u. a. (Hg.): Urban Sustainability Transitions. New York u. a. 2017, S. 159-171.

Mulsow, Martin. Prekäres Wissen. Eine andere Ideengeschichte der Frühen Neuzeit. Berlin 2012.

Narotzky, Viviana: Our Cars in Havana, in: Peter Wolen/Joe Kerr (Hg.): Autopia. Cars and Culture. London 2002, S. 168-176.

Nixon, Rob: Slow Violence and the Environmentalism of the Poor. Cambridge MA 2011.

Nowotny, Helga: Eigenzeit. Entstehung und Strukturierung eines Zeitgefühls. Frankfurt 1989.

Dies.: Ist die Zeit aus den Fugen? Aufstieg und Fall des Zeitregimes der Moderne. München 2013.

Oldenziel, Ruth: Man the Maker, Woman the Consumer. The Consumption Junction Revisited, in: Angela Creager u. a. (Hg.): Feminism in Twentieth-Century Science, Technology, and Medicine. Chicago 2001, S. 128-148.

Osterhammel, Jürgen: Große Transformationen. in: Merkur 746 (2011), S. 625-631.

Piore, Michael J./Sabel, Charles F.: Das Ende der Massenproduktion. Studie über die Requalifizierung der Arbeit und die Rückkehr der Ökonomie in die Gesellschaft. Frankfurt am Main 1989.

Plumpe, Werner/Steiner, André (Hg.): Der Mythos von der postindustriellen Welt. Wirtschaftlicher Strukturwandel in Deutschland 1960 bis 1990. Göttingen 2016.

Polanyi, Karl: The Great Transformation. Politische und ökonomische Ursprünge von Gesellschaften und Wirtschaftssystemen. Frankfurt am Main 2015.

Radkau, Joachim: Geschichte der Zukunft. Prognosen, Visionen, Irrungen in Deutschland von 1945 bis heute. München 2017.

Raphael, Lutz: Jenseits von Strukturwandel und Ereignis? Neuere Sichtweisen und Schwierigkeiten der Historiker im Umgang mit Wandel und Innovation, in: Historische Anthropologie. Kultur – Gesellschaft – Alltag 17,1 (2009), S. 110-120.

Raphael, Lutz: Flexible Anpassungen und prekäre Sicherheiten. Industriearbeit(er) nach dem Boom, in: Morten Reitmayer/Thomas Schlemmer (Hg.): Die Anfänge der Gegenwart. Umbrüche in Westeuropa nach dem Boom. München 2014, S. 51-64.

Rödder, Andreas: 21.0. Eine kurze Geschichte der Gegenwart. 2. Aufl., München 2015.

Rosa, Hartmut: Beschleunigung. Die Veränderung der Zeitstrukturen in der Moderne. Frankfurt am Main 2005.

Rosenberg, Nathan: Factors Affecting the Diffusion of Technology, in: Explorations in Economic History 10,1 (1972), S. 3-33.

Russell, Andrew L./Vinsel, Lee: After Innovation, Turn to Maintenance, in: Technology and Culture, 1 (2018), S. 1-25.

Russello Ammon, Francesca: Bulldozer. Demolition and Clearance of the Postwar Landscape. New Haven CT 2016.

Ryan, Brent D.: Design after Decline. How America Rebuilds Shrinking Cities. Philadelphia 2012.

Sander, Knut/Schilling, Stephanie: Optimierung der Steuerung und Kontrolle grenzüberschreitender Stoffströme bei Elektroaltgeräten/Elektroschrott. Berlin 2010.

Salehabadi, Djahane: Making and Unmaking E-Waste. Tracing the Global Afterlife of Digital Technologies in Berlin. Ithaca 2013 (PhD, Cornell University).

Salehabadi, Djahane: The Scramble for Digital Waste in Berlin, in: Helmuth Trischler/Ruth Oldenziel (Hg.): Cycling and Recycling. Histories of Sustainable Practices. New York 2016, S. 202-212.

Schade, Burkhard: Farben des Verfalls. Vergessene Orte zwischen Dresden und Meißen. Halle 2014.

Schäfer, Michael: Eine andere Industrialisierung. Die Transformation der sächsischen Textilexportgewerbe 1790-1890. Stuttgart 2016.

Schmieder, Falko: Gleichzeitigkeit des Ungleichzeitigen. Zur Kritik und Aktualität einer Denkfigur, in: Zeitschrift für kritische Sozialtheorie und Philosophie 4,1-2 (2017), S. 325-363.

Schneidewind, Uwe: Die Große Transformation. Eine Einführung in die Kunst des gesellschaftlichen Wandels. Frankfurt am Main 2018.

Schot, Johan u. a.: Technology in Decline. A Search for Useful Concepts, in: British Journal for the History of Science 25,1 (1992), S. 5-26.

Schot, Johan: The Usefulness of Evolutionary Models for Explaining Innovation. The Case of the Netherlands in the Nineteenth Century, in: History and Technology 14,3 (1998), S. 173-200.

Seefried, Elke: Zukünfte: Aufstieg und Krise der Zukunftsforschung 1945-1980. Berlin u.a. 2015.

Singleton, John: Lancashire on the Scrapheap. The Cotton Industry, 1945-70. Oxford 1991.

Sovacool, Benjamin K./Hess, David J.: Ordering Theories. Typologies and Conceptual Frameworks for Sociotechnical Change, in: Social Studies of Science 47,5 (2017), S. 703-750.

Starosielski, Nicole: The Undersea Network. Sign, Storage, Transmission. Durham NC u. a. 2015.

Steininger, Benjamin: Erdzeit und Menschengeld. Kulturwissenschaftliche Bemerkungen zu Zeitregimes der fossilen Moderne, in: Katja Patzel-Mattern/Albrecht Franz (Hg.): Der Faktor Zeit. Perspektiven kulturwissenschaftlicher Zeitforschung. Stuttgart 2015, S. 15-33.

Sterne, Jonathan: Out with the Trash. On the Future of New Media, in: Charles R. Acland (Hg.): Residual Media. Minneapolis u. a. 2007, S. 16-31.

Stöger, Georg/Reith, Reinhold (Hg.): Reparieren oder die Lebensdauer der Gebrauchsgüter. Sonderheft Technikgeschichte 79,3 (2012).

Storm, Anna: Post-Industrial Landscape Scars. Basingstoke 2014.

Sudrow, Anne: Der Schuh im Nationalsozialismus. Eine Produktgeschichte im deutsch-britisch-amerikanischen Vergleich. Göttingen 2010.

Swanton, Dan: Afterimages of steel. Dortmund, in: Space and Culture 15,4 (2012) S. 264-282.

Umweltbundesamt (Hg.): Späte Lehren aus frühen Warnungen. Das Vorsorgeprinzip 1896-2000. Berlin 2004.

Urry, John: What is the Future? Cambridge 2016.

Villette, Aurélien: Spirit of Place. Paris 2015.

Vogel, Jakob: Von der Wissenschafts- zur Wissensgeschichte. Für eine Historisierung der ,Wissensgesellschaft', in: Geschichte und Gesellschaft 30,4 (2004),S. 639-660.

Ward, W.H.: The Sailing Ship Effect, in: Bulletin of the Institute of Physics and the Physical Society 18 (1967), S. 169.

Weber, Heike: ,Entschaffen': Reste und das Ausrangieren, Zerlegen und Beseitigen des Gemachten, in: Technikgeschichte 81,1 (2014), S. 1-32.

Weber, Heike: Made to Break? Lebensdauer, Reparierbarkeit und Obsoleszenz in der Geschichte des Massenkonsums von Technik, in: Stefan Krebs u. a. (Hg.): Kulturen des Reparierens. Dinge – Wissen – Praktiken. Bielefeld 2018, S. 49-83.

Wengenroth, Ulrich: Technik der Moderne. Ein Vorschlag zu ihrem Verständnis. Version 1.0. München 2015.

Werret, Simon: Recycling in Early Modern Science, in: British Journal for the History of Science 46,4 (2013), S. 627-646.

Westermann, Andrea: A Technofossil of the Anthropocene. Sliding Up and Down Temporal Scales with Plastic, erscheint in: Dan Edelstein u. a. (Hg.): Power and Time. Chicago 2019 (Vorveröffentlichung siehe: academia.edu).

Wieland, Thomas: Neue Technik auf alten Pfaden? Forschungs- und Technologiepolitik in der Bonner Republik. Eine Studie zur Pfadabhängigkeit des technischen Fortschritts. Bielefeld 2009.

Wissenschaftlicher Beirat der Bundesregierung Globale Umweltveränderungen: Welt im Wandel. Gesellschaftsvertrag für eine Große Transformation. Berlin 2011.

Zalasiewicz, Jan u.a.: The geological cycle of plastics and their use as a stratigraphic indicator of the Anthropocene, in: Anthropocene 13, 2016, S. 4-17.

Zumbrägel, Christian: „Viele Wenige machen ein Viel" – Eine Technik- und Umweltgeschichte der Kleinwasserkraft (1880-1930). Paderborn 2018.

Ute Hasenöhrl

Globalgeschichten der Technik

Unsere Gegenwart gilt als Zeitalter der technischen Globalisierung.[1] Technische Artefakte vom Bügeleisen bis zum Computer, vom Fahrrad bis zum Kugelschreiber sind über (fast) den gesamten Globus verbreitet – als Statussymbole und/oder als Alltagsgegenstände. Handys und Smartphones, die Aushängeschilder der Globalisierung, haben mittlerweile selbst ländliche Regionen des Globalen Südens erreicht und binden die dortige Bevölkerung an internationale Kommunikations- und Informationsnetzwerke an.[2] Immerhin 67% aller in Afrika lebenden Menschen besaßen im Jahr 2015 ein Mobiltelefon (in Deutschland mehr als 90%) – Tendenz stark steigend.[3] Das Mobiltelefon dient dabei oft nicht (nur) der Gesprächsführung, sondern bündelt eine ganze Reihe sonst schwer oder gar nicht verfügbarer Dienstleistungen – etwa im Banksektor. Beispielsweise nutzten 2017 in Kenia mehr als zwei Drittel der Bevölkerung den online-Bezahldienst „M-Pesa" – das Land ist damit weltweit (mit) führend beim mobilen Bezahlen.[4]

Doch nicht nur Verbreitung und Nutzung von Technologien, auch ihre Produktion ist ein weltumspannender Prozess, der vielfältige Stoff- und Warenströme erfordert und auf einer komplexen Arbeitsteilung basiert. So haben die großen Mobiltelefonhersteller ihre Firmensitze zwar meist im Globalen Norden, in den USA (Apple, Motorola), Kanada (Blackberry) oder Finnland (Nokia), inklusive dem asiatischen „Silicon Valley" in Südkorea (Samsung, LG), Taiwan (HTC) und Japan (Sony). Zusammengebaut werden die Geräte aber oft weit vom Firmensitz entfernt in China, Indien, den Philippinen und Malaysia, in Lateinamerika und Osteuropa, oft unter deutlich schlechteren Arbeitsbedingungen.[5] Ihre Rohstoffbasis ist ebenso global: Essentielle Erze und Metalle wie Kobalt oder Titan werden beispielsweise in Krisenregionen wie dem

1 Siehe etwa Osterhammel, Flughöhe, S. 12.

2 Zur Kultur- und Technikgeschichte des Mobiltelefons siehe Weber, Versprechen; siehe auch: Saylor, Wave, für eine optimistische Sichtweise der partizipatorischen Möglichkeiten im Handyzeitalter.

3 Brase, Handyboom. Zur globalen Ausbreitung von Mobiltelefonie siehe auch: Castells u.a., Communication.

4 M-Pesa wurde 2016 von rund 30 Millionen Menschen in zehn Ländern genutzt – wobei die Gesamtzahl der Transaktionen auf dem Niveau von Paypal liegt. Vgl. Wohlfahrt, Afrika.

5 Lübke u.a., Folgen; Brase, Handyboom.

 | DOI:10.30965/9783657792337_006

Kongo abgebaut („conflict minerals") und in China weiterverarbeitet.[6] Auch die Entsorgung und die ökologischen Folgewirkungen sind international – und gehen meist auf Kosten des Globalen Südens. Fast zwei Drittel der alten Handys landen auf Müllhalden und Schrottlagern in Afrika (z.B. Ghana, Nigeria) und Asien (v.a. Indien).[7] Der Rohstoffabbau transformiert und verschmutzt ganze Landschaften – und die bei Herstellung, Transport und Betrieb genutzte Energie trägt nicht zuletzt zum globalen Klimawandel bei.

Wie das aktuelle Beispiel des Mobiltelefons zeigt, ist Technik sowohl Objekt als auch Treiber von Globalisierung. Auch wenn die heutigen logistischen Möglichkeiten die globale Herstellung, Verbreitung und Nutzung von Technik enorm beschleunigt und verbilligt haben, handelt es sich dabei freilich um kein Phänomen der Gegenwart allein. Weltumspannende Produktions- und Warenketten können bis in die Frühe Neuzeit zurückverfolgt werden. Zwar waren sie zumeist von geringerer Komplexität und Reichweite („Proto-Globalisierung"[8]). Wie speziell das Beispiel der Baumwolle zeigt, konnte die Zirkulation von Materialien, Waren und Techniken aber bereits im 18. und 19. Jahrhundert einen beachtlichen Umfang erreichen und mehrere Kontinente miteinander verknüpfen.[9] Ähnlich wie das Mobiltelefon heute wirkten Techniken, vor allem Kommunikations- und Verkehrstechniken, als Agenten von Globalisierung, indem sie die Entfernungen schrumpfen ließen. Manche Technologien, etwa im 19. Jahrhundert der Telegraf[10], wurden sogar speziell entwickelt, um Globalisierungsprozesse weiter voranzutreiben, zum Beispiel zur Erschließung neuer Märkte oder für die Sicherung von Machtverhältnissen. Technische Artefakte und Infrastrukturen bilde(te)n also das Rückgrat von Globalisierung.

Die enge Verknüpfung von Technik(en) und Globalisierung(en) gehört daher auch zu den großen Metaerzählungen der Technikgeschichte. Neuerungen in Schiffsbau und Waffentechnik, in Navigation und Medizin waren seit der Frühen Neuzeit wesentliche Motoren der Europäischen Expansion – und bildeten später das Fundament des Kolonialismus. Wie Daniel Headrick 1981 in seiner damals wegweisenden Studie zu den *Tools of Empire* herausgearbeitet hat, erlaubte beispielsweise erst die Kombination aus Dampfschiff, Malariaprophylaxe (Chinin) und Schnellfeuergewehr die europäische Inbesitznahme, Kontrolle und Verwaltung des afrikanischen Kontinents.[11] In vielen „Globali-

---

6 Hartmann, Konfliktökonomie.

7 Zum Lebenszyklus des Mobiltelefons siehe auch: Sangprasert/Pharino, Impact.

8 Zum Konzept der Proto-Globalisierung, das speziell die Zeit zwischen 1600 und 1800 charakterisiert, siehe auch Hopkins, Globalization.

9 Hierzu Beckert, King; Riello/Parthasarathi, World.

10 Wenzlhuemer, World.

11 Headrick, Tools.

sierungsgeschichten der Technik" wurden Technologien dabei – anfangs eher affirmativ, später zumeist sehr kritisch – als (Macht)Instrumente interpretiert, die der Eroberung und herrschaftlichen Durchdringung nicht-europäischer Weltregionen dienten. Die Diffusion moderner Techniken und Infrastrukturen wurde dabei zunächst als einseitiger Transferprozess vom „Westen" in die „Peripherie", vom (aktiven) Produzenten zum (passiven) Konsumenten dargestellt. Diese populäre Lesart der weltübergreifenden Verbreitung (und Instrumentalisierung) von Technik fand auch Eingang in so manche Standardwerke der Globalgeschichte – wo sie zum Teil bis heute das allgemeine Geschichtsbild vom Beitrag der Technik zur Globalisierung prägt.

Das *Tools of Empire*-Narrativ war (und ist) eine zentrale, aber nicht die einzige globalhistorische Interpretation der Technikentwicklung. Wie das Beispiel des Mobiltelefons mit seinen weltumspannenden Produktions- und Warenketten, seiner weltweiten Verbreitung und Nutzung zeigt, oszillier(t)en „globale" Techniken funktional oft zwischen Machtinstrumenten und Alltagsgegenständen. Um ihre weltweite Relevanz beurteilen zu können, ist es zudem nötig, nicht nur auf die Verbreitung und Distribution von Technik zu blicken, sondern den gesamten Lebensweg („cradle to grave") inklusive Rohstoffbasis und Produktion, Nutzung und Entsorgung sowie den sozialen und ökologischen Voraussetzungen und Folgewirkungen in die Analyse einzubeziehen. Die global orientierte Technikgeschichte ist also ein höchst komplexes Unterfangen – und bietet auch weiterhin umfassend Material und Stoff für zukünftige Studien.

In diesem Artikel unternehme ich einen Streifzug durch dieses wachsende und komplexe Forschungsgebiet. Nach einigen kritischen Anmerkungen zum semantischen Feld des „Globalen" möchte ich in einem Überblick zum Forschungsstand sichten, wie sich die Technikgeschichte dem Thema „Globalität" und „Globalisierung" angenähert hat und welche Aspekte „globaler Technik" hier inhaltlich wie konzeptionell im Vordergrund standen und stehen. An programmatische Überlegungen wichtiger Global- und Technikhistoriker wie Sebastian Conrad, Roland Wenzlhuemer, Daniel Headrick, David Arnold oder David Edgerton[12] anschließend, werde ich dann drei Forschungsfelder hervorheben, die sich in den letzten Jahren für die global orientierte Technikgeschichte als besonders fruchtbar erwiesen haben und/oder neue Perspektiven auf zum Teil vertraute Gegenstände und Konzepte eröffnen: erstens „globale" Technikgeschichte als Beziehungsgeschichte; zweitens „Globalität" als Chance für einen neuen Blick auf die Geschichte der Infrastrukturen (speziell hinsichtlich der „Passfähigkeit" des *Large Technological Systems*-Ansatzes für

12 Arnold, Europe; Conrad, Globalgeschichte; Edgerton, Technologies; Wenzlhuemer, Globalgeschichte.

den Globalen Süden); sowie drittens Technikgeschichte als „globale Mikrogeschichte" von Diskursen, Identitäten und Alltagspraktiken. „Globale" Technikgeschichte bietet damit vielfältige Chancen und Potentiale – auch durch den inversen Blick „zurück" auf westliche Kontexte. Zugleich stellen sich ihr aber auch einige handfeste Herausforderungen – und dies nicht nur arbeitspraktisch, sondern bereits auf der Ebene der Begrifflichkeiten, wie im Folgenden diskutiert werden soll.

1. Alles „global"? Schneisen durch den Begriffsdschungel

Globalgeschichte ist in. Ob Publikationen, Forschungsprojekte, Tagungen oder Studiengänge – mit dem Zusatz „global" ist breites Interesse gewiss. Seit den 1990er Jahren explodierte die Zahl der allgemeinhistorischen Werke geradezu, die für sich in Anspruch nehmen, die Vergangenheit aus einer globalen Sichtweise zu betrachten.[13] Damit jedoch nicht genug: Auch Kolonial-, Imperial- und Weltgeschichte haben „globale" Perspektiven, der „globale" Blick steht neben transnationalen, transkulturellen, imperialen, (post)kolonialen und internationalen Ansätzen – und mitunter bleibt unklar, wann und warum eine transnationale oder (post)koloniale Geschichte „global" sein soll. Zwar lassen sich die Begriffe und Ansätze in der Theorie durchaus schlüssig voneinander scheiden.[14] In der Praxis verschwimmen die Grenzen allerdings oft. Das „Globale" gerät zum Sammelbegriff für die unterschiedlichsten Phänomene – und dies nicht nur im allgemeinen Sprachgebrauch.

Auch Galionsfiguren der Globalgeschichte wie der britische Historiker Christopher Bayly bilden hier keine Ausnahme. Wie die Lateinamerika-

---

13 Conrad/Eckert, Globalgeschichte, S. 8.

14 (Post)koloniale und imperiale Geschichte sind verhältnismäßig klar definiert, da ihre Gegenstände räumlich, zeitlich und inhaltlich gut abgrenzbar sind (z.B. das *British Empire* und seine Folgestaaten). Jenseits der Kolonial- und Imperialgeschichte im engeren Sinne wird es komplizierter. So wird Weltgeschichte einerseits synonym zu Globalgeschichte verwendet (z.B. in der Agenda des *Journals of World History*), andererseits wird damit speziell eine Herangehensweise charakterisiert, die nicht nur räumlich, sondern auch zeitlich den größtmöglichen Rahmen wählt – oft von der Urgeschichte bis zur Gegenwart, quasi eine Synthese von allem, was weltweit passiert ist. Auch die Grenzen zwischen „international", „transnational" und „global" sind nicht immer eindeutig. „International" meint vor allem zwischenstaatliche Beziehungen zwischen mehreren Nationen, „transnational" charakterisiert dagegen eher den Austausch jenseits der staatlichen Ebene, während „global" die ganze Welt umspannende, übergreifende Prozesse bezeichnet. Zu Begriffen, Ansätzen und Problemen der Globalgeschichte siehe einführend Conrad, Globalgeschichte; Cooper, Kolonialismus, S. 160-193; Wendt, Difficulties; Wenzlhuemer, Globalgeschichte.

Historikerin Debora Gerstenberger und der Afrika-Experte Joël Glasman in ihrem Aufsatz *Globalgeschichte nach Maß* herausgearbeitet haben, verwendet Bayly „global" in höchst unterschiedlichen Kontexten und mit vielfältigen Sinngehalten. In der englischen Fassung seiner wegweisenden Monografie *The Birth of the Modern World* aus dem Jahr 2004 zählten Gerstenberger und Glasman auf rund 560 Seiten über 200 Nennungen von „global" und ermittelten neun verschiedene Verwendungskontexte.[15] Bayly benutzt „global" unter anderem als räumlichen Maßstab, als Erzählperspektive, als zeitgenössischen Begriff und als analytische Kategorie. Noch dazu bleibt unklar, ob mit „global" „ein erklärender Faktor benannt ist, der als *Ursache für bestimmte andere Phänomene* fungiert, oder ob ‚global' das *zu erklärende Phänomen* ist, das mit anderen Faktoren erklärt werden kann".[16]

Sichtet man die vielfältigen Werke der Globalgeschichte, so wird rasch deutlich, dass diese Unschärfe kein Einzelfall ist. Die Vielschichtigkeit des „Globalen" als Raum, Erzählperspektive, Analyse- und Akteurskategorie erklärt bis zu einem gewissen Grad auch die große inhaltliche Spannbreite der Globalgeschichte(n) – von Erdball und Zeiten übergreifenden Weltgeschichten und umfassenden Netzwerkanalysen über Studien zu einzelnen Weltregionen wie etwa dem „Globalen Süden" bis hin zu thematisch und/oder regional begrenzten „Mikrogeschichten des Globalen".[17] Mitunter verschmilzt die Globalgeschichte zudem mit der Globalisierungsgeschichte. Als ähnlich schwierig zu greifendes Konzept[18] rückt „Globalisierung" Interaktionen zwischen den

---

15 Nämlich die Folgenden: a) „Global" als spezifische historische Arbeitsweise, welche synchrone Prozesse an verschiedenen Orten der Welt betrachtet und vergleicht. b) „Global" als physisch-räumlicher Maßstab, der die gesamte Erdkugel meint. c) „Global" als Akteursperspektive (z.B. wenn Aussagen einer politischen Theorie für die gesamte Menschheit gültig sein sollen). d) „Global" als Ergebnis einer Addition (z.B. „global wealth" als Summe der wirtschaftlichen Leistung aller Gesellschaften). e) „Global" als Qualitätsbegriff (z.B. von weiträumigen Verflechtungen), oft als Gegenbegriff von „regional" oder „national" verwendet. f) „Global" als lokales Phänomen (z.B. beim Zusammentreffen von zwei Personen, die von weit entfernten Orten stammen). g) „Global" als Kennzeichen für die weitreichenden Folgen eines regional begrenzten Ereignisses (z.B. die globalen Auswirkungen des amerikanischen Bürgerkriegs). h) „Global" als Bezeichnung für Prozesse, die gleichzeitig auf unterschiedlichen Kontinenten geschehen (z.B. Nationalismus). i) „Global" als Kombination mehrerer der oben genannten Phänomene oder als unscharfer Begriff (z.B. global context, global forces). Vgl. Gerstenberger/Glasman, Globalgeschichte, S. 16-19; vgl. Bayly, Birth.

16 Gerstenberger/Glasman, Globalgeschichte, S. 19 (Hervorhebungen vom Original übernommen).

17 Siehe hierzu auch Wenzlhuemer, Globalgeschichte.

18 Zum Verhältnis von Globalgeschichte und Globalisierung siehe Wenzlhuemer, Globalgeschichte, S. 23-29; Osterhammel, Flughöhe, S. 12-41.

(besiedelten) Kontinenten in den Mittelpunkt und akzentuiert damit die Prozesshaftigkeit des „Globalen" im Sinne von *doing global*. Nach Angelika Epple kann Globalisierung als „asymmetrischer, pluralistischer, nicht-linearer, nicht-teleologischer und [...] vielschichtiger Verflechtungsprozess unterschiedlicher Geschwindigkeiten" verstanden werden, „der von Individual- und Kollektivakteuren vorangetrieben, gebremst, transformiert und verändert [wird]"[19]. Indem diese Definition auf gegenläufige Tendenzen, Widerstände und Ambivalenzen von Globalisierung*en* verweist, kann sie zumindest einen Teil des teleologischen Charakters des Globalisierungsnarrativs als Erzählung von der fortschreitenden Verflechtung der Welt entschärfen – und uns zudem, ähnlich wie Gerstenbergers und Glasmans Analyse, auf die Mehrdeutigkeit und Unschärfe unserer Begrifflichkeiten aufmerksam machen, also in diesem Fall für das Spannungsverhältnis zwischen Globalisierung als Prozess und Zustandsbeschreibung.

Welche Lehren lassen sich nun aus diesem Befund einer weit verbreiteten definitorischen Unschärfe des „Globalen" für eine Globalgeschichte der Technik ziehen? *Erstens* sensibilisiert er dafür, dass „global" auch in Kontexten verwendet wird, in denen eigentlich andere Begriffe und Zuordnungen wie transnationale, atlantische oder (post)koloniale Geschichte präziser wären. Dabei stellt sich *zweitens* auch und gerade für die Technikgeschichte die Frage nach den Beziehungen zwischen „global" und „Globalisierung". Die erhebliche Bedeutung, die Technik(en) und Infrastrukturen für die Vernetzung der Welt hatten und haben, hat immer wieder zu einer Überpointierung dieser Aspekte „globaler Technik" in der global orientierten Technikgeschichte geführt. Globalisierungsgeschichten, welche Transfer, Verbreitung und Nutzung spezifischer (oft westlicher) Techniken über den Erdball nachzeichnen, sind eine wichtige, aber nicht die einzige Möglichkeit, Globalgeschichte(n) der Technik zu schreiben. So ließe sich etwa auch nach regional spezifischen technischen Lösungen auf ähnliche Herausforderungen fragen (z.B. in der Bewässerungstechnik) oder die Bedeutung von Techniken in unterschiedlichen Kulturen vergleichend analysieren. Diese Fragestellungen funktionieren auch jenseits des Globalisierungsnarrativs und hebeln dieses zum Teil aus, da sie nicht notwendigerweise die Existenz oder Zunahme transnational-globaler Verflechtungen voraussetzen.[20]

Diese begrifflich-konzeptionellen Fragen haben für uns als AutorInnen *drittens* also ganz erhebliche arbeitspraktische, methodische und konzeptionelle Konsequenzen. Epple, Gerstenberger und Glasman fordern zu Recht eine

19 Epple, Globalisierung/en, o.S.
20 Siehe hierzu auch: Bray, History.

höhere analytische Präzision und Disziplinertheit.[21] „Global" bzw. „Globalisierung" sind keine selbsterklärenden, eindeutigen Begriffe. Die Frage, welche Aspekte von Globalität im Mittelpunkt unserer Studien stehen – ob „global" also zum Beispiel als räumlicher Maßstab, als analytische Kategorie oder als zeitgenössisches Interpretationsmuster dient bzw. untersucht werden soll –, sollte nicht nur am Anfang des Arbeitsprozesses stehen, sondern erfordert stetige Selbstreflexion im Forschungsprozess. Hinzu kommt, dass die verschiedenen Dimensionen von „global" und „Globalisierung" zum Teil unterschiedliche Quellen, Methoden und Herangehensweisen erfordern (z.B. Netzwerkanalyse von Akteuren, Stoffströmen und Warenketten; Diskursanalyse überregional relevanter Argumentationsmuster; Quantifizierung weltumspannender (Wirtschafts-)Phänomene durch statistische Methoden). Nicht alle diese Ansätze lassen sich mit angemessenem Aufwand koppeln – und nicht alle „westlichen" Konzepte lassen sich sinnvoll auf „nicht-westliche" Kontexte übertragen, wie es kürzlich Hyungsub Choi für SCOT (*Social Construction of Technology*) und die südkoreanische Technikaneignung nach dem Zweiten Weltkrieg gezeigt hat.[22]

In diesem Artikel werde ich „global" in einem weiten und damit nicht ganz trennscharfen Sinne verwenden, der einerseits (möglichst) raumübergreifende Phänomene, Interaktionen und Verbindungen akzentuiert, andererseits aber auch die Selbstzuschreibung der AutorInnen als global orientierte TechnikhistorikerInnen aufgreift. „Globale Technikgeschichte" meint damit sowohl die Globalisierung von Techniken, Akteuren, Diskursen und Praktiken als auch eine räumliche Erweiterung der traditionell „westlichen" Technikgeschichte auf andere Weltregionen. Eine derartige globale Technikgeschichte lässt auch einen kritischen Blick auf vertraute Narrative und vermeintlich „universale" Erklärungsmuster zu, wie später anhand von Thomas Hughes' grundlegendem Konzept der *Large Technological Systems* exemplarisch diskutiert werden soll. *Eine* Globalgeschichte der Technik, soviel scheint sicher, kann es angesichts der Vielfalt globalhistorischer Perspektiven, technikhistorischer Fragestellungen und – last but not least – der Komplexität zeitgenössischer Technikpraktiken aber letztlich nicht geben.

21 Z.B.: Gerstenberger/Glasman, Globalgeschichte, S. 19.
22 Choi, Construction.

2. Globalgeschichten der Technik – ein Überblick zum Forschungsstand

Nicht nur in der allgemeinen Geschichte, auch in der Technikgeschichte ist das „Globale" ein Trendthema. Die seit ca. zehn Jahren stetig zunehmende Forschung zu Technik in globaler Perspektive kompensiert dabei ein doppeltes Desiderat der Technik- und Globalgeschichte. Zwar hat die Technikgeschichte immer wieder Weltgeschichten der Technik vorgelegt, welche von den antiken Hochkulturen über die Europäische Expansion bis zur Kolonialgeschichte des 19. und 20. Jahrhunderts eine die Kontinente überspannende Vogelperspektive auf Technik (und dabei speziell auf technische Innovationen) einnehmen. Jenseits derartiger Überblickswerke konzentrierte sich das Gros der technikhistorischen Forschung aber lange Zeit auf die westliche Welt – für die Nachkriegszeit nach und nach ergänzt um den Blick über den „Eisernen Vorhang".[23] Demgegenüber hat sich inzwischen einiges getan. „Globale Technik" ist heute ein ebenso anerkannter wie wachsender Teil der Technikgeschichte – auch wenn sich in der Forschungspraxis die meisten WissenschaftlerInnen weiterhin überwiegend mit westlichen Kontexten beschäftigen.

Umgekehrt wurde das Thema Technik in vielen Globalgeschichten bislang nur gestreift. Zwar würde wohl kaum ein(e) GlobalhistorikerIn die Bedeutung technischer Innovationen und Infrastrukturen auf historische Globalisierungsprozesse bezweifeln. Technik wird dabei nach Schäfer und Popplow von den meisten GlobalhistorikerInnen vor allem als ein Faktor gesehen, „der dem Handeln in globalen Kontexten neue Möglichkeiten eröffnet"[24]. Im Mittelpunkt der Untersuchung steht Technik aber selten – mit Ausnahme von wenigen Grenzgängern zwischen Global- und Technikgeschichte wie etwa Roland Wenzlhuemer oder Simone Müller, deren Qualifikationsschriften zur Globalgeschichte des Telegrafen für beide Disziplinen einschlägig sind.[25] In den meisten Globalgeschichten werden technikhistorische Aspekte jedoch eher beiläufig behandelt.[26]

23 Dies spiegelt sich auch in vielen gängigen Einführungen in die Technikgeschichte. Da die meisten dieser Werke vor dem „Boom" der Globalgeschichte konzipiert wurden, behandeln sie globale Aspekte entsprechend vor allem aus westlicher Perspektive (wenn überhaupt) (siehe etwa König, Technikgeschichte; Gleitsmann, Technikgeschichte; auch Heßler, Kulturgeschichte). Die Kulturgeschichte der Technik von Mikael Hård und Andrew Jamison (Hubris) bezieht dagegen auch Beispiele aus Asien ein, allerdings in vergleichsweise geringem Umfang.

24 Schäfer/Popplow, Einleitung, S. 3.

25 Wenzlhuemer, World; Müller, Wiring.

26 Schäfer/Popplow, Einleitung.

Ein kurzer Blick auf drei renommierte Handbücher und Standardwerke der Globalgeschichte mag dies verdeutlichen. Das wohl bekannteste Werk der jüngeren deutschen Globalgeschichte ist zweifelsohne Jürgen Osterhammels 1568seitiges Opus Magnum zur Geschichte des 19. Jahrhunderts, *Die Verwandlung der Welt*, aus dem Jahr 2009.[27] Sichtet man das Sachregister, so finden sich zahlreiche technikhistorische Schlagworte wie Automobil, Bahnhofsarchitektur, Bergbau, Beschleunigung, Coca Cola, Eisenbahn oder Glühlampe – die Liste ließe sich noch weiterführen. In vielen Kapiteln spricht Osterhammel diese technischen Aspekte an, etwa in den Abschnitten zu Mobilität, Lebensstandard, Städten, Energie und Industrie. Ein Großkapitel, welches das Verhältnis von Technik und Globalisierung theoretisieren oder systematisch diskutieren würde, gibt es allerdings nicht. Lediglich ein schmales, 18seitiges Unterkapitel ist den Verkehrs- und Kommunikationsnetzen gewidmet.[28] Bayly fokussiert sich in seinem bereits angesprochenen Standardwerk *The Birth of the Modern World* von 2004 sogar noch stärker auf politik- und kulturhistorische Entwicklungen. Auch hier ist Technikgeschichte vor allem im Kontext der Industrialisierung präsent (z.B. bei der Textilproduktion). Moderne Kommunikations- und Militärtechniken fließen in die Analyse ein, erfahren aber keine gesonderte Betrachtung.[29] Größeren Raum nehmen technikhistorische Aspekte dagegen in dem von Akira Iriye und Jürgen Osterhammel herausgegebenen Handbuch *Geschichte der Welt* ein. Der von Emily S. Rosenberg betreute fünfte Band aus dem Jahr 2012, der den Zeitraum von 1870 bis 1945 behandelt,[30] diskutiert einerseits die zentralen Infrastrukturen der Globalisierung, nimmt andererseits aber auch Warenketten und Expertennetzwerke genauer in den Blick. Er akzentuiert damit sowohl den traditionellen Schwerpunkt der global orientierten Technikgeschichte auf Infrastrukturen als auch die derzeit so heiß diskutierten Netzwerke des globalen (Technik)Transfers.

Wie sieht es nun mit technikhistorischen Globalgeschichten aus? Der Forschungsstand ist hier sehr heterogen.[31] Über einzelne Zeiten, Regionen, Akteure und Themen wissen wir recht gut Bescheid. Speziell die Technikgeschichte des Mittelalters und der Frühen Neuzeit hat sich seit geraumer Zeit intensiv und explizit mit den Mechanismen des Techniktransfers im Zeitalter der Europäischen Expansion beschäftigt; dabei standen vor allem der transatlantische

27 Osterhammel, Verwandlung.
28 Ebd., S. 1012-1029.
29 Bayly, Birth.
30 Rosenberg, Weltmärkte.
31 Siehe detailliert: Schäfer/Popplow, Einleitung; Van der Straeten/Hasenöhrl, Empire; McClellan/Dorn, Science (hier insbesondere den kommentierten „Guide to Resources", S. 485-512).

Raum, aber auch die Beziehungen zwischen Europa und Asien (insbesondere China) im Mittelpunkt.[32] Die Europäische Expansion mit ihren vielfältigen Voraussetzungen und Folgen ist einer der wenigen Gegenstände, bei denen sich die Debatten der Technikgeschichte und der allgemeinen Geschichte zumindest teilweise überlappen. Eine disziplinübergreifende Diskussion rankt sich speziell um die sogenannte „Great Divergence".[33] „Why Europe grew rich and Asia did not"[34] – warum also die ökonomischen Entwicklungen Europas und Asiens seit dem Mittelalter immer weiter auseinanderdrifteten und welche Rolle dabei seit dem späten 18. Jahrhundert die Industrialisierung spielte – wurde in den letzten zwanzig Jahren kontrovers diskutiert. Ein wesentlicher Streitpunkt war (und ist) dabei die Bedeutung des „technischen Fortschritts" – insbesondere die Frage, welche Faktoren dafür ausschlaggebend gewesen sein könnten, dass dieser in (West)Europa dynamischer verlief als etwa in China.[35] Technische Innovationen werden dabei gerade von Seiten der Ökonomie mitunter recht undifferenziert mit einer Steigerung von Produktivität und Wohlstand gleichgesetzt.[36] Eine lebhaftere Beteiligung von TechnikhistorikerInnen an dieser Debatte wäre daher dringend von Nöten, um ein differenziertes Verständnis vom Beitrag der Technik für die Great Divergence zu erreichen.[37]

Ein weiterer wichtiger Forschungsstrang beschäftigt sich seit den 1980er Jahren mit dem Zusammenhang von Technik und Kolonialismus. Geradezu zu geflügelten Worten wurden Daniel Headricks Formulierung von Techniken und Infrastrukturen als kolonialen *Tools of Empire* sowie Michael Adas Feststellung, Technik hätte im kolonialen Kontext als *Measure of Men* funktioniert (und damit zur Legitimierung der Kolonialherrschaft nach außen und innen beigetragen).[38] Beide Schriften sind Schlüsseltexte der kolonialen Technikgeschichte, die dazu beigetragen haben, die praktische und ideologische Bedeutung westlicher Techniken und Infrastrukturen für den europäischen Kolonialismus ins Bewusstsein zu rufen – auch jenseits des Fachs. Adas und Headrick differenzierten ihre Thesen in ihren Folgewerken weiter aus: Adas mit Blick auf die US-amerikanische technologische „Zivilisierungsmission" des 20. Jahrhunderts,[39] Headrick hinsichtlich des Wechselverhältnisses von Umwelt, Technik und Kolonialismus. Headricks umfangreiches Lebens-

32 Siehe hierzu Schäfer/Popplow, Einleitung.
33 Jones, Miracle; Pomeranz, Divergence; hierzu auch Schäfer/Popplow, Einleitung, S. 4f.
34 Parthasarathi, Europe.
35 Siehe hierzu auch die Sammelrezensionen von Popplow, Technik, und Inkster, Books.
36 Siehe etwa Comin, Evolution.
37 Ähnlich argumentiert: Popplow, Technology.
38 Headrick, Tools; Adas, Machines.
39 Adas, Dominance.

werk ist letztlich von einer großen Meistererzählung getragen, nämlich von der wachsenden Macht technischer Innovationen über Natur und Mensch.[40] Diese Ansätze boten eine produktive Reibungsfläche für weitere Forschungen. Insbesondere das *Tools of Empire*-Narrativ geriet bald in die Kritik. Die Zuspitzung auf Technik als koloniales Machtinstrument bleibe letztlich einer modernistischen Sicht auf (westliche) Technik verhaftet, das westliche Akteure als treibende Kraft und Techniktransfer als einseitigen Diffusionsprozess konstruiere.[41] In den letzten Jahren rückten Autoren wie David Arnold, David Edgerton oder Wiebe Bijker daher neue Aspekte wie bi- und multilaterale Transfernetze, technologische Aneignungsprozesse etwa im Alltagsleben sowie Charakteristika nicht-westlicher Techniken und Technikbilder ins Zentrum der Aufmerksamkeit.[42] Auch weitere „Techniken des Globalen" gerieten in den Blick, die etwa den Beitrag von Technik für die (Ver)Messung (und damit Ordnung) der Welt in den Mittelpunkt rückten.[43]

Insgesamt liegt damit ein klarer Schwerpunkt der Forschung zu „globaler Technik" auf der Zeit der Europäischen Expansion und des Kolonialismus. Unser Kenntnisstand zur „Globalgeschichte der Technik" im 20. Jahrhundert jenseits des kolonialen Bereichs ist dagegen heterogen. Einen ausgesprochenen *Hotspot* bildet hier die Rolle von Technik im Kalten Krieg, die insbesondere anhand der Raumfahrt, Kriegs- und Computertechnik diskutiert wurde.[44] Auch die grenzüberschreitenden Umweltfolgen von Technikproduktion und -nutzung sind in der Technik- und Umweltgeschichte seit Rachel Carsons Klassiker *Silent Spring* (1962) zu den globalen Auswirkungen von DDT vielfältig erforscht worden.[45] Darüber hinaus liegen zu einzelnen Techniken, Akteuren und Artefakten Arbeiten mit globalem Zuschnitt vor wie etwa Riegers Studie zur globalen Produktion und Ausbreitung des VW Käfers.[46] Obgleich die Globalisierung im Laufe der Nachkriegszeit nochmals einen Schub bekommen hat und auch als Begriff ja erst in den 1960er Jahren aufkam, wird unser Kenntnisstand zur weltweiten Produktion, Verbreitung und Nutzung von Technik aber immer dünner, je stärker man sich der Gegenwart nähert, was nur in Teilen archivarischen Sperrfristen geschuldet ist. Aufgrund der einseitigen Konzentration auf westliche Schlüsseltechnologien, Akteure und Politikkontexte

---

40 Siehe etwa: Headrick, Tentacles; Headrick, Power; Headrick, Technology.

41 Zur Kritik an Headrick siehe etwa Arnold, Europe.

42 Arnold, Technology; Edgerton, Shock; Edgerton, Technology; Mamidipudi u.a., Discourses; zum Forschungsstand siehe auch: Van der Straeten/Hasenöhrl, Empire.

43 Exemplarisch: Schröder/Höhler, Welt-Räume; Edwards, World.

44 Etwa: Hecht, Geographies; Rhodes, Sun; Siddiqi, Technologies.

45 Carson, Spring; siehe exemplarisch: Headrick, Power; McNeill, Sun; Radkau, Natur.

46 Rieger, Car.

hat sich die globale Technikgeschichte seit dem späten 19. Jahrhundert bisher noch stärker auf eine Geschichte der expandierenden westlichen Welt verengt, als dies für frühere Zeitabschnitte der Fall zu sein scheint.[47]

Diese Tendenz kann auch an den weltgeschichtlichen Einführungen *Technology: A World History* von Daniel Headrick aus dem Jahr 2009[48] sowie *Science and Technology in World History* von James E. McClellan III und Harold Dorn (dritte Auflage von 2015)[49] nachvollzogen werden, die hier auch stellvertretend für den technikhistorischen Forschungsstand vor dem globalgeschichtlichen Boom der letzten Jahre stehen sollen. Die Bücher diskutieren in den Abschnitten zu Antike, Mittelalter und, bei Headrick, Früher Neuzeit die technisch-wissenschaftlichen Leistungen der Hochkulturen Europas, Asiens und Amerikas, zum Teil auch Afrikas, weitgehend gleichberechtigt und sprechen den Akteuren unabhängig von ihrer Herkunft eine hohe Gestaltungskraft zu. Im Gegensatz dazu ist ihre Globalgeschichte von Wissenschaft und Technik in den folgenden Kapiteln zum 18. bis 20. Jahrhundert, bei aller Kritik an den negativen Auswirkungen auf Mensch und Umwelt, aber nahezu gleichbedeutend mit der vom Westen induzierten Industrialisierung, technischen Modernisierung und Verwissenschaftlichung der Welt.

Diese thematische wie räumliche Schwerpunktsetzung spiegelt ein Grundproblem der global orientierten (Technik)Geschichte für das 19. und 20. Jahrhundert. Auf der einen Seite besteht Konsens, dass eine eurozentristische (Technik)Geschichtsschreibung überholt und tunlichst zu vermeiden ist. Angesichts der seit dem 18. Jahrhundert rasant zunehmenden Verbreitung westlicher Technologien und Infrastrukturen sowie ihrer globalen Bedeutung als politische, ökonomische, soziale und kulturelle Einflussfaktoren bildet das westliche Modell der Technikentwicklung aber letztlich doch oft – ob nun gewollt oder ungewollt – den zentralen Bezugspunkt. Selbst in Studien, welche die Technikaneignung „vor Ort" in den Blick nehmen, ist der Westen häufig der zentrale Dreh- und Angelpunkt, auf dessen technische Innovationen nicht-westliche Akteure mit Aneignung, Anpassung oder Widerstand reagieren.[50] Nur selten wird der Spieß umgedreht und der Techniktransfer in umgekehrter Richtung oder jenseits der westlichen Welt thematisiert, wie es in Wissens- und Medizingeschichte seit längerem üblich ist, etwa zur vielfältigen Verflechtung von „westlichem" und „indigenen" Wissen in der

47 Zur Kritik an dieser Schwerpunktsetzung siehe insbesondere Edgerton, Shock.

48 Headrick, Technology.

49 McClellan/Dorn, Science.

50 Zu dieser Problematik siehe ausführlich und kritisch: Arnold, Technology; Edgerton, Shock.

Malariaprophylaxe.[51] Die Frage, wie „globale“ Technikgeschichten überzeugend konzipiert werden können, sodass sie weder eurozentrisch angelegt sind noch relevante Asymmetrien in Technikproduktion, -nutzung und Gestaltungsmacht ausblenden, bleibt trotz vielfacher Lösungsvorschläge (z.B. von David Edgerton oder David Arnold, *creole* oder *everyday technologies* in den Mittelpunkt zu rücken, hierzu später mehr)[52] in der Forschungspraxis weiter virulent.

Dabei wird der westliche Techniktransfer in den meisten Studien bereits seit längerem sehr kritisch bewertet. Die modernistisch-affirmative Fortschrittserzählung von den Wohltaten westlicher technischer Errungenschaften ist in der globalhistorisch orientierten Technikgeschichte kaum mehr anzutreffen, hält sich aber im populärwissenschaftlichen Bereich weiterhin hartnäckig.[53] Unter dem Einfluss der *Postcolonial Studies* und der Umweltgeschichte hat sich vielmehr das Narrativ von der ambivalenten bis zerstörerischen Kraft westlicher Technik auf Gesellschaft und Umwelt in den letzten zwanzig bis dreißig Jahren breit durchgesetzt.[54] Ein gutes Beispiel für diese kritische technikhistorische Sicht auf Europa und seine Beziehungen zur nicht-westlichen Welt ist das 2016 erschienene Buch *Europeans Globalizing: Mapping, Exploiting, Exchanging* von Maria Paula Diogo und Dirk van Laak, das von der Kritik am westlichen *Technological Imperialism* geleitet wird. Wie angesichts des Titels kaum anders zu erwarten, stehen freilich weiterhin vorwiegend europäische Akteure und Techniken im Mittelpunkt des Interesses.[55]

In den letzten Jahren kann eine dezidierte Gegenbewegung zu dieser impliziten wie expliziten Ausrichtung der Technikgeschichte auf die westliche Hemisphäre festgestellt werden. Einige jüngere „Globalgeschichten der Technik“ sind ausdrücklich als Geschichten bislang wenig beleuchteter Weltregionen konzipiert. Schwerpunkte liegen auf den verschiedenen Regionen des „Globalen Südens“ sowie auf Lateinamerika, aber auch die europäische „Peripherie“ (wie Südost- und Südwesteuropa) wird nun intensiver beleuchtet. Ein gutes Beispiel für diese neuere Richtung bildet das neue EU-Forschungsprojekt „Eine Globalgeschichte der Technik 1850-2000“ (GLOBAL-HOT), das von 2017

51 Zum Beispiel: Beattie, Empire; Bennett/Hodge, Science; Brockway, Science; Fischer-Tiné, Pidgin; Habermas/Przyrembel, Käfern; MacLeod/Lewis, Disease.

52 Z.B. Arnold, Technology; Edgerton, Shock; zum Forschungsstand auch Van der Straeten/Hasenöhrl, Empire.

53 So charakterisiert Friedel in seiner Studie *Culture of Improvement* das Streben nach Fortschritt und Verbesserung als treibendes Element der westlichen Technikentwicklung.

54 McClellan/Dorn, Science, 392-400; Harding, Reader.

55 Diogo/Laak, Europeans.

bis 2022 an der Technischen Universität Darmstadt durchgeführt wird.[56] Mitunter wird in diesen Studien nun umgekehrt der Globale Norden als Untersuchungsobjekt ausgeklammert. Inwieweit „westliche Technik“ dabei aber nicht dennoch Referenzpunkt bleibt, steht freilich auf einem anderen Blatt.

Zusammenfassend kann somit festgestellt werden, dass erstens nicht alles gleichermaßen und auf dieselbe Weise „global“ ist, was sich bisher unter dem Dach einer Globalgeschichte der Technik verortet. Jedoch wächst zweitens der Erklärungsbedarf, (Technik)Geschichte auf die Geschichte des Westens zu reduzieren. Bei Konferenzen, Sammelbänden und in Special Issues – beliebte Medien, um Technikgeschichte in globalen Kontexten zu reflektieren – ist es mittlerweile eine Selbstverständlichkeit, Fallstudien zu nicht-westlichen Regionen und Akteuren zu inkludieren.[57] Ein nicht unerheblicher Teil dieser Expertise stammt dabei oft aus den *Area Studies* selbst. Die Zahl der Mosaiksteinchen für eine „umfassendere“ Globalgeschichte der Technik wächst somit stetig.

3. Von Netz(werk)en, Infrastrukturen und dem Alltag in der weiten Welt: Klassische und neuere Perspektiven auf ein vielversprechendes Forschungsfeld

Was zeichnet sich nun für dieses dynamische Forschungsfeld an vielversprechenden Themen, Fragestellungen und Konzeptionen ab? Welche Vorschläge gibt es, um David Arnolds bereits 2005 formuliertes Plädoyer für eine interaktive, kulturell differenzierte und räumlich breit aufgestellte Technikgeschichte der (nicht-westlichen) Welt der Realisierung ein gutes Stück näher zu bringen?[58] Was sind Stärken und Schwächen bisheriger Ansätze und an welchen Stellen lohnt es sich weiterzudenken? Diese Fragen möchte ich nun anhand von drei Themenfeldern – „globale Technikgeschichte“ als Beziehungsgeschichte, Infrastrukturen und *Large Technological Systems* sowie „globale Mikrogeschichten“ der Technik – diskutieren und aufzeigen, welche Chancen und Herausforderungen sich hier ergeben.

---

56 Z.B. Holmes u.a., Magic; zu GLOBAL-HOT siehe https://www.geschichte.tu-darmstadt.de/index.php?id=3586.

57 Z.B.: Möllers/Dewalt, Objects.

58 Arnold, Europe, S. 85.

3.1 *Transfer, Austausch und Netze – Globale Technikgeschichte als Beziehungsgeschichte*

Globale Technikgeschichte als Beziehungsgeschichte anzugehen, ist kein neues Phänomen. Viele Spielarten der inter- und transnational orientierten Geschichtswissenschaften beschäftigen sich seit längerer Zeit mit Transferprozessen der unterschiedlichsten Art – zwischen Alter und Neuer Welt, zwischen Zentrum und Peripherie, zwischen Stadt und (Hinter)Land, aber auch zwischen Produzenten und Konsumenten.[59] Anknüpfend an breitere Überlegungen einer vielfach räumlich wie sozial verwobenen *histoire croisée*, rückte etwa bereits das 1999 ins Leben gerufene *Tensions of Europe*-Netzwerk transnationale Beziehungen und Verbindungen innerhalb Europas auf die technikhistorische Agenda.[60] Diese transnationale Verflechtungsgeschichte stellte wesentliche Weichen für die globalhistorische Erweiterung der Technikgeschichte.

So manche Transfergeschichte des ausgehenden 20. Jahrhunderts basierte allerdings auf recht einfachen Modellen trans- und internationalen Austauschs. Modernisierungstheoretisch inspiriert, wurden Transferbeziehungen hier oft als Diffusionsprozesse mit klarer, fast schon teleologischer Ausrichtung gedacht, mit den technologischen Hotspots und politischen Zentren Europas und Nordamerikas als Spinnen im globalen (Macht)Netz.[61] In den letzten zwei Jahrzehnten ist diese einseitige Sicht auf Transferprozesse und Verbindungen grundlegend revidiert worden. So stellte Dipesh Chakrabarty im Jahr 2000 paradigmatisch die Forderung nach einer „Provinzialisierung Europas" auf.[62] Auch empirisch zeigen zahlreiche Studien, dass das *spokes of the wheel*-Konzept mit den westlichen/kolonialen Metropolen im Zentrum weltumspannender Netze der tatsächlichen Dynamik und Vielschichtigkeit transnationaler Verbindungen nicht (immer) gerecht wird.[63] Zwar existieren räumliche Knotenpunkte in den Netzen des weltweiten Austauschs – und diese waren oft mit wichtigen politischen und/oder Handelszentren identisch.[64] Diese Knotenpunkte lagen aber nicht zwangsläufig im Westen und der Austausch zwischen den Weltregionen musste nicht unbedingt den Weg über die westlichen Metropolen

59 Siehe etwa: Saunier, History; Van der Vleuten, History.

60 https://www.tensionsofeurope.eu/network/ (acc. 26.04.2018).

61 Z.B. Basalla, Spread; Friedel, Culture; Headrick, Tools; siehe hierzu kritisch: Arnold, Technology; Grewe, Raum.

62 Chakrabarty, Europe; zum Forschungsstand siehe: Van der Straeten/Hasenöhrl, Empire, S. 367-370.

63 Darunter: Andersen, Engineers, S. 163; Bennett/Hodge, Science; Magee/Thompson, Empire, S. 17-19.

64 Gerade Hafenstädten kam hier bis in die Gegenwart hinein eine wichtige logistische Rolle zu. Vgl. Beinart/Hughes, Environment, S. 152-158; siehe ausführlich: Hunt, Cities.

nehmen. Globale Netz(werk)e sind komplexe Gebilde, die auf vielfältige Weise konzeptualisiert werden können. Beide Begriffe werden dabei oft synonym verwendet. „Netzwerk" (als Übersetzung des englischen Begriffs *network*) meint dabei vor allem Beziehungen zwischen Akteuren, während „Netz" häufig in einem breiteren Sinne gebraucht wird, um Verbindungen unterschiedlicher Qualität (und Quantität) aufzuzeigen.[65] In Abgrenzung zum traditionellen Narrativ des weltweiten Techniktransfers „from the West to the Rest"[66] und anknüpfend an jüngere Ansätze der transnationalen Geschichte möchte ich im Folgenden jene konzeptionellen Elemente einer Technikgeschichte als Beziehungsgeschichte diskutieren, deren Potential für die global orientierte Technikgeschichte mir noch nicht ausgereizt scheint, nämlich Akteursnetzwerke, Zirkulation und Verflechtung im Allgemeinen sowie wirtschafts- und umwelthistorische Konzepte wie *commodity chains* oder der „gesellschaftliche Stoffwechsel" im Speziellen.

Es ist in den letzten Jahren viel Häme über das „klassische" lineare Transfermodell gekommen – zu eindimensional, unterkomplex und eurozentristisch sei der Ansatz. Diese Kritik ist berechtigt und muss doch sogleich eingeschränkt werden. So einseitig es auch sein mag, das Narrativ von mächtigen kolonialen/westlichen Akteuren im Zentrum eines Netzwerks globaler Finanz-, Informations-, Technik- und Warenströme lässt sich empirisch gut belegen und hat gerade mit Blick auf die ungleichen Machtverhältnisse zwischen den Akteuren durchaus Erklärungskraft. Hierzu seien einige Beispiele aus der Technik- und Kolonialgeschichte genannt. Die Metropole London war beispielsweise eifrig darum bemüht, sich innerhalb des *British Empire* durch institutionelle Restriktionen und Begünstigungen eine zentrale Position im kolonialen Netz zu sichern, und war hierin in vielerlei Hinsicht sehr erfolgreich. Wie Bernd-Stefan Grewe in seiner Stoffgeschichte des Goldes im frühen 20. Jahrhundert zeigt, wahrte der Londoner Goldmarkt bis Ende der 1940er Jahre auch deshalb seine zentrale Stellung, weil die Transaktionskosten für einen Goldhandel, der nicht über London lief, so stark in die Höhe getrieben wurden, dass dieser sich wirtschaftlich nicht rechnete. Ansatzpunkt war dabei das Seeversicherungsgeschäft, das von *Lloyd's of London* dominiert wurde. Um der *Bank of England* einen privilegierten Zugriff auf koloniales Gold zu sichern, wurden direkte Goldtransporte zwischen den Produzenten in Südafrika und dem indischen Markt mit prohibitiv hohen Versicherungs- und Frachtsätzen bestraft.[67] Zölle

---

65 Zu Theorien und Methoden der (sozialwissenschaftlichen) Netzwerkforschung siehe einführend Stegbauer, Netzwerkanalyse; Weyer, Netzwerke.

66 Ferguson, Civilization.

67 Grewe, Raum, S. 78-83.

und Handelsbeschränkungen sicherten britischen Akteuren und Produkten auch in zahlreichen anderen Fällen eine günstige Ausgangsposition innerhalb des *British Empire*. Wer bei der Errichtung des indischen Eisenbahnnetzes (immerhin das größte koloniale Infrastrukturprojekt des 19. Jahrhunderts) als Lieferant für Geräte und Materialien berücksichtigt werden wollte, musste sein Angebot im *India Office* in London einreichen – was praktisch einen Ausschluss von Unternehmen bedeutete, die ihren Sitz nur in Indien hatten. Erst in der Zwischenkriegszeit gelang es etwa der einflussreichen *Tata Company* mit ihren Stahlwerken, Aufträge für die Produktion von Eisenbahnschienen zu erlangen. Auch die Finanzflüsse konzentrierten sich im *British Empire* auf London – im Fall der indischen Eisenbahnen wurden Aktien lange Zeit nur in der dortigen City gehandelt.[68]

Obgleich die zentrale Machtposition westlich-kolonialer Akteure also in vielfältigen Kontexten nachgezeichnet werden kann, war die historische Realität doch oft komplexer. Die Forschung hat mittlerweile eine stattliche Zahl von Beispielen ans Tageslicht geholt, die ein ambivalenteres Bild globaler Austauschbeziehungen und Verflechtungen ergeben, und zwar gerade auch im Bereich der Technik.[69] So bevorzugten die britischen Verwaltungen bei kolonialen Infrastrukturprojekten zwar prinzipiell britische Unternehmen. Bei vielen Ausschreibungen setzten sich dann aber doch die kostengünstigsten und/oder kompetentesten Kandidaten durch, auch wenn diese, wie im Falle der Elektrifizierung Palästinas in den 1920er Jahren, aus Deutschland stammten.[70] Zwar handelte es sich bei der AEG ebenfalls um einen westlichen Akteur. Doch zeigt das Beispiel, dass koloniale Märkte keinesfalls nur von der „eigenen" Metropole bestimmt wurden, sondern eine gewisse Durchlässigkeit aufwiesen. Auch auf der Produktebene lassen sich hierfür mannigfache Belege finden – von deutscher Elektrotechnik über US-amerikanische Singer-Nähmaschinen bis hin zu Schweizer Schokolade.[71]

Noch bunter wird das Bild auf der personellen Ebene. Die Karrierewege technischer Experten waren mitunter ausgesprochen international. Ein schillerndes Beispiel ist der aus Neuseeland stammende Ingenieur Allan Monkhouse (1887-1977).[72] Nachdem er seine Ausbildung in England absolviert hatte, lebte er ab 1917 in der Sowjetunion und war von 1925 bis 1932 als Angestellter des britischen Elektrounternehmens *Metropolitan-Vickers* an der Elektrifizierung

68 Zur Geschichte der Eisenbahn in Indien siehe: Aguiar, Modernity; Headrick, Tentacles, S. 49-96; Hurd/Kerr, India; Kerr, Railways.

69 Exemplarisch: Epple, Machtverhältnisse.

70 Shamir, Electricity.

71 Exemplarisch: Arnold, Technology; Möllers/Dewalt, Objects; Trentmann, Empire.

72 Sorabji, New Zealand.

des Landes beteiligt. 1933 wurde er mit seinen Kollegen wegen Spionage verhaftet und nach einem Schauprozess des Landes verwiesen. Nach der Unabhängigkeit Indiens 1947 wurde Monkhouse dann von Premierminister Nehru beauftragt, an der Erschließung der indischen Wasserkräfte mitzuwirken, und engagierte sich unter anderem für Mikroprojekte im Himalaya. Technische Experten wie Monkhouse waren vielfältig untereinander vernetzt. Der Austausch zwischen ihnen bezog, etwa über Berufsvereinigungen oder wissenschaftliche Journale, zum Teil die westlichen Metropolen ein, zum Teil ging er an diesen aber auch vorbei.[73] Expertise, Rohstoffe, Waren oder Personen zirkulierten eben nicht nur zwischen dem „Westen" und seinen Einflusssphären, sondern auch zwischen den verschiedenen Ländern des Globalen Südens[74] – ein Aspekt, der für die Technikgeschichte gerade mit Blick auf nicht-westliche Akteure noch längst nicht erschöpfend aufgearbeitet ist.

Mit der *Zirkulation* von Technik, Wissen, Personen und Ressourcen ist ein weiteres zentrales Stichwort der aktuellen Debatte um weltumspannende Netzwerke angesprochen, zu dem bereits in früheren transnationalen Forschungskontexten wesentliche Vorarbeiten geleistet wurden. So ist seit langem bekannt, dass es sich bei den Beziehungen zwischen Europa und der restlichen Welt selten um einseitige Transfers handelte, sondern um vielschichtige Austauschprozesse. Ein berühmtes Beispiel aus der Umweltgeschichte ist der 1972 von Alfred W. Crosby beschriebene *Columbian Exchange*, der Austausch von Organismen (Tieren, Pflanzen und Mikroben) im Zuge der Europäischen Expansion, der maßgeblich die Schicksale der „Alten" und „Neuen" Welt mitbestimmte.[75] Speziell für die Neuzeit wurde zudem mehrfach akzentuiert, welch große Bedeutung indigenes Wissen für die Entwicklung medizinischer, agrarischer, aber auch technischer Expertise im Westen hatte – von der Chininprophylaxe bis zur Kanalbautechnik.[76] So stützte sich die Bekämpfung tropischer Krankheiten nicht nur auf die Generierung wissenschaftlicher Expertise (z.B. in den Botanischen Gärten), sondern bezog gerade im 18. Jahrhundert auch gezielt die Kenntnisse von aus den Tropen stammenden Medizinkundigen mit ein (z.B. zu hilfreichen

73 Siehe etwa: Andersen, Engineers; Hoag, TVA; Lambert/Lester, Lives; Prior, Empire; Rodogno u.a., Sphere. Besonders gut ist unser Kenntnisstand zu Karrierewegen und Netzwerken westlicher Stadt- und Hygieneexperten, siehe Beattie, Empire; Beeckmans, City; Broich, Empire; Frank/Gandy, Hydropolis; Frioux, City; Kneitz, Water; MacLeod/Lewis, Disease; Mann, Belly; McFarlane, City; Nilsson, State; Peckham/Pomfred, Contagions.

74 Etwa: Arnold, Issues; Beattie u. a., Networks; Brokway, Science; Magee/Thompson, Empire; Schiebinger, Drugs.

75 Crosby, Exchange; weiterführend: Crushman, Guano.

76 Etwa: Beattie/Morgan, Edens; Broich, Empire.

Medizinpflanzen).[77] Mitunter kam es sogar zu einem regelrechten Ping-Pong-Spiel, wie David Arnold jüngst am Beispiel der Feuerbestattung gezeigt hat: Das Verbrennen von Leichen hatte seinen Ursprung in Indien, wurde im späten 19. Jahrhundert dann auch in Großbritannien aufgegriffen und modifiziert – und schließlich als „wissenschaftliche" Feuerbestattung wieder ins Ursprungsland zurückgespielt, um hier abermals adaptiert zu werden.[78]

Die Global- und Technikgeschichte der letzten Jahre suchte diese vielfältigen Transfers, Verflechtungen und Austauschprozesse unter anderem durch akteurszentrierte Netzwerkanalysen greifbar zu machen.[79] Tatsächlich sind Akteure – als die eigentlichen Komponenten der Netzwerke und als Agenten und Treiber der Globalisierung – ein fruchtbarer Ansatz, um das breite Feld der Globalgeschichte handhabbar aufzuschlüsseln. Es erstaunt daher, dass in der global orientierten Technikgeschichte zumindest im deutschsprachigen Raum den konkreten Akteuren mit ihren Netzwerken noch recht wenig Aufmerksamkeit geschenkt wurde – unabhängig davon, ob es sich dabei um Unternehmen, Experten, Verwaltung oder Kunden handelte. Einige Pionierstudien liegen vor: So haben William J. Hausman, Peter Hertner und Mira Wilkins in ihrer umfassenden Studie zu *Global Electrification* die weltweiten Geschäftsaktivitäten multinationaler Elektrizitätsunternehmen nachgezeichnet.[80] Angelika Epple arbeitete am Beispiel der weiten Verbreitung von Solinger Schneidwaren (u.a. in Afrika) heraus, wie Akteure des deutschen „Hinterlands" in das System des Kolonialismus eingebettet waren.[81] Der von Michaela Hampf und Simone Müller-Pohl herausgegebene Sammelband *Global Communication Electric* beleuchtete Akteure, Nutzung und Folgen des Telegrafen als Medium der Globalisierung.[82] Joseph Morgan Hodge, Robert K. Home oder David Sunderland analysierten die Aktivitäten von Kolonialexperten wie etwa den britischen *Crown Agents*.[83] Jedoch fehlt es noch an weiteren Einzel- und Gruppenstudien, um in einer Gesamtschau fundierte Aussagen über die Mechanismen des weltweiten Techniktransfers und seine Akteure treffen zu können. Selbst *Big Player* wie Siemens wurden aus globalhistorischer Sicht noch nicht adäquat aufgearbeitet.[84]

---

77 Schiebinger, Drugs.

78 Arnold, Issues.

79 Einführend: Conrad, Globalgeschichte, S. 125-130.

80 Hausman u.a., Electrification.

81 Epple, Machtverhältnisse.

82 Hampf/Müller-Pohl, Communication.

83 Hodge, Triumph; Home, Planting; Sunderland, Managing.

84 Feldkirchen, Siemens, streift diesen Aspekt beispielsweise nur.

Besser ist der Forschungsstand zur Globalgeschichte einzelner Techniken und Artefakte – und dies in mehrfacher Hinsicht. Zum einen existiert eine Reihe von Studien, die *Objects in Motion*[85] in den Blick nehmen, transnationale Austauschprozesse also am Beispiel einzelner Artefakte oder Technologien konkretisieren.[86] Zum anderen wird Technik aber nicht nur als Austauschobjekt, sondern – in der Tradition der *Actor-Network-Theory* – auch als wesentlicher Teil von Netzwerken und Transferströmen betrachtet. Der Ansatz, Akteure in diesem erweiterten Sinn aufzufassen und nicht-menschliche Aktanten ebenfalls in die Analyse einzuschließen, ist nicht nur für die Technikgeschichte naheliegend und analytisch fruchtbar. Die von Latour angemahnte „Ameisenperspektive" der ANT[87] kann dazu beitragen, abstrakte Phänomene wie Globalisierung und große Netzwerke auf der Mikroebene greifbar zu machen, indem sie auf konkrete Handlungen heruntergebrochen und miteinander in Beziehung gesetzt werden – und indem die Bedeutung nicht-menschlicher Elemente in diesen Netzwerken akzentuiert wird.[88] Die Zahl der Studien, welche ANT im Sinne einer solchen Netzwerkanalyse für eine global orientierte Technikgeschichte nutzbar zu machen sucht, ist in den letzten Jahren gestiegen[89] und hat speziell auf der Mikro- und Mesoebene Potential für weitere Entdeckungen. Jedoch bleiben auch Fragen offen. So werden die Akteure und Aktanten nach Latour als gleichberechtigte Teilnehmer des Netzwerks konzipiert – mit dem Nachteil, dass Machtgefälle und Hierarchien aus der Analyse verschwinden. Auch die Systemebene fehlt zumeist, also der Blick auf Kräfte, die jenseits der Akteure und ihren Netzwerken wirksam werden (z.B. das politische System). Und schließlich werden Ursachen und Folgen der untersuchten Konstellationen oft nicht adäquat beschrieben, da die ANT vor allem eine Zustandsbeschreibung anstrebt.[90] Damit eignet sich die ANT aufgrund ihrer Neigung zu „dichten Beschreibungen"[91] vor allem für Mikrogeschichten, aber nur begrenzt für räumlich oder zeitlich übergreifende Längsschnittanalysen.

Weitere Ansätze zur Analyse weltumspannender Netz(werk)e und Verflechtungen, die vermehrt auch in der globalen Technikgeschichte aufgegriffen

---

85 Möllers/Dewalt, Objects; Siebenhüner, Mobilität.

86 Eine umfassende objektzentrierte globale Konsumgeschichte vom 15. Jahrhundert bis in die Gegenwart, die auch technische Artefakte behandelt, legte so kürzlich Frank Trentmann, Empire, vor.

87 Einführend: Latour, Soziologie; Bellinger/Krieger, ANTologie.

88 Gerstenberger/Glasman, Globalgeschichte, S. 25-32.

89 Exemplarisch: Shamir, Current; Gerstenberger/Glasman, Techniken.

90 Vgl. Schulze, ANT.

91 Geertz, Beschreibung.

werden, stammen ursprünglich aus der Wirtschafts- und Umweltgeschichte. In diesen historischen Subdisziplinen erlebte die Ressourcen- und Stoffgeschichte in den letzten Jahren einen kleinen Boom.[92] Breite Bekanntheit erlangte etwa Sven Beckerts Buch *King Cotton*, eine Globalgeschichte der Baumwolle, die über eine Zeitspanne von fast tausend Jahren die Kontinente und Akteure elegant verknüpft und zugleich eine schlüssige Geschichte des globalen Kapitalismus bietet.[93] Viele dieser Ressourcengeschichten werden entlang der Produktions- und Distributionsketten geschrieben (*Commodity Chain Approach*[94]) und schließen auch technische Aspekte mit ein, die allerdings bei Beckert unterrepräsentiert sind.

Einen anderen Fokus verfolgt der umwelthistorische Ansatz, den Metabolismus menschlicher Siedlungen zum Ausgangspunkt der Analyse zu machen – und damit die weitläufigen Ressourcen- und Stoffströme zwischen der Stadt und ihrem (immer globaleren) Hinterland, die das Leben in der Moderne überhaupt erst möglich machen.[95] Exemplarisch hat dies William Cronon in seinem Klassiker *Nature's Metropolis* für Chicago durchgespielt.[96] Beide Varianten der Ressourcengeschichte ließen sich auch für eine globale Technikgeschichte noch stärker fruchtbar machen und würden dieser durch einen intensiveren Blick auf die vielfältigen natürlichen Ressourcen, die eng mit Technik verknüpft sind, auf die vorgelagerte Produktion, den Transport, aber auch auf den „ökologischen Rucksack" von Waren und Technik zudem neue Perspektiven eröffnen. Umgekehrt könnte die Technikgeschichte wiederum zu einer fruchtbaren Erweiterung der umwelt- und wirtschaftshistorischen Forschung zu commodity chains und Metabolismen beitragen. Schließlich wird die Bedeutung von Techniken und Infrastrukturen als Voraussetzung und als Teil dieser Austauschprozesse wiederum in der umwelt- und wirtschaftsgeschichtlichen Literatur oftmals ausgeblendet. Derartige „eco-cultural networks"[97] sind damit auch ein gutes Beispiel dafür, dass die Fächergrenze zwischen Umwelt-, Technik- und Wirtschaftsgeschichte vor der Folie globaler Verflechtungen kaum mehr aufrecht zu erhalten sind – und auch in der Forschungspraxis immer weniger Berechtigung haben.

---

92 Siehe hierzu einführend: Weber, Urbanisierung.

93 Beckert, King; siehe weiter: Riello/Parthasarathi, World.

94 Zu Commodity Chains siehe exemplarisch: Bair, Frontiers; Evenden, Aluminum; Hecht, Africans; Quark, Theory.

95 Barles, City; Krausmann, City; Krausmann/Fischer-Kowalski, Naturverhältnisse; Schott u.a., Resources; siehe weiterführend auch: https://metabolismofcities.org/.

96 Cronon, Metropolis.

97 Zum Konzept der „eco-cultural networks" siehe Beattie, Networks.

3.2 *Ein neuer Blick auf Infrastrukturen und Large Technological Systems*

Blicken wir nun nochmals auf einen *der* traditionellen Schwerpunkte der global orientierten Technikgeschichte, nämlich auf die technischen Infrastrukturen. Gerade die weltumspannenden Kommunikations- und Verkehrsnetze des 19. und 20. Jahrhunderts gehören zu den am besten erforschten Themen dieses Bereichs.[98] Und dies nicht von ungefähr: Dampfschiff und Eisenbahn, Telegraf und Telefon sowie jüngst das Internet gelten schließlich auch jenseits des Fachs als zentrale Motoren von Globalisierung. Dabei lassen sich zwei Interpretationsstränge unterscheiden: ein affirmatives Narrativ, das die Leistungen der „heroischen" Kommunikations- und Verkehrstechnik für das Zusammenrücken der Welt in den Vordergrund stellt,[99] und ein kritisches, das westliche Technik und Infrastrukturen in der Tradition von Daniel Headrick als *Tools of Empire* begreift. Infrastrukturen werden in dieser Sicht als Machtinstrumente und, aufgrund ihrer Langlebigkeit, als Machtspeicher[100] begriffen – mit gravierenden Folgen bis in die Gegenwart hinein.[101] Beispielsweise erwiesen sich die segregierten Wasserver- und Entsorgungssysteme mancher kolonialer Städte als überaus langlebig – und erschwerten als Stein gewordenes koloniales Erbe später eine Umsetzung von Infrastrukturen, die den demografischen, finanziellen oder ökologischen Verhältnissen vor Ort angemessener gewesen wären.[102]

Nicht nur empirisch, auch auf der theoretisch-konzeptionellen Ebene gehören Infrastrukturen zu den Schwergewichten der Technikgeschichte und der benachbarten *Science and Technology Studies* (STS). Besonders einflussreich war und ist das von Thomas P. Hughes entwickelte Konzept der *Large (Socio)Technical Systems* (LTS).[103] Der LTS-Ansatz möchte die Entstehung, Funktionsweise und Beharrungskraft technischer Infrastrukturen auf der Systemebene erklären. Hughes identifizierte anhand der Entwicklung der Elektrizitätsnetze in Deutschland, Großbritannien und den USA zwischen 1880 und 1930 vier typische Phasen der Systementfaltung, die er jeweils als geprägt von sogenannten *system buildern* ansah: Innovation und Entwicklung, Technologietransfer, Systemwachstum sowie Konsolidierung. Wichtig am LTS-Ansatz war zum einen Hughes Erkenntnis, dass technische Systeme in Abhängigkeit zum gesellschaftlichen Umfeld stehen und daher in ihren regionalen Charak-

98 Exemplarisch: Aguiar, Modernity; Hampf/Müller-Pohl, Communication; Headrick, Tentacles; Laak, Infrastruktur; Wenzlhuemer, World.

99 Z.B. Friedel, Culture.

100 Engels, Machtfragen, S. 64-67; Engels/Schenk, Infrastrukturen.

101 Z.B. McFarlane, City; Yepes u.a., Sense.

102 Siehe Nilsson, State.

103 Hughes, Networks; Hughes, Evolution.

teristika variieren können (*national styles*). Zum anderen arbeitete Hughes das *Momentum* großer technischer Systeme heraus: Diese reagieren mit wachsender Größe und Lebensdauer nicht mehr flexibel auf neue Herausforderungen, sondern bleiben zunehmend dem einmal eingeschlagenen Pfad verhaftet. Das System entwickelt also eine gewisse Eigendynamik und seine Entwicklung wird mit wachsender Größe immer mehr von den schwerfälligsten Systemkomponenten bestimmt (*reverse salients*). Das LTS-Konzept wurde seit den 1980er Jahren vielfach angewandt, kritisiert und weiterentwickelt.[104] Explizit auf nicht-westliche Kontexte wurde es bislang zwar nur punktuell übertragen.[105] Es dominiert aber dennoch weithin den Blick auf Infrastrukturen in nicht-westlichen Regionen, deren historische Entwicklung an der Beständigkeit und Festigkeit, dem räumlichen Ausgreifen und den technischen Effizienz-Kriterien westlicher Infrastrukturen gemessen wird.

Wie ließe sich demgegenüber eine globale Geschichte von Infrastrukturen schreiben, die der (möglichen) Andersartigkeit von Infrastrukturen konzeptionell wie empirisch besser nachkommt? Wo sind global gesehen neue Erkenntnisse zu erwarten? Und können wichtige Ansätze der westlichen Technikgeschichte wie LTS überhaupt produktiv auf andere Weltregionen übertragen werden? Zunächst einmal kann auf der empirisch-thematischen Ebene festgestellt werden, dass das Thema Infrastrukturen „global" betrachtet noch keineswegs ausgereizt ist. Jenseits von Dampfschiff, Eisenbahn und Telegraf ist unser Kenntnisstand noch stark ausbaufähig. Selbst zu den „großen Drei" gibt es regionale Leerstellen, etwa zu Afrika. Andere Infrastrukturen wie Straßen, Energie oder Elektrizität wurden von der technikhistorischen Forschung überhaupt erst in den letzten Jahren für nicht-westliche Gegenden intensiver aufgegriffen.[106] Besser ist der Forschungsstand zu städtischen Infrastrukturen. So liegen zu Wasserver- und -entsorgungssystemen mittlerweile zahlreiche fundierte Einzelstudien zu nicht-westlichen Städten vor.[107] Aber eine mehrere

104 Beispielsweise wird heute die Bedeutung der „System-Builder" als zentrale Motoren des technischen Wandels deutlich vorsichtiger bewertet als von Hughes. Einen Überblick der Kritik am LTS-Ansatz bieten: Van der Vleuten, Network; Moss, Change, S. 1434-1436; König, Technikgeschichte, S. 90-93.

105 Z.B. Nilsson, State.

106 Darunter: Arnold, Problem; Gewald, Speed; Gwilliam, Transport; Hasenöhrl, Electrification; Hausman u.a., Electrification; Hoag, Rivers; Kale, India; Meiton, Radiance; Rao/Lourdusamy, Colonialism; Shamir, Current; Showers, Africa; Tischler, Light.

107 Z.B.: Kneitz, Water, Mann, Belly; McFarlane, City; Peckham/Pomfret, Contagions; Zeheter, Epidemics.

Infrastrukturen gemeinsam diskutierende Gesamtsicht der post/kolonialen Stadtplanung findet sich für den Globalen Süden nur selten.[108]

Sehr schwierig zu beantworten ist die Frage, ob und wie vertraute konzeptionelle Ansätze der Infrastrukturforschung wie LTS für nicht-westliche Regionen fruchtbar gemacht werden können. Einerseits kann LTS als im Prinzip universales Analyse- und Erklärungsmodell[109] durchaus gewinnbringend herangezogen werden, um für die Infrastrukturentwicklung des Globalen Südens Fragen zu generieren, die bislang noch nicht erschöpfend diskutiert wurden: Welche Besonderheiten der (post)kolonialen Infrastrukturentwicklung, etwa im Sinne spezifischer *technological styles*, lassen sich herausarbeiten? Wer fungierte als *system builder*? Gingen mit Kolonialisierung bzw. Dekolonisierung Brüche in der Infrastrukturentwicklung einher? Und welche anderen Faktoren trugen aus systemischer Sicht noch zu Erfolg oder Verfall (prä)kolonialer Infrastrukturen in der (post)kolonialen Zeit bei? Diesen Fragen mag zwar durch ihre inhärente komparative Ausrichtung auf westliche Technikentwicklung ein gewisser Beigeschmack von Eurozentrismus anhaften. Sie tragen aber zugleich auch dazu bei, LTS als universales Modell zu hinterfragen. So deuten erste Untersuchungen in dieser Richtung an, dass etwa die Wachstumsphase der Systeme im Globalen Süden oft komplizierter verlief, sofern sie nicht gänzlich ausblieb.[110] Beispielsweise entfalteten sich im (post)kolonialen Kontext seltener *economies of scale*, auch da die einheimische Bevölkerung als potentielle Kunden oft unterschätzt wurde.[111]

Damit stellt sich unmittelbar die Frage, ob sich die Verhältnisse in vielen Ländern des Globalen Südens mit westlichen Konzepten wie LTS überhaupt adäquat beschreiben lassen und inwieweit westliche Erwartungsmuster einer infrastrukturellen „Normalentwicklung“ die historische Arbeit und Interpretation nicht einseitig vorprägen. So erscheint die Infrastrukturgeschichte Afrikas aus LTS-Sicht als eine Geschichte rückständiger Entwicklung, des Scheiterns und Verfalls. Entsprechend interpretieren zahlreiche Untersuchungen der *Science and Technology Studies* zum Globalen Süden ihre Fälle als „failing“, „crumbling“ oder „disfunctional infrastructures“.[112] Speziell Analysen zu städtischen Infrastrukturen wie Wasserver- und -entsorgung oder Elektrizität sind

---

108 Hierzu einführend: Beeckmans, City; Home, Planting; Silva, Planning; Monstadt/Schramm, City.

109 So schon Hughes selbst in seiner Einleitung zu *Networks of Power*: „It is hoped, therefore, that this history of a particular kind of system will be of some assistance to other historians who wish to study other systems.“ (S. 7)

110 Z.B. Nilsson, State; Showers, Africa.

111 Siehe Chikowero, Current.

112 Zum Beispiel: Frank/Gandy, Hydropolis; Gandy, Landscapes; Graham, Cities.

oft in ein Narrativ des „splintering urbanism“[113] eingebettet. Noch zu wenig wird dabei gefragt, inwieweit und ob westliche Vorstellungen von Aufbau und Funktionsweise (städtischer) Infrastrukturen den realen (finanziellen, ökologischen, sozialen, topografischen usw.) Verhältnissen im Globalen Süden tatsächlich angemessen waren und sind.[114] Vor Ort bestimmt(e) oft ein kompliziertes Mit-, Neben- und Gegeneinander formeller und informeller Infrastrukturen, „alter“ und „neuer“ Technologien das Alltagsleben[115] – eine Gemengelage, die sich nicht ohne weiteres in ein starres Schema von *Large Technological Systems* pressen lässt.

Ein Beispiel aus der Gegenwart: Auch aus Sicht der Menschen vor Ort lässt in zahlreichen afrikanischen, asiatischen oder südamerikanischen Städten die zentrale Wasserversorgung oft zu wünschen übrig. Dies heißt allerdings nicht, dass diese gar keinen Zugang zu frischem Wasser hätten. So teilen sich Nachbarn mitunter einen Wasseranschluss (oder Brunnen); Tankwagen befüllen die Vorratsbehälter der Haushalte; Läden verkaufen kanisterweise Wasser unterschiedlicher Qualität (z.B. Brackwasser für Toilettenspülungen).[116] Diese informellen Infrastrukturlösungen haben Vor- und Nachteile. So zahlen die Einwohner ärmerer Stadtviertel ohne Anschluss an die Leitungsnetze oft deutlich höhere Literpreise als die Bewohner infrastrukturell erschlossener Viertel, und dies bei unsicherer Wasserqualität. Das Beispiel zeigt jedoch auch, dass zentrale Infrastrukturen nicht der einzige oder zwangsläufig beste Weg sein müssen, um (aus westlicher Sicht) grundlegende Angebote der Daseinsvorsorge wie Wasser, Elektrizität oder Post zu gewährleisten. Mitunter existieren formelle und informelle Infrastrukturen auch parallel, als Back-up Systeme oder „pirate infrastructures“[117].

Angesichts der fundamentalen Bedeutung informeller Infrastrukturen für die Organisation des (urbanen) Lebens ist in den letzten Jahren wiederholt gefordert worden, dass sich die geschichts- und sozialwissenschaftliche Analyse stärker an den Lebenswirklichkeiten vor Ort orientieren müsse[118] – übrigens auch für den Globalen Norden. Dabei sind es derzeit vor allem die Kulturwissenschaften, in denen innovative neue Ansätze zum Verständnis technisch geprägter Lebenswelten zuerst diskutiert werden. Ein wichtiges Beispiel für den Globalen Süden ist etwa der von AbdouMaliq Simone entwickelte Ansatz,

113 Graham/Marvin, Urbanism.
114 Siehe hierzu etwa: Monstadt/Schramm, City.
115 Z.B.: Silver, Infrastructures; Terreni Brown, Kampala.
116 Van der Straeten/Hasenöhrl, Empire, S. 382.
117 Larkin, Infrastructures.
118 Arnold, Technology; Edgerton, Shock; Jackson, Repair; Larkin, Politics; Mavhunga, Workspaces; Monstadt u.a., City; Van der Straeten/Hasenöhrl, Empire.

nicht nur Rohre und Kabel, sondern auch die Menschen selbst als wesentliche Teile (sozialer) städtischer Infrastrukturen zu begreifen.[119] In eine ähnliche Richtung gehen Ansätze wie das Konzept der „inversen Infrastrukturen",[120] das dezentrale bottom-up Prozesse der Infrastrukturentwicklung in den Blick nimmt und zudem die Handlungskraft der Nutzer akzentuiert. Indem sie das spannungsreiche Gegen-, Mit- und Nebeneinander von formellen und informellen Infrastrukturen akzentuiert, vermag die kulturwissenschaftliche und technikhistorische Forschung zum Globalen Süden dabei auch wertvolle Impulse für eine differenziertere Betrachtung der Infrastrukturentwicklung in der westlichen Hemisphäre zu geben.

3.3 *„Globale" Mikrogeschichten der Technik: Diskurse – Identitäten – Alltagspraktiken*

Damit sind wichtige Stichworte für das letzte Themenfeld bereits gefallen, das ich mit Blick auf interessante Forschungsperspektiven für „Globale Technikgeschichten" skizzieren möchte. „Dezentral", „bottom-up", „Nutzer" – diese Begriffe gehören inzwischen zum technikhistorischen Standardvokabular. Die Konsum- und Alltagsgeschichte der Technik war in der traditionell innovations- und produktionsorientierten Technikgeschichte lange ein Desiderat, rückte seit den 1990er Jahren aber umso nachdrücklicher ins Zentrum der Aufmerksamkeit[121] – zumindest, was die westliche Welt angeht. Global betrachtet bilden Diskurse, Identitäten und Alltagspraktiken rund um Technik nach wie vor eine Forschungslücke, wenngleich eine, die in den letzten Jahren zunehmend gefüllt wird.[122] So besteht seit geraumer Zeit Einigkeit, dass der bisher dominierende Fokus auf der globalen Verbreitung (westlicher) Technik als „top-down" Prozess durch eine Analyse der vielschichtigen Reaktionen vor Ort (Aneignung, Modifikation, Widerstand usw.) gleichwertig ergänzt werden müsse, und zwar möglichst ausdifferenziert anhand von Querschnittskategorien wie Geschlecht, Klasse und/oder Rasse/Ethnie.[123] Bislang fehlt es allerdings vielfach noch an konkreten Mikrostudien, die diesen Anspruch auch tatsächlich einlösen.

Vergleichsweise gut informiert sind wir abermals über Alltagswirkung und Wahrnehmung der „großen" Infrastrukturen und Techniken wie Eisenbahn, Dampfschiff oder Telegraf. Oft als koloniale Machtinstrumente intendiert

119 Simone, People.
120 Edyedi/Mehos, Infrastructures.
121 Heßler, Kulturgeschichte.
122 Zum Forschungsstand siehe Van der Straeten/Hasenöhrl, Empire, S. 370-372.
123 Z.B.: Arnold, Technology; Edgerton, Shock; Diogo/Laak, Europeans.

und eingesetzt, konnten diese Techniken einerseits eine stark segregierende Wirkung entfalten, weckten andererseits aber auch Begehrlichkeiten vor Ort – und wurden zum Teil erstaunlich rasch von der einheimischen Bevölkerung für sich in Anspruch genommen.[124] Beispielsweise wurden bereits drei Jahre, nachdem die Briten das Telegrafennetz für die öffentliche Nutzung freigegeben hatten, fast zwei Drittel aller Telegramme in Indien von Indern abgeschickt.[125] Dünner ist unser Kenntnisstand zu den vielen „kleinen Techniken", die sich im Laufe der Zeit über den Globus verbreitet haben. Konzeptionell wie empirisch leistete auf diesem Gebiet David Arnold mit seinen breit rezipierten Transferstudien zu *everyday technologies* in Britisch-Indien Pionierarbeit. Am Beispiel von ursprünglich aus dem Westen stammenden Techniken wie Fahrrad, Reismühle, Näh- und Schreibmaschine zeichnete Arnold 2013 in seinem gleichnamigen Buch die ambivalente Wahrnehmung und Aneignung technischer Neuerungen im *British Raj* nach: das vielfältige Wechselspiel kolonial, geschlechtlich und klassenmäßig kodierter Inklusions- und Exklusionsmechanismen, die transformative Kraft dieser Techniken für das Alltagsleben, aber auch ihre Wirkung auf breitere gesellschaftliche Diskurse und Identitäten – bis hin zur sozialen Konstruktion Indiens als „moderne" oder „traditionelle" Gesellschaft.[126] Ursprünglich als Sportgerät für junge Europäer in Indien vermarktet, stieg die Zahl der indischen Radfahrer seit den 1920er Jahren beispielsweise so stark, dass das Fahrrad bald als genuin „indisches" Fortbewegungsmittel galt – inklusive einer breiten Infrastruktur von Reparaturbetrieben und, seit den 1930er Jahren, neuen Verwendungsformen wie der Fahrradrikscha.

Ob nun große Infrastrukturen oder kleine Technologien – die Alltagsgeschichte der Technik bietet aus globalhistorischer Perspektive noch reichlich Stoff für weitere Untersuchungen. Wer nutzte wann und warum welche Techniken? War der Zugang zu Technik eingeschränkt und, wenn ja, aus welchen Gründen? Sollte westliche Technik im kolonialen Kontext beispielsweise ein Luxus bleiben, der vor allem den Europäern zugänglich war, oder stand kapitalistische Gewinnmaximierung im Vordergrund und damit eine weltweit möglichst umfangreiche Verbreitung (westlicher) Techniken? Welche Techniken gab es vor Ort und wie interagierten diese traditionellen Techniken mit importierten Technologien?[127] Welche Rolle spielten Kategorien wie Rasse, Ethnie, Klasse, Religion, Kaste, Bildung, Alter oder Geschlecht? Rassistisch

124 Z.B.: Arnold, Technology; Aguiar, Modernity; Chikowero, Currents; Winther, Impact.
125 Mann, Geschichte, S. 402.
126 Arnold, Technology; siehe auch: Arnold/DeWald, Technology.
127 Exemplarisch: Mamidipudi u.a., Discourses.

motivierte Exklusion wurde für den Globalen Süden schon vergleichsweise gut erforscht.[128] Wie Mhoze Chikowero anhand von Bulawayo in Südrhodesien aufgezeigt hat, wurde der schwarzen Bevölkerung Anfang des 20. Jahrhunderts beispielsweise der private Zugang zu Lichtstrom durch restriktives Netzdesign, eingeschränkte Lieferzeiten und höhere Tarife bewusst erschwert.[129] Im Gegensatz zu *race* und auch *class* standen Genderfragen dagegen in Technikgeschichten des Globalen Südens sehr viel seltener im Zentrum der Aufmerksamkeit als für den Norden (zumindest jenseits der *Postcolonial Studies*)[130] – und auch das intersektionale Zusammenspiel dieser Kategorien wurde für die Technikgeschichte als Globalgeschichte noch nicht systematisch diskutiert.

Ambivalent ist der Forschungsstand zu nicht-westlichen Techniken. Speziell die *Postcolonial Studies* haben hier Pionierarbeit geleistet, etwa hinsichtlich vormoderner „indigener" Techniken und Wissensbestände.[131] Dagegen wurde das Wechselspiel und Nebeneinander „alter" und „neuer" Techniken im globalen Maßstab erst in den letzten Jahren aufgegriffen. David Edgertons wegweisendes Buch „The Shock of the Old"[132] von 2007 hat hier konzeptionell wie empirisch wesentliche Vorarbeiten geleistet. Edgertons Kritik an der einseitigen Fokussierung der Technikgeschichte auf technische Innovationen und seine Forderung, *technologies-in-use* (und damit Kontinuitäten technischer (Alltags)Praktiken) verstärkt in die Analyse einzubeziehen, ist gerade für eine global orientierte Technikgeschichte höchst anregend. Im Globalen Süden bestimmten „traditionelle" Techniken den Alltag der Bevölkerung nicht nur deutlich länger als im Globalen Norden, vielmehr wurden diese auch weiterentwickelt und neuen Gegebenheiten angepasst.[133] Mitunter verschmolzen „alt" und „neu", „westlich" und „nicht-westlich" auch zu hybriden Mischformen – gerne zitiert wird in diesem Kontext die Fahrradrikscha.[134] Zudem bildeten sich in den armen Ländern der Erde spezifische *technologies of poverty* heraus wie beispielsweise die kenianische „fliegende Toilette"[135], die im reichen Westen keine Entsprechung fanden. Welche Bedeutung diese

---

128 Z.B.: Beeckmans, City; Beinart/Hughes, Environment, S. 167-183.

129 Chikowero, Currents.

130 Vgl. etwa Harding, Reader.

131 Ebd.

132 Edgerton, Shock.

133 Siehe etwa Larkin, Infrastructures; Arnold, Technology.

134 Z.B. Edgerton, Shock, S. 45-47; eine detaillierte Geschichte der Fahrradrikscha (oder anderer „hybrider" Technologien) steht noch aus.

135 Aufgrund fehlender Toiletten verrichten die Menschen ihre Notdurft in kleinen Plastiktüten, die dann schwungvoll im Straßengraben oder auf Nachbargrundstücke „entsorgt" werden. Vgl. Edgerton, Technologies, S. 92-100, speziell S. 96.

creole technologies[136] historisch wirklich hatten, kann auf der Basis des aktuellen Forschungstands aber nur gemutmaßt werden. Konzeptionell ist der Begriff allerdings nicht ganz unproblematisch, suggeriert er doch die Existenz einer „reinen" (westlichen) Technik – die es so bekanntlich auch nicht gegeben hat. Letztlich fehlt es zum Thema „Alltagstechnik und technische Praxen" aus globaler Perspektive noch auf allen räumlichen Ebenen an historischen Fallstudien – auch mit Blick auf die im Beitrag von Heike Weber angesprochenen Aspekte der Instandhaltung und des Reparierens von Technik.[137] Neue Aufschlüsse zur Alltagskultur der Technik speziell im Globalen Süden verspricht hier beispielsweise das 2017 an der TU Darmstadt angelaufene EU-Forschungsprojekt „GLOBAL-HOT".[138]

Etwas besser ist unser Kenntnisstand zur Diskurs- und Wahrnehmungsebene "globaler" Technik. Diskurse um Technik, Technikbilder und Techniken als Identität prägende Faktoren gehören für den Westen zu den wichtigsten Themen der kulturgeschichtlich orientierten Technikgeschichte[139] und wurden auch in globaler Perspektive immer wieder aufgegriffen. Welche Bedeutung Technik und technischer Wandel in nicht-westlichen Kulturen für die Konstruktion kollektiver und individueller Identitäten hatten, wurde in den letzten Jahren vor allem im (post)kolonialen Kontext intensiv diskutiert.[140] So geriet bereits Ende der 1980er Jahre in der Debatte um die kolonialen *Tools of Empire* neben der praktischen Instrumentalisierung von Technik auch die Frage nach ihrer diskursiven Einbettung in den Blick. Westlich geprägte Technikvorstellungen als Spielarten des *technological imperialism* standen etwa im Mittelpunkt von Michael Adas klassischer Studie *Machines as the Measure of Man*.[141] Adas argumentierte hier, dass die vermeintliche Überlegenheit westlicher Techniken über indigene Praktiken und Gerätschaften im Laufe der Neuzeit in wachsendem Maße als Argumentationsmittel diente, um die europäische Kolonisation nach innen und außen zu legitimieren (etwa als Begründung für eine koloniale „Zivilisierungsmission").[142]

Jenseits dieser (post)kolonialen Ebene sind unsere Kenntnisse zur den Spezifika nicht-westlicher Technikkulturen aber weiterhin stark ausbaufähig.

---

136 Ebd.

137 Siehe hierzu weiterführend: Krebs u.a., Kulturen; Choi, Construction.

138 Zur Agenda siehe auch https://www.tu-darmstadt.de/global-hot/the_project_global_hot/index.en.jsp.

139 Heßler, Kulturgeschichte.

140 Z.B.: Bassett, Indian; Harding, Reader; MacLeod, Nature; Meiton, Radiance; Moon, Place; Phalkey, Introduction; Sangwan, Science; Winther, Impact.

141 Adas, Machines.

142 Siehe auch: Aguiar, Modernity; Marsden/Smith, Empires.

„Technikkulturen" könnten dabei einen vielversprechenden Ansatzpunkt bilden, um den technikhistorischen Blick noch konsequenter und systematischer von vertrauten westlichen Vergleichs- und Verflechtungskontexten zu lösen. Selbst die Technikkulturen von *Big Playern* wie China oder Indien wurden bislang überwiegend im Kontrast zu Europa analysiert, etwa im Zuge der *Great Divergence*-Debatte,[143] und damit zumindest tendenziell den Teleologien des westlichen „Standardnarrativs" unterworfen.[144] Die von Martina Heßler skizzierten Fragen nach kulturspezifischen Deutungen des Mensch-Maschine-Verhältnisses, nach Kontinuität und Wandel technisierter Praktiken, Erfahrungen und Wahrnehmungen – und damit nach einer Historischen Technikanthropologie – bilden globalhistorisch, wie sie am Ende ihres Aufsatzes anmerkt, also eine noch größere Leerstelle als für den Westen.

4. Fazit

Es gibt also nach wie vor viel zu tun. „*Die*" globale Technikgeschichte ähnelt empirisch wie konzeptionell einem Flickenteppich, an dem noch einiges an gemeinschaftlicher Webarbeit zu leisten ist, bevor er dereinst als dicht geknüpfte Tapisserie das Haus der Geschichte schmücken wird: Einige Abschnitte sind bereits vielschichtig ausgearbeitet, andere weisen noch größere oder kleinere Leerstellen auf. Ausgetretenen Stellen finden sich dagegen nur wenige. Das Vorhaben ist freilich nicht ohne Fallschlingen. Welche Motive fügen wir in das Tableau ein? Wie lassen sich die vielfarbigen empirischen Details mit den großen Mustern und Strukturen verbinden? Wie können wir bewirken, dass auch nicht-westliche HistorikerInnen mehr und mehr an der Arbeit partizipieren? Und müssen wir angesichts der Überfülle an Stoff und Material nicht ohnehin von der Idee, „einen" raumfüllenden technikhistorisch-globalen Gobelin fertigen zu können, Abschied nehmen – und stattdessen viele kleine Läufer und Teppiche gestalten?

Wie alle Globalgeschichten bewegen wir uns auch beim Thema „globale Technik" mehrfach zwischen Skylla und Charybdis. Konzentrieren wir uns auf die „großen Strukturen", so lauert die Gefahr zu starker Abstraktion und Verallgemeinerung. Globalgeschichte lädt zur selektiven Auswahl des Materials ein, um die eigene „Meistererzählung" zu stützen – oder überhaupt erst ein Narrativ zu erzeugen – und dies umso mehr, je stärker wir den gesamten

143 Exemplarisch: Needham, Science.

144 Siehe hierzu kritisch Bray, History.

Erdball in den Blick nehmen wollen.[145] Also doch die Akteure und die vielfältigen Erfahrungen vor Ort in den Vordergrund rücken? In der Tat brauchen wir regional wie sozial möglichst vielfältige Mikrogeschichten der Technik, um den globalgeschichtlichen Anspruch empirisch zu erden. Globalgeschichte ist freilich mehr als „nur" eine Sammlung von Mikrostudien aus bislang wenig betrachteten Regionen der Erde, diese müssen zudem sinnvoll in einem „globalen" Rahmen situiert werden. Auch hier steckt der Teufel nicht nur im Detail. Ab wann sprechen wir überhaupt von „globalen" Beziehungen – und welche Fallstudien und -regionen berücksichtigen wir jeweils? Konzentrieren wir uns, als ein prominentes Beispiel derartiger Verknüpfungen, auf die Globalisierung von Technik, so sind wir oft (wieder) auf den vertrauten Pfaden unterwegs, die im Westen ihren Ausgang und mitunter auch ihr Ziel haben. Als Alternative zum traditionellen Fokus auf westliche Techniken und Akteure fokussieren sich heute immer mehr global orientierte Technikgeschichten daher dezidiert auf den Globalen Süden. Hier sind zweifelsohne die meisten Forschungslücken zu füllen. Allerdings ergibt auch dieser Ansatz nicht zwangsläufig eine globale Geschichte der Technik, sondern stärkt zunächst einmal die Technikgeschichte innerhalb der *Area Studies*, was freilich ebenfalls eine wichtige Aufgabe ist. Dann eben die Netzwerke globaler Technik analysieren? Ja und nein – denn was ist mit den Akteuren, Techniken und Regionen, die sozusagen „durchs Netz fallen", von diesem nicht erfasst oder inkludiert werden?[146]

Hinzu kommt die Frage, wer eigentlich Globalgeschichten der Technik schreiben sollte – und kann? Das anspruchsvollste Thema und die spannendsten Fragestellungen laufen bekanntlich ins Leere, wenn keine einschlägigen Quellen zur Verfügung stehen – oder wenn diese nicht in Sprachen verfasst sind, die „wir" rezipieren können (ich schreibe hier aus der nicht ganz unproblematischen Perspektive einer westlichen Historikerin). Die vertraute Quellenproblematik potenziert sich bei globalhistorischen Projekten.[147] Denn Globalgeschichten nur auf der Basis europäischer Sprachen zu schreiben birgt, wie Margit Pernau zu Recht betont hat, die Gefahr, dass die Globalgeschichte zum Wegbereiter eines neuen Kolonialismus werden könne.[148] Sprache und Erfahrung sind aber nicht nur auf der Quellenebene limitierende Faktoren. Bisher dominieren europäische und nordamerikanische AutorInnen, die eine westliche akademische Sozialisation durchlaufen haben und deren Denken

145 Gerstenberger/Glasman, Globalgeschichte, S. 22-24.

146 Siehe etwa: Cooper, Kolonialismus.

147 Siehe etwa: Cooper, Sources; Moon, Place; zum Problem kultureller Übersetzung: Bray, Internationalization.

148 Pernau, Global.

und Vorgehen daher bestimmten Erwartungen und Mustern folgt, die unseren Blick auf Technikgeschichte als Globalgeschichte vorstrukturieren. Diesen Bias, der kaum zu vermeiden ist, sollte sich der/die ForscherIn zumindest immer wieder bewusst machen. Zudem müssen nicht-westliche WissenschaftlerInnen intensiver in akademische Debatten integriert werden, was auch bedeutet, dass ihnen die für eine derartige Partizipation nötigen Ressourcen systematisch zur Verfügung gestellt werden müssen.[149]

Viele Chancen, aber auch viele Herausforderungen. Wie lässt sich dieses ebenso überbordende wie dornige Feld nun also zumindest ansatzweise in den Griff bekommen? Disziplinär gedacht ist „die" Globalgeschichte der Technik zweifelsohne ein Gemeinschaftsprojekt, das von der Pluralität der Perspektiven, Methoden und Ebenen lebt. Wir brauchen die „großen Geschichten" ebenso wie die Vielfalt regionaler *microhistoires*, Analysen weltumspannender Infrastrukturen ebenso wie Studien zu „kleinen" Alltagstechniken – und den westlich sozialisierten Blick „nach außen" ebenso wie Untersuchungen von nicht-westlichen TechnikhistorikerInnen. Wir brauchen hier aber auch Studien, welche die traditionellen Grenzen zwischen den historischen Disziplinen – etwa zwischen Technik-, Umwelt- und Wirtschaftsgeschichte – dezidiert überbrücken. Wenn wir uns dabei dann von dem Anspruch verabschieden, *die* Globalgeschichte *der* Technik schreiben zu wollen, und uns stattdessen damit begnügen, eine von vielen möglichen Globalgeschicht*en* von Techniken zu verfassen, so bringt dieser reduzierte Ansatz eine enorme konzeptionelle Entlastung mit sich. „Globalgeschichte der Technik" lädt dann – bei aller notwendigen Disziplin, Reflexivität und Bescheidenheit – zum Spiel ein mit den Sichtweisen und Ebenen, zu Bricolage und Experiment. Die Technikgeschichte braucht globale Perspektiven – als Erweiterung ihrer traditionellen regionalen und thematischen Schwerpunkte, aber auch als Ansatzpunkt für eine Revision des „Altbestands". Globalisierungsgeschichten von Techniken bieten somit einerseits die Möglichkeit, zahlreiche spezifische, aber auch grundlegende Erkenntnisse zu gewinnen – beispielsweise zur Kernfrage, welche Techniken überhaupt in den verschiedenen Weltregionen zu welchem Zeitpunkt für wen und warum wichtig waren. Global orientierte Technikgeschichte gewährt auf der anderen Seite aber auch neue Einblicke in die Geschichte der westlichen Welt, indem sie uns zwingt, vertraute Narrative und Theorien zu

149 Erste Schritte in diese Richtung sind bereits getan. So diskutiert SHOT als wichtigste internationale Gesellschaft zur Technikgeschichte auf ihren Konferenzen und in ihren Publikationen regelmäßig über Wege und Möglichkeiten, nicht-westlichen Perspektiven und ForscherInnen größere Sichtbarkeit zu verschaffen (z.B. durch Stipendien). Das neue EU-Forschungsprojekt GLOBAL-HOT an der Universität Darmstadt hat seine regionalen Fallstudien dezidiert an ForscherInnen aus den Regionen selbst vergeben.

hinterfragen – und den westlichen Weg in die technische Moderne, im Sinne von Chakrabarty,[150] nicht mehr als universal gültigen Normalfall, sondern als eine Möglichkeiten von vielen zu verstehen.

Literaturverzeichnis

Adas, Michael: Dominance by Design. Technological Imperatives and America's Civilizing Mission. Cambridge [u.a.] 2006.
Adas, Michael: Machines as the Measure of Men. Science, Technology, and Ideologies of Western Dominance. Ithaca 1989.
Aguiar, Marian: Tracking Modernity. India's Railway and the Culture of Mobility. Minneapolis 2011.
Andersen, Casper: British Engineers and Africa, 1875-1914. London 2011.
Arnold, David: Europe, Technology, and Colonialism in the 20th Century, in: History and Technology 21 (2005), S. 85-106.
Arnold, David: The Problem of Traffic. The Street-Life of Modernity in Late-Colonial India, in: Modern Asian Studies 46 (2012), S. 119-141.
Arnold, David: Everyday Technology. Machines and the Making of India's Modernity. Chicago 2013.
Arnold, David: Buring Issues. Cremation and Incineration in Modern India, in: NTM 24/4 (2016), S. 393-419.
Arnold, David/DeWald, Erich: Everyday Technology in South and Southeast Asia: An introduction, in: Modern Asian Studies 46 (2012), S. 1-17.
Bair, Jennifer (Hg.): Frontiers of Commodity Chain Research. Palo Alto 2009.
Barles, Sabine: Feeding the city. Food consumption and flow of nitrogen, Paris, 1801-1914, in: The Science of the Total Environment 375/1-3 (2007), S. 48-58.
Basalla, George: The Spread of Western Science, in: Science 156 (1967), S. 611-622.
Bassett, Ross: The Technological Indian. Cambridge/London 2016.
Bayly, Christopher A.: The Birth of the Modern World, 1780-1914. Global Connections and Comparisons. Oxford 2004.
Beattie, James: Empire and Environmental Anxiety. Health, Science, Art and Conservation in South Asia and Australasia. Basingstroke 2011.
Beattie, James: Recent Themes in the Environmental History of the British Empire, in: History Compass 10/2 (2012), S. 129-139.
Beattie, James/Morgan, Ruth: Engineering Edens on this 'Rivered Earth'? A Review Article on Water Management and Hydro-Resilience in the British Empire, 1860s – 1940s, in: Environment and History 23/1 (2017), S. 39-63.

150 Chakrabarty, Europe.

Beattie, James u.a. (Hg.): Eco-Cultural Networks and the British Empire. New Views on Environmental History. London 2015.

Beckert, Sven: King Cotton. Eine Geschichte des globalen Kapitalismus. München 2014.

Beeckmans, Luce: Editing the African City. Reading Colonial Planning in Africa from a Comparative Perspective, in: Planning Perspectives 28/4 (2013), S. 615-627.

Beinart, William/Hughes, Lotte: Environment and Empire. Oxford 2007.

Belliger, Andréa/Krieger, David J. (Hg.): ANThology. Ein einführendes Handbuch zur Akteur-Netzwerk-Theorie. Bielefeld 2006.

Bennett, Brett M./Hodge, Joseph M. (Hg.): Science and Empire. Knowledge and Networks of Science across the British Empire, 1800-1970. Basingstroke 2011.

Brase, Jörg: Handyboom in Afrika. Technik, die die Welt verändert, in: makro, Afrika Digital, 3sat, 9.12.2016, https://www.3sat.de/page/?source=/makro/magazin/doks/190290/index.html (acc. 31.1.2018).

Bray, Francesca: Internationalization and the Art of Translation, in: Technology and Culture 58/3 (2017), S. 815-834.

Bray, Francesca: Only Connect. Comparative, National, and Global History as Frameworks for the History of Science and Technology in Asia, in: East Asian Science, Technology and Society 6/2 (2012), S. 233-241.

Brockway, Lucille: Science and Colonial Expansion. The Role of the British Royal Botanical Gardens. New York 1979.

Broich, John: Engineering the Empire. British Water Supply Systems and Colonial Societies, 1850-1900, in: Journal of British Studies 46 (2007), S. 346-365.

Carson, Rachel: Silent Spring. Boston 1962.

Castells, Manuel u.a.: Mobile Communication and Society. A Global Perspective. Cambridge 2007.

Chakrabarty, Dipesh: Provincializing Europe. Postcolonial Thought and Historical Difference. New Delhi 2000.

Chikowero, Moses: Subalternating Currents. Electrification and Power Politics in Bulawayo, Colonial Zimbabwe, 1894-1939, in: Journal of Southern African Studies 33 (2007), S. 287-306.

Choi, Hyungsub: The Social Construction of Imported Technologies. Reflections on the Social History of Technology in Modern Korea, in: Technology and Culture 58/4 (2017), S. 905-920.

Comin, Diego: The Evolution of Technology Diffusion and the Great Divergence, paper presented at the Brookings Blum Roundtable, 8.8.2014 (http://www.dartmouth.edu/~dcomin/files/brookings%20blum%20roundtable.pdf) (acc. 31.1.2018).

Conrad, Sebastian: Globalgeschichte. Eine Einführung. München 2013.

Conrad, Sebastian/Eckert, Andreas: Globalgeschichte, Globalisierung, multiple Modernen. Zur Geschichtsschreibung der modernen Welt, in: Sebastian Conrad u.a. (Hg.): Globalgeschichte. Theorien, Ansätze, Themen. Frankfurt/New York 2007, S. 7-47.

Cooper, Barbara M.: Oral Sources and the Challenge of African History, in: John Edward Philips (Hg.): Writing African History. Rochester 2005, S. 191-216.

Cooper, Frederick: Kolonialismus denken. Konzepte und Theorien in kritischer Perspektive. Frankfurt/New York 2007.

Cronon, William: Nature's Metropolis. Chicago and the Great West. New York/London 1991.

Crosby, Alfred W.: The Columbian Exchange. Biological and Cultural Consequences of 1492. Santa Barbara 1972.

Crushman, Gregory T.: Guano and the Opening of the Pacific World. A Global Ecological History. New York 2013.

Diogo, Maria Paula/Laak, Dirk van: Europeans Globalizing. Mapping, Exploiting, Exchanging. London 2016.

Edgerton, David: Creole Technologies and Global Histories. Rethinking how Things Travel in Space and Time, in: History of Science and Technology Journal 1/1 (2008), S. 75-112.

Edgerton, David: The Shock of the Old. Technology and Global History since 1900. Oxford 2007.

Edwards, Paul N.: The Closed World. Computers and the Politics of Discourse in Cold War America. Cambridge 1996.

Edyedi, Tineke M./Mehos, Donna C. (Hg.): Inverse Infrastructures. Disrupting Networks from Below. Cheltenham/Northampton 2012.

Engels, Jens Ivo: Machtfragen. Aktuelle Entwicklungen und Perspektiven der Infrastrukturgeschichte, in: Neue Politische Literatur 55 (2010), S. 51-70.

Engels, Jens Ivo/Schenk, Gerrit Jasper: Infrastrukturen der Macht – Macht der Infrastrukturen. Überlegungen zu einem Forschungsfeld, in: Historische Zeitschrift, Beiheft 63 (2014), S. 22-58.

Epple, Angelika: Globale Machtverhältnisse, lokale Verflechungen. Die Berliner Kongokonferenz, Solingen und das Hinterland des kolonialen Waffenhandels, in: Christof Dejung/Martin Lengwiler (Hg.): Ränder der Moderne. Köln u.a. 2016, S. 65-91.

Epple, Angelika: Globalisierung/en, Version: 1.0, in: Docupedia-Zeitgeschichte, 11.06.2012 (= http://docupedia.de/zg/epple_globalisierung_v1_de_2012) (acc. 26.4.2018).

Evenden, Matthew: Aluminum, Commodity Chains, and the Environmental History of the Second World War, in: Environmental History 16 (2011), S. 69-93.

Feldkirchen, Wilfried: Siemens. From Workshop to Global Player. München/Zürich 2000.

Ferguson, Niall: Civilization. The West and the Rest. London 2011.

Fischer-Tiné, Harald: Pidgin-Knowledge. Wissen und Kolonialismus. Zürich 2013.

Frank, Susanne/Gandy, Matthew (Hg.): Hydropolis. Wasser und die Stadt der Moderne. Frankfurt/New York 2006.

Friedel, Robert D.: A Culture of Improvement. Technology and the Western Millennium. Cambridge 2007.

Frioux, Stéphane: Sanitizing the City. Transnational Work and Networks of French Sanitary Engineers, 1890s – 1930s, in: Rodogno, Davide u.a. (Hg.): Shaping the Transnational Sphere. Experts, Networks and Issues from the 1840s to the 1930s. New York 2015, S. 44-59.

Gandy, Matthew: Landscapes of Disaster: Water, Modernity, and Urban Fragmentation in Mumbai, in: Environment and Planning 40 (2008), S. 108-130.

Geertz, Clifford: Dichte Beschreibung. Beiträge zum Verstehen kultureller Systeme. Frankfurt 2003 (erstmals englisch 1973).

Gerstenberger, Debora/Glasman, Joël: Globalgeschichte mit Maß. Was Globalhistoriker von der Akteur-Netzwerk-Theorie lernen können“, in: dies. (Hg.): Techniken der Globalisierung. Globalgeschichte meets Akteur-Netzwerk-Theorie. Bielefeld 2016, S. 11-40.

Gerstenberger, Debora/Glasman, Joël (Hg.): Techniken der Globalisierung. Globalgeschichte meets Akteur-Netzwerk-Theorie. Bielefeld 2016.

Gewald, Jan-Bart u.a. (Hg.): The Speed of Change. Motor Vehicles and People in Africa, 1890-2000. Leiden/Boston 2009.

Gleitsmann, Rolf-Jürgen u.a.: Technikgeschichte. Konstanz 2009.

Graham, Stephen (Hg.): Disrupted Cities. When Infrastructure Fails. New York 2009.

Graham, Stephen/Marvin, Simon (Hg.): Splintering Urbanism. Networked Infrastructures, Technological Mobilities and the Urban Condition. London 2001.

Grewe, Bernd-Stefan: Raum und Macht. Eine Stoffgeschichte des Goldes im frühen 20. Jahrhundert, in: Jahrbuch für Wirtschaftsgeschichte 57/1 (2016), S. 59-90.

Gwilliam, Kenneth: Africa's Transport Infrastructure. Mainstreaming Maintenance and Management. Washington 2011.

Habermas, Rebekka/Przyrembel, Alexandra (Hg.): Von Käfern, Märkten und Menschen. Kolonialismus und Wissen in der Moderne. Göttingen 2013.

Hampf, M. Michaela/Müller-Pohl, Simone (Hg.): Global Communication Electric. Business, News and Politics in the World of Telegraphy. Frankfurt/New York 2013.

Hård, Mikael/Jamison, Andrew: Hubris and Hybrids. A Cultural History of Technology and Science. New York 2005.

Harding, Sandra G. (Hg.): The Postcolonial Science and Technology Studies Reader. Durham 2011.

Hartmann, Simon: Globalisierte Konfliktökonomie im Herzen Afrikas. Zur Rolle von Coltan im „Afrikanischen Weltkrieg“, in: zeitgeschichte 1 (2009), S. 20-32.

Hasenöhrl, Ute: Rural Electrification in the British Empire, in: History of Retailing and Consumption 4/1 (2018), S. 10-27.

Hausman, William J. u.a.: Global Electrification. Multinational Enterprise and International Finance in the History of Light and Power, 1878-2007. Cambridge 2008.

Headrick, Daniel R.: The Tools of Empire. Technology and European Imperialism in the Nineteenth Century. New York 1981.

Headrick, Daniel R.: The Tentacles of Progress. Technology Transfer in the Age of Imperialism, 1850-1940. New York 1988.

Headrick, Daniel. R.: Technology. A World History. Oxford u.a. 2009.

Headrick, Daniel R.: Power over Peoples. Technology, Environments, and Western Imperialism, 1400 to the Present. Princeton 2010.

Hecht, Gabrielle: Entangled Geographies. Empire and Technopolitics in the Global Cold War. Cambridge 2011.

Hecht, Gabrielle: Being Nuclear. Africans and the Global Uranium Trade. Cambridge 2012.

Heßler, Martina: Kulturgeschichte der Technik. Frankfurt am Main 2012.

Hoag, Heather J.: Transplanting the TVA? International Contributions to Postwar River Development in Tanzania, in: Comparative Technology Transfer and Society 4 (2006), S. 247-267.

Hoag, Heather J.: Developing the Rivers of East and West Africa. An Environmental History. London 2013.

Hodge, Joseph Morgan: Triumph of the Expert. Agrarian Doctrines of Development and the Legacies of British Colonialism. Athens 2007.

Holmes, Christina u.a. (Hg.): Beyond Imported Magic. Essays on Science, Technology and Society in Latin America. Cambridge 2014.

Home, Robert: Of Planting and Planning. The Making of British Colonial Cities. London 2013.

Hopkins, Antony G.: Globalization in World History. New York 2013.

Hughes, Thomas P.: Networks of Power. Electrification in Western Society 1880-1930. Baltimore 1983.

Hughes, Thomas P.: The Evolution of Large Technological Systems, in: Wiebe E. Bijker u.a. (Hg.): The Social Construction of Technological Systems. New Directions in the Sociology and History of Technology. Cambridge 1987, S. 51-82.

Hunt, Tristram: Ten Cities that Made an Empire. Milton Keynes 2015.

Hurd, John/Kerr, Ian J.: India's Railway History. A Research Handbook. Leiden 2012.

Inkster, Ian: Persuing Big Books. Technological Change in Global History, in: History of Technology 32 (2000), S. 233-253.

Jackson, Steven J.: Thinking Repair, in: Tarleton Gillespie u.a. (Hg.): Media Technologies. Essays on Communication, Materiality and Society. Cambridge 2014, S. 221-239.

Jones, Eric: The European Miracle. Environments, Economies and Geopolitics in the History of Europe and Asia. Cambridge 2003[3].

Kale, Sunila S.: Electrifying India. Regional Political Economies of Development. Stanford 2014.

Kerr, Ian J. (Hg.): Railways in Modern India. New Delhi 2001.

Kneitz, Agnes: German Water Infrastructures in China. Colonial Qingdao 1898-1914, in: NTM 24/4 (2016), S. 421-450.

König, Wolfgang: Technikgeschichte. Eine Einführung in ihre Konzepte und Forschungsergebnisse. Stuttgart 2009.

Krausmann, Fridolin: A City and Its Hinterland. Vienna's Energy Metabolism 1800-2006, in: Simron Jit Singh u.a. (Hg.): Long Term Socio-Ecological Research. Studies in Society-Nature Interactions Across Spatial and Temporal Scales. Heidelberg u.a. 2013, S. 247-268.

Krausmann, Fridolin/Fischer-Kowalski, Marina: Gesellschaftliche Naturverhältnisse. Globale Transformationen der Energie- und Materialflüsse, in: Reinhard Sieder/Ernst Langthaler (Hg.): Globalgeschichte 1800-2010, Wien 2010, S. 39-68.

Krebs, Stefan u.a. (Hg.): Kulturen des Reparierens. Dinge – Wissen – Praktiken. Bielefeld 2017.

Laak, Dirk van: Imperiale Infrastruktur. Deutsche Planungen für eine Erschließung Afrikas 1880 bis 1960. Paderborn u.a. 2004.

Lambert, David/Lester, Alan: Colonial Lives across the British Empire. Imperial Careering in the Long Nineteenth Century. Cambridge 2006.

Larkin, Brian: Pirate Infrastructures, in: Joe Karaganis/Natalie Jeremijenko (Hg.): Network/Netplay. Structures of Participation in Digital Culture. Durham 2005, S. 74-84.

Larkin, Brian: The Politics and Poetics of Infrastructure, in: Annual Review of Anthropology 42 (2013), S. 327-343.

Latour, Bruno: Eine neue Soziologie für eine neue Gesellschaft. Einführung in die Akteur-Netzwerk-Theorie. Frankfurt am Main 2007.

Lübke, Volkmar u.a.: Folgen der Globalisierung am Beispiel Handy. Bonn/Berlin 2015² (= http://germanwatch.org/de/2573) (acc. 31.1.2018).

MacLeod, Roy M.: Nature and Empire. Science and the Colonial Enterprise. Chicago 2000.

MacLeod, Roy M./Lewis, Milton (Hg.): Disease, Medicine and Empire. Perspectives on Western Medicine and the Experience of European Expansion. London/New York 1988.

Magee, Gary B./Thompson, Andrew S.: Empire and Globalisation. Networks of People, Goods and Capital in the British World, 1850-1914. Cambridge 2010.

Mamidipudi, Annapurna u.a.: Mobilising Discourses. Handloom as Sustainable Socio-Technology, in: Economic and Political Weekly 47/25 (2012), S. 41-51.

Mann, Michael: Geschichte Indiens. Vom 18. bis zum 21. Jahrhundert. Paderborn u.a. 2005.

Mann, Michael: Delhi's Belly. On the Management of Water, Sewage and Excreta in a Changing Urban Environment during the Nineteenth Century, in: Studies in History 23 (2007), S. 1-31.

Marsden, Ben/Smith, Crosbie: Engineering Empires. A Cultural History of Technology in Nineteenth-Century Britain. Basingstoke 2005.

Mavhunga, Clapperton Chakanetsa: Transient Workspaces. Technologies of Everyday Innovation in Zimabwe. Cambridge, London 2014.

McClellan III, James E./Dorn, Harold: Science and Technology in World History. An Introduction. Baltimore 2015[3].

McFarlane, Colin: Governing the Contaminated City. Infrastructure and Sanitation in Colonial and Post-Colonial Bombay, in: International Journal of Urban and Regional Research 32 (2008), S. 415-435.

McNeill, John R.: Something New Under the Sun. An Environmental History of the Twentieth-Century World. New York 2000.

Meiton, Fredrik: The Radiance of the Jewish National Home. Technocapitalism, Electrification, and the Making of Modern Palestine, in: Comparative Studies in Society and History 57 (2015), S. 975-1006.

Möllers, Nina/Dewalt, Bryan (Hg.): Objects in Motion. Globalizing Technology. Washington 2016.

Monstadt, Jochen/Schramm, Sophie: Beyond the Networked City? Suburban Constellations in Water and Sanitation Systems, in: Roger Keil (Hg.): Suburban Constellations. Governance, Land and Infrastructure in the 21st Century. Berlin 2013, S. 85-94.

Monstad, Jochen u.a. (Hg.): Translating the Networked City. Urban Infrastructures in Nairobi and Dar es Salaam. London u.a. 2019 (im Erscheinen).

Moon, Suzanne: Place, Voice, Interdisciplinarity. Understanding Technology in the Colony and Postcolony, in: History and Technology 26 (2010), S. 189-201.

Moss, Timothy: Socio-technical Change and the Politics of Urban Infrastructure. Managing Energy in Berlin between Dictatorship and Democracy, in: Urban Studies 51 (2014), S. 1432-1448.

Müller, Simone M.: Wiring the World. The Social and Cultural Creation of Global Telegraph Networks. New York 2016.

Needham, Joseph u.a. (Hg.): Science and Civilization in China (24 Bd.). Cambridge 1954-.

Nilsson, David: The Unseeing State. How Ideals of Modernity Have Undermined Innovation in Africa's Urban Water Systems, in: NTM 24/4 (2016), S. 481-510.

Osterhammel, Jürgen: Die Flughöhe der Adler. Historische Essays zur globalen Gegenwart. München 2017.

Osterhammel, Jürgen: Die Verwandlung der Welt. Eine Geschichte des 19. Jahrhunderts. München 2011.

Parthasarathi, Prasannan: Why Europe grew rich and Asia did not. Global Economic Divergence, 1600-1850. Cambridge 2011.

Peckham, Robert/Pomfret, David M. (Hg.): Imperial Contagions. Medicine, Hygiene, and Cultures of Planning in Asia. Hong Kong 2013.

Pernau, Margit: Global history – Wegbereiter für einen neuen Kolonialismus? in: Connections, 17.12.2004 (www.connections.clio-online.net/article/id/artikel-572) (acc. 31.1.2019).

Phalkey, Jahnavi: Introduction [zum Fokus "Science, History, and Modern India"], in: Isis 104/2 (2013), S. 330-336.

Pomeranz, Kenneth: The Great Divergence. China, Europe and the Making of the Modern World Economy. Princeton 2000.

Popplow, Marcus: Technik als Faktor des Europäischen Sonderwegs in die Industrialisierung. Neuere Publikationen zu einer offenen Frage, in: NTM 20 (2012), S. 133-144.

Popplow, Marcus: Technology and Technical Knowledge in the Debate about the "Great Divergence", in: Artefact 4 (2016), S. 275-285 (http://journals.openedition.org/artefact/485) (acc. 31.01.2019).

Prior, Christopher: Exporting Empire. Africa, Colonial Officials and the Construction of the British Imperial State, c. 1900-39. Manchester 2013.

Quark, Amy A.: Toward a new Theory of Change. Socio-Natural Regimes and the Historical Development of the Textiles Commodity Chain, in: Review: A Journal of the Fernand Braudel Center for the Study of Economies, Historical Systems and Civilizations 31/1 (2008), S. 1-37.

Radkau, Joachim: Natur und Macht. Eine Weltgeschichte der Umwelt. München 2000.

Rao, Srinivasa/Lourdusamy, John: Colonialism and the Development of Electricity. The Case of Madras Presidency, 1900-1947, in: Science, Technology & Society 15 (2010), S. 27-54.

Rhodes, Richard, Dark Sun. The Making of the Hydrogen Bomb. New York 1995.

Rieger, Bernhard, The People's Car. A Global History of the Volkswagen Beetle. Cambridge 2013.

Riello, Giorgio/Parthasarathi, Prasannan (Hg.): The Spinning World. A Global History of Cotton Textiles, 1200-1850, Oxford 2009.

Rodogno, Davide u.a. (Hg.): Shaping the Transnational Sphere. Experts, Networks and Issues from the 1840s to the 1930s. New York 2015.

Rosenberg, Emily S. (Hg.): 1870-1945. Weltmärkte und Weltkriege (= Geschichte der Welt, Bd. 5). München 2012.

Sangprasert, Witthawin/Pharino, Chanathip: Environmental Impact Evaluation of Mobile Phone via Life Cycle Assessment. Paper presented at the 3rd International Conference on Chemical, Biological and Environmental Sciences (ICCEBS 2013), January 8-9, 2013 Kuala Lumpur (Malaysia). http://psrcentre.org/images/extraimages/16.%20113611.pdf (acc. 14.2.2018).

Sangwan, Satpal: Science, Technology and Colonisation. An Indian Experience, 1757-1857. Delhi 1991.

Saunier, Pierre-Yves: Transnational History. Basingstoke 2013.

Saylor, Michael: The Mobile Wave. How Mobile Intelligence Will Change Everything. New York 2012.

Schäfer, Dagmar/Popplow, Marcus: Einleitung Technik und Globalgeschichte. Globalisierung, Kulturvergleich und transnationaler Techniktransfer als Herauforderung für die Technikgeschichte, in: Technikgeschichte 80/1 (2013), S. 3-11.

Schiebinger, Londa [2005]: Prospecting for Drugs. European Naturalists in the West Indies, in: Sandra Harding (Hg.): The Postcolonial Science and Technology Studies Reader. Durham 2011, S. 110-126.

Schott, Dieter u.a. (Hg.): Resources of the City. Contributions to an Environmental History of Modern Europe. Aldershot 2005.

Schröder, Iris/Höhler, Sabine (Hg.): Welt-Räume. Geschichte, Geographie und Globalisierung seit 1900. Frankfurt/New York 2005.

Schulze, Frederik: ANT und Globalgeschichte. Ein erster Eindruck, in: Debora Gerstenberger/Joël Glasman (Hg.): Techniken der Globalisierung. Globalgeschichte meets Akteur-Netzwerk-Theorie. Bielefeld 2016, S. 281-290.

Shamir, Ronen: Current Flow. The Electrification of Palestine. Palo Alto 2013.

Shamir, Ronen: Electricity and Empire in 1920s Palestine under British Rule, in: NTM 24/4 (2016), S. 451-480.

Showers, Kate B.: Electrifying Africa. An Environmental History with Policy Implications, in: Geografiska Annaler, Series B (2011), S. 193-221.

Siddiqi, Asif A.: Competing Technologies, National(ist) Narratives, and Universal Claims. Towards a Global History of Space Exploration, in: Technology and Culture 41/2 (2010), S. 425-443.

Siebenhüner, Kim: Die Mobilität der Dinge. Ansätze zur Konzeptualiseirung für die Frühneuzeitforschung, in: Annette Caroline Cremer/Martin Mulsow (Hg.): Objekte als Quellen der historischen Kulturwissenschaften. Stand und Perspektiven der Forschung. Köln 2017, S. 35-46.

Silva, Carlos Nunes (Hg.): Urban Planning in Sub-Saharan Africa. Colonial and Postcolonial Planning Cultures. New York 2015.

Silver, Jonathan: Incremental Infrastructures. Material Improvisation and Social Collaboration across Post-Colonial Accra, in: Urban Geography 35 (2014), S. 788-804.

Simone, AbdouMaliq: People as Infrastructure. Intersecting Fragments in Johannesburg, in: Public Culture 16 (2004), S. 407-429.

Sorabji, Richard: Electrifying New Zealand, Russia and India. The Three Lifes of Engineer Allan Monkhouse. Milton Keynes 2014.

Stegbauer, Christian (Hg.): Netzwerkanalyse und Netzwerktheorie. Ein neues Paradigma in den Sozialwissenschaften. Wiesbaden 2008.

Sunderland, David: Managing British Colonial and Post-Colonial Development. The Crown Agents, 1914-1974. Suffolk 2007.

Terreni Brown, Stephani: Kampala's Sanitary Regime. Whose Toilet Is It anyway? in: Stephen Graham/Colin McFarlane (Hg.): Infrastructural Lives. Urban Infrastructure in Context. London/New York 2014, S. 153-173.

Tischler, Julia: Light and Power for a Multiracial Nation. The Kariba Dam Scheme in the Central African Federation. Basingstoke/New York 2013.

Trentmann, Frank: Empire of Things. How We Became a World of Consumers, from the Fifteenth Century to the Twenty-first. London 2016.

Van der Straeten, Jonas/Hasenöhrl, Ute: Connecting the Empire. New Research Perspectives on Infrastructures and the Environment in the (Post)Colonial World, in: NTM 24/4 (2016), S. 355-391.

Van der Vleuten, Erik: Toward a Transnational History of Technology. Meanings, Promises, Pitfalls, in: Technology and Culture 49/4 (2008), S. 974-994.

Van der Vleuten, Erik: Understanding Network Societies. Two Decades of Large Technical System Studies, in: Erik van der Vleuten/Arne Kaijser (Hg.): Networking Europe. Transnational Infrastructures and the Shaping of Europe, 1850-2000. Sagamore Beach 2006, S. 279-314.

Weber, Heike: Das Versprechen mobiler Freiheit. Zur Kultur- und Technikgeschichte von Kofferradio, Walkman und Handy. Bielefeld 2008.

Weber, Heike: Urbanisierung und Umwelt. Ein Plädoyer für den Blick auf Materialitäten, Ressourcen und urbane ‚Metabolismen', in: Informationen zur modernen Stadtgeschichte 2 (2012), S. 28-35.

Wendt, Helge: Becoming Global. Difficulties for European Historiography in Adopting Categories of Global History, in: Sonja Brentjes u.a. (Hg.): 1001 Distortions. How (Not) to Narrate History of Science, Medicine and Technology in Non-Western Cultures. Würzburg 2016, S. 39-51.

Wenzlhuemer, Roland: Connecting the Nineteenth-Century World. The Telegraph and Globalization. Cambridge 2013.

Wenzlhuemer, Roland: Globalgeschichte schreiben. Eine Einführung in 6 Episoden. Konstanz/München 2017.

Weyer, Johannes (Hg.): Soziale Netzwerke. Konzepte und Methoden der sozialwissenschaftlichen Netzwerkforschung. München 2014^3.

Winther, Tanja: The Impact of Electricity. Development, Desires and Dilemmas. New York 2011.

Wohlfahrt, Miriam: Afrika zeigt der Welt, wie mobiles Bezahlen geht, in: Die Welt, 9.3.2017. https://www.welt.de/wirtschaft/bilanz/article162694583/Afrika-zeigt-der-Welt-wie-mobiles-Bezahlen-geht.html (acc. 2.5.2018).

Yepes, Tito u.a.: Making Sense of Africa's Infrastructure Endowment' (= Policy Research Working Paper 4912). Washington 2009.

Zeheter, Michael: Epidemics, Empire, Environment. Cholera in Madras and Quebec City, 1818-1910. Pittsburgh 2015.

David Gugerli und Daniela Zetti

Computergeschichte als Irritationsquelle

In einer Gesellschaft, die ihre kommunikativen Interaktionen an rechnergestützte Netzwerke delegiert hat, ist Veränderung und Beschleunigung der Normalfall, nur der Wandel ist konstant. Die „digitale Gesellschaft" zu beschreiben und zu deuten könnte für Historikerinnen und Historiker also besonders interessant sein. Denn Geschichtswissenschaft untersucht Wandel.[1]

Allerdings ist die gesellschaftliche Nutzung von Rechnern seit der Mitte des 20. Jahrhunderts aus Situationen entstanden, die von ihren Advokaten und Gegnern meistens als „präzedenzlos" beschrieben wurden. Computerentwicklung zeichnete sich durch große Erfahrungsdefizite und massive Erwartungsüberschüsse aus, hatte also stets wenig Geschichte und dafür umso mehr Zukunft anzubieten. Dafür sind Historikerinnen und Historiker nicht zuständig.

Historikerinnen und Historiker, die sich nicht für Wandel interessieren, weil dieser Wandel zu sehr nach Zukunft riecht, verpassen jedoch mehr als die Selbstbeschreibung technischer Akteure. Was verloren geht, sind historisch bedeutsame Erzählungen, mit denen Präzedenzlosigkeit überhaupt erst auszuhalten ist. Für die Technikgeschichte des Computers heißt das, dass Geschichten auch dort, wo es fast ausschließlich um Zukunft ging, eine Ersatzsicherheit und Orientierungsressource geboten haben und darum kaum zu vermeiden waren.

Computerentwickler und -entwicklerinnen arbeiten nicht nur an Geräten, Sprachen, Protokollen und Programmen. Sie entwerfen und verwerfen Geschichten digitaler Zukünfte und versuchen damit, ihre Deutungshoheit über technischen Wandel zu sichern. Die folgenden Überlegungen werden der Frage nachgehen, zu welchen produktiven Verunsicherungen die Beschäftigung mit Computergeschichten führen kann und wie man mit ihnen einen frischen Wind in die Technikgeschichte bringen könnte. Computerhistorikerinnen und -historiker brauchen auch Zukunft und finden sie am ehesten, wenn sie Fragen stellen, bestehende Narrative kritisch betrachten und sie durch neue ersetzen.

---

1 Wir verstehen die digitale Gesellschaft als eine Selbstbeschreibungsform von Gesellschaften, die für ihre Funktionen und Leistungen Netzwerke und Computer verwenden. Sie lösen im Verbund mit der Konsum-, der Informations- und der Wissensgesellschaft, die Industriegesellschaft als dominante gesellschaftliche Selbstbeschreibungsform ab. Gugerli/Zetti, Gesellschaft, S. 1.

 | DOI:10.30965/9783657792337_007

Wir werden gleichzeitig technikhistorisch und historiografisch vorgehen. Die Historisierung des Computers in der zweiten Hälfte des 20. Jahrhunderts soll als Effekt der untrennbaren Veränderungen seiner technischen und narrativen Entwicklung verständlich gemacht werden. Wir interessieren uns dafür, wie in Entwicklerdiskursen Zukunft hergestellt und verbraucht wird. Beim Entwickeln, beim Betreiben, beim Umstellen von Maschinen und Programmen ergibt sich fast von selbst eine Geschichtlichkeit des Feldes. Dort aber, wo Akteure in Communities eingeteilt worden sind – etwa in eine industrielle und eine akademische Entwicklergemeinschaft – wurde die neue Ordnung historisch hergestellt. Solche Ordnungen sind abhängig von der Möglichkeit, auf Dokumente rekurrieren zu können und daraus neue Erzählungen zu entwickeln. Professionelle Historikerinnen und Historiker können sich hier besonders gut freischwimmen – und verschwinden nicht selten im Strudel der Vorgeschichte des Digitalen. Gegen Ende der 1980er Jahre führte dies zu einer ersten kritischen Sichtung der computerhistorischen Literatur, die auch einige programmatische Anregungen bot. Es gehört zu den merkwürdigen Koinzidenzen der Geschichte, dass sich die Zukunft just in dem Moment, als die Computergeschichte durch massiven methodischen und konzeptionellen Import neue Blüten trieb, ganz vehement zurückgemeldet hat. In den 1990er Jahren erzwang der für Historikerinnen und Historiker ganz unerwartete Medienboom eine ahistorisch-anthropologische, ästhetisch-mediale Behandlung des Digitalen. Das Programm zur Suche nach der Vorgeschichte des Digitalen wurde umgeschrieben – erklärungsbedürftig wurde die Entwicklung von Kommunikationsnetzen. Computeranlagen und ihre Konzepte fielen aus der Geschichte heraus. Das mag für die Computergeschichte dann ein Problem sein, wenn die Technikgeschichte ihre Erfolgsaussichten an die Stabilität ihrer Gegenstände knüpft. Zukunftsträchtiger scheint uns, das Problem weder im Gegenstand noch im „disziplinären" Feld zu suchen, sondern ganz auf Fragestellungen zu setzen. Eine problemorientierte Technikgeschichte des 21. Jahrhunderts sollte dazu in der Lage sein, wenn sie Computergeschichte als erquickende Irritationsquelle liest.

1. Entwicklerdiskurse und verbrauchte Zukunft

„Erfinder", so ist das Wort wohl zu verstehen, suchen nach Komponenten einer zukünftigen Maschine, beginnen das Gefundene anders zu betrachten und wollen es auf originelle Weise zusammenbauen. „Entwickler", ihre bei der Industrie festangestellten Kollegen, mögen beim Bergen brauchbarer Teile für neue Vorrichtungen etwas systematischer vorgehen. Beide haben aber eine einigermaßen klare Vorstellung davon, was entstehen soll. Sie arbeiten an Dingen mit denkbaren, vorläufigen Anwendungsgebieten.

Solche hypothetischen, in der Werkstatt oder im Labor erdachten Anwendungen werden danach noch oft überarbeitet, als Gerät wie als Anwendung. Viele Versuche müssen sie überstehen, bis sich ihr praktischer Einsatz einem hypothetischen genähert haben wird. Die in der Werkstatt oder im Labor erfundene Brauchbarkeit von Geräten, Substanzen, Programmen und Prozessen wird schnell bedeutungslos und muss entsorgt werden. Von Marconis Arbeit an drahtlos gesteuerten Torpedos bis zur versicherungstechnisch genutzten Radiotelegrafie, mit der Dampfschiffe ihre Notrufsignale absetzen oder Wetterberichte empfangen und senden können, war es ein weiter Weg, auch wenn sie fast die gleiche „Erfindung" verwendeten.[2]

Diese Überarbeitungen machen die frühen Entwürfe von Technologien weder zu Hirngespinsten noch zu visionären Produkten. Bevor sie als das eine disqualifiziert und als das andere nobilitiert werden können, müssen Entwürfe noch radikalere Erwartungen aufbauen und viele Erwartungsenttäuschungen überstehen. Das heißt, es muss Zeit vergehen, damit die Erfindung vom bloß Verrückten unterscheidbar wird und am richtigen Ort zu liegen kommt. Ohne Referenz auf Entwürfe haben technische Entwicklungen keine Zukunft, und ohne den Vorgriff auf die Zukunft gibt es keine gegenwärtige Entwicklungsarbeit. Auf Technologien, die wie der programmierbare elektronische Computer als präzedenzlos eingeschätzt werden, lastet ein besonders hoher Rechtfertigungsdruck. Die frühen Advokaten des Rechners durften nicht müde werden, die großartige Zukunft ihrer Maschinen und Anwendungen zu erklären, und zwar allen, die es hören wollten und ganz besonders allen anderen, die bislang und möglicherweise mit guten Gründen skeptisch geblieben waren.

Mit der Vergangenheit als argumentativer Ressource war unter solchen Bedingungen nicht viel zu erreichen. Allerdings wurde das Kalkül darüber, was die Zukunft bringen soll, meist schneller als erwartet von der Gegenwart eingeholt und musste, um weiterhin glaubhaft zu bleiben, immer wieder in eine frische Zukunft geschickt, also revidiert werden. In solchen Momenten erhielt die zukunftsfrohe Computertechnologie unverhofft eine erzählbare Geschichte. „Ursprünglich" seien Computer hergestellt worden, um massenhaft anfallende Verwaltungsakte quasi-industriell zu prozessieren, hielten die beiden Computerentwickler Murray L. Lesser und John W. Haanstra im Dezember 1956 fest. Wo sie diesen Ursprung genau sahen, sagten sie nicht. Er lag aber sicher in der Vergangenheit und ließ sich narrativ adressieren. Entscheidend

2 Garratt, Radio; White, Invention; Scholl, Marconi.

ist, dass *der Ursprung* erst in dem Moment thematisiert wird, wo dezidiert eine neue Zukunft erzeugt werden soll. Bei IBM war dies um 1956 der Fall. Datenverarbeitung sollte nicht mehr im Modus des Fließbandes und mit aufwändig sortierten, ordentlich gestapelten Lochkarten stattfinden. Man wollte sich von der Stapelverarbeitung uniformer Daten emanzipieren und Computern mit Random Access auf neuartige Trommelspeicher eine attraktive Zukunft versprechen. Darum war eine Vergangenheit herzustellen, die sich mit dem Wort „ursprünglich" hervorbringen ließ. Beim Entwickeln von Computern entstehen historische Deutungsangebote, ja Geschichte, weil der Entwicklerdiskurs historisch zu argumentieren hat, wenn er eine neue Zukunft braucht.[3]

Computergeschichte entstand mit anderen Worten in den 1950er Jahren aus entwicklungsstrategischen Distinktionsakten. In den 1960er Jahren ergab sie sich auch aus dem höchst gegenwärtigen Betrieb von Rechnern: In Rechenzentren war es unvermeidlich, dass alte und neue Maschinen zusammenkamen. Drucker und Stanzgeräte für Lochkarten, die mit den Hollerithmaschinen der Datenverarbeiter verbunden gewesen waren, standen neben Trommelspeichern, Magnetbandstationen und Festplatten. Altes arbeitete neben, vor und hinter Neuem (oder umgekehrt) und sorgte damit für betrieblichen Aufwand und Ärger. Darüber hinaus dokumentierten Rechenzentren der 1960er Jahre die Geschichte ihres Betriebs. Logfiles zeichneten die Aktivitäten „im Rechner", zwischen Rechnern und „im Netzwerk" auf. Sie erinnerten die „User" und „Administratoren" daran, was im Betrieb „gelaufen war" und was nicht geklappt hatte. Selbst Computer vergaßen manche Dinge nicht und markierten Datensätze mit „time stamps", sie protokollierten „Interventionen" von Komponenten und Nutzern und sie zeichneten auf, wer die gültige Version eines Anwendungsprogramms oder eines Betriebssystems verändert hatte. Immer dann, wenn der Betrieb in eine Krise geriet bzw. das System zusammenbrach, wurde diese vom Computer aufgeschriebene Chronik zur Voraussetzung für die Wiederaufnahme aller unterbrochenen Prozesse.[4]

Während Entwicklerinnen und Entwickler einen Ursprung für ihre Zukunftskonzepte brauchten und Rechenzentren ihre betrieblichen Aktivitäten aufzeichneten, entwickelte die Computerbranche eine ganze Reihe von protohistorischen Orientierungshilfen. In den 1950er und 1960er Jahren ließen sich gleich mehrere Formen der Selbsthistorisierung ausmachen. Die populärste und vielleicht naheliegendste war die *genealogische Nummerierung*. Konrad Zuse sprach vom Z1, vom Z2, vom Z3 und am liebsten vom Z4. Mit dieser aus

---

3 Gugerli, Computer; Hollander, Data Processing; Lesser/Haanstra, RAMAC.

4 Austrian, Hollerith; Gugerli/Mangold, Betriebssysteme; Sandner/Spengler, Datenverarbeitung.

den Trümmern des „Dritten Reichs“ ragenden Maschinenreihe wollte er den Anschluss an elektronische und programmierbare Rechner der Nachkriegszeit genealogisch geschafft haben.[5] Auch die vier Harvardrechner Mark I bis Mark IV setzten auf diese Erbfolgetechnik.[6] Die Maschinennummerierung bei IBM war etwas komplexer. Zum einen hing dies mit der ungleich größeren Produktpalette zusammen, zum andern aber lag es auch daran, dass manche Maschinen zwar eine Nummer hatten, aber gar nie gebaut wurden. Sie blieben reine Papiertiger. Allerdings brachten solche Maschinen nicht nur eine überbordende Vielfalt in den Maschinenpark, sie dramatisierten auch das genealogische Ordnungssystem. Denn im Katalog bemerkte man dank der Lücken und Diskontinuitäten in der Thronfolge den vielversprechenden Einfall der Zukunft in die Gegenwart verfügbarer Leistungsklassen. Das diskontinuierliche Hochzählen der Maschinenklasse zeigte an, dass man sich als IBM-Kunde auf dem richtigen Weg befand und die Entwicklung auch bemerkenswerte Sprünge machte.[7]

Genealogien suggerieren herrschaftliche und unternehmerische Stabilität, mögen auf Normtreue verweisen, Leistungsklassen anzeigen sowie Robustheit und industrielle Tradition dokumentieren. In der Computerwelt erleichterten Genealogien die Verständigung zwischen denen, die Computer herstellten, verkauften, programmierten und erwarben. Sie wiesen ihnen und den Maschinen einen Platz in den Annalen der Computerindustrie und in den Rechenzentren zu. Diese Etikettierungspraxis war auch bei den Programmiersprachen attraktiv und lässt sich bereits bei FORTRAN beobachten. Frühe Teile dieser Sprache existierten schon 1954, aber erst 1957 gab es dafür auch einen als marktreif bezeichneten Compiler, der zusammen mit den IBM 704 Maschinen ausgeliefert werden konnte. Dass 1958 auf FORTRAN eine Sprache namens FORTRAN II folgte, bedeutete zweierlei: FORTRAN musste jetzt FORTRAN I genannt werden und FORTRAN III lag im Erwartungshorizont. Doch jede genealogische Legitimation birgt auch ihre Risiken. FORTRAN III wurde nie veröffentlicht, FORTRAN IV hingegen zwischen 1962 und 1966 gleich in verschiedenen Varianten. Danach war eine Neuordnung der Fortranwelt angesagt, und das hieß von der abgenutzten genealogischen auf eine generalisierbare *chronologische Ordnung* zu setzen. Jedenfalls wurde die Weiterentwicklung von FORTRAN IV mit dem genauen Label x3.9-1966 als FORTRAN 66 bezeichnet und sofort ISO zertifiziert. Dass FORTRAN 77 erst 1978 erschien und einen für 1982 geplanten, lange etwas vage als Fortran 8x bezeichneten Nachfolger hatte, der als Fortran

5 Bauer/Wössner, Plankalkül; Bruderer, Zuse; Füßl, Zuse; Güntsch, Zuse.
6 Bashe, Constructing; Cohen/Aspray, Aiken; Postley, Mark IV; Williams, Numbers.
7 Bashe u. a., IBM.

90 im Jahr 1991 zertifiziert wurde, machte die Sache zwar nicht übersichtlich, aber wenigstens chronologisch nachvollziehbar.[8]

Bei der anbieterunabhängigen Programmiersprache Algol 60, die zwischen 1957 und 1963 in internationalen Gremien entwickelt wurde, hatte man von Anfang an auf eine allgemeinverständliche, chronologische Ordnung geachtet, kam damit aber nicht sehr weit. Bereits Algol 68 führte zu einem eigentlichen Schisma unter den Programmiersprachenentwicklern. Dass Niklaus Wirth, der zur notorischen Algol 68-Opposition zählte, seine eigene Programmiersprache seit 1970 Pascal nannte, war ein Akt des Ungehorsams gegenüber dem auf internationale Gremienarbeit setzenden Teil der Programmiererzunft. Zwar hatte das Etikett „Algol 68" ganz hübsch an eine wissenschaftliche Zitationsweise erinnert. Mit der betont mathematikhistorischen Referenz „Pascal" war Wirth aber auf ein Branding umgestiegen, das wohl als *invention of tradition* einer auf akademische Meriten ihres Faches setzenden Gemeinschaft gedeutet werden sollte.[9]

Wesentlich abstrakter als das genealogische und das chronologische Ordnungsverfahren war eine in den 1960er Jahren entwickelte, quasiwissenschaftliche Ordnungsmethode für Computer: *Moore's Law*. Es abstrahierte vom Maschinentyp, vom Hersteller, vom Verwendungstyp und von der Architektur der Rechner und setzte allein auf die jährliche Wachstumsrate der Prozessorleistung. Sie habe sich, so beobachtete der bei Fairchild Semiconductors angestellte Elektroingenieur Gordon Moore, ungefähr alle 1,5 Jahre verdoppelt. Damit gelang es Gordon Moore, die an disruptiven Wendungen besonders reiche Computerindustrie auf einen kontinuierlichen Wachstumspfad zu setzen, der aus der beobachtbaren Vergangenheit kam, in der Gegenwart wirkte und die Zukunft stabilisierte.[10] Eines aber konnte *Moore's Law* nicht leisten: Es erlaubte keine markante Abschnittbildung. Jeder Prozessor war seinem Vorgänger und Nachfolger im Prinzip gleichgestellt. Auf seiner geometrischen Reihe ließen sich zwar Prozessoren eintragen, und manche mögen auch bekannter geworden sein als andere. Meilensteine, Brüche, besondere Verschiebungen lassen sich auf der Kurve von Gordon Moore jedoch nicht erkennen. Da läuft alles viel zu glatt.

Wer größere Zeiträume argumentativ überbrücken wollte, wer dafür Zäsuren und qualitative Sprünge brauchte und dennoch für die ganze Branche sprechen wollte, griff darum auf ein fast schon archaisches Ordnungsprinzip

---

8 Backus, Fortran; Chivers/Clark, Fortran; Greenfield, Fortran; Heising, Fortran; Muxworthy, Fortran.

9 Wirth, Pascal.

10 Ceruzzi, Moore.

zurück, das Rechner nach ihren elementaren elektronischen Komponenten klassifizierte. Mit stupender Leichtigkeit ließ sich so von einer elektromechanischen, einer elektronischen und einer transistorisierten *Generation* von Rechnern sprechen. Das bot eine argumentative Beweglichkeit, die weder homogene Wachstumsraten mit Fähnchen zu unterbrechen hatte noch mit den genealogischen und chronologischen Verhältnissen einzelner Firmen oder mit den programmiertechnischen Traditionen vertraut sein musste.[11]

2. Computerwissenschaft und historische Ordnung

Die Suche nach der Historizität im Feld der Computerentwicklung ist ganz offensichtlich nicht allein der *déformation professionelle* der Historikerin und des Historikers geschuldet. Historizität ist aus zahlreichen, heterogenen Gründen entstanden. *Digitale Gesellschaften* (d.h. Assoziationen, User Communities oder Entwicklergemeinschaften) mochten noch so interessiert sein an der Entwicklung einer ganz anderen Zukunft – sie hatten immer auch ein vitales Interesse an historischer Orientierung und sind in starkem Maß auf Monitoring, Reporting und Dokumentation und damit auf Archive angewiesen. Seit sie sich entwickelten, erstellten sie Backups, druckten Befehlssammlungen und Instruktionen. Sie produzierten und zirkulierten Evaluationen in Gremien, sammelten und kommentierten Konferenzbeiträge und setzten sie der kritischen Beurteilung durch Kollegen aus.[12]

Digitale Gesellschaften begannen schon früh mit der eigenen Vergangenheit zu rechnen und sie nutzten sie als argumentative Ressource. Die Produktion von Zukunft als explizite Differenz zur Vergangenheit war gerade in rechnergestützten Öffentlichkeiten jedoch auch ein Spiel mit dem Feuer. Wer sagen konnte, wie es früher oder ursprünglich gewesen war, geriet schnell in Verdacht, nicht mehr Zukunft gestalten zu wollen. So dauerte es relativ lange, bis einige Computerspezialisten ihre Erinnerungen an ursprüngliche Intentionen nicht bloß als Startrampe für Zukunftsentwürfe nutzten, sondern das „von den Propheten" Gehörte in dokumentarischer Absicht zu systematisieren begannen. Sie verzichteten damit auf das sehr gegenwärtige „ich aber sage euch" und pflegten – meistens am Ende ihrer Karriere oder beim Wechsel von der Industrie zur Akademie – eine vom Deklamatorischen entlastete Argumentationskultur, die der Computerbranche als wissenschaftliche Legitimationsquelle

11 Denning, Generation; Postley/Jackabson, Generation; Press u. a., Generation; Williams, Preview.

12 Gugerli, Computer.

diente. Geschichte, die sich aus Entwicklerdiskursen ergibt, ist nicht selten ein Entwicklungssymptom ihrer Vertreter und Communities.

Das lässt sich an folgendem Beispiel gut illustrieren: Der britische Informatiker Brian Randell gehörte zu den ersten Computerspezialisten, die sich um die Ursprünge digitaler Computer zu kümmern begannen. Randell war von 1957 bis 1964 bei der Kernenergieabteilung der Englischen Elektrizitätsgesellschaft mit der Compilerentwicklung für Algol 60 beschäftigt gewesen. Danach hatte er im T.J. Watson Forschungszentrum der IBM in Yorktown Heights, später im kalifornischen San José an Computerarchitekturen, Betriebssystemen und Systementwicklungsmethoden gearbeitet. Er war also immer ganz vorne mit dabei gewesen, als er 1969 von der Sphäre industrieller Entwicklungsarbeit in die akademische Lehre und Forschung an der Newcastle University wechselte. Er mag dort wieder eine Bibliothek gefunden haben, wie er sie vom Studium am Imperial College kannte – jedenfalls stolperte er bei der Vorbereitung seiner Antrittsvorlesung in Newcastle über eine Arbeit des irischen Buchhalters Percey Ludgate, die viele Jahrzehnte früher über Fragen des Programmierens von Maschinen geschrieben worden war und deren Problembehandlung Randell überraschend vertraut vorkam.[13]

Die Beschäftigung mit Ludgate machte Geschichte zu einer Distinktionsquelle für die Informatik als Fach in *statu nascendi*. Dafür wollte Randell erste Sicherungsmaßnahmen ergreifen, in der Hoffnung, die Wissenschaftsgeschichte (nicht etwa die Technikgeschichte) werde sich der Sache dereinst auf professionelle Weise annehmen. Nicht auszuschließen ist, dass Randell davon ausging, die Informatik müsse dafür zuerst als akademisches Fach stabilisiert werden (um dann von der Wissenschaftsgeschichte entdeckt werden zu können). Oder er ging umgekehrt davon aus, dass sich die durchaus konfliktive akademische Disziplinierung seines Feldes beschleunigen ließe, wenn sie über eine anständige Vergangenheit verfügte.

Randells 1973 veröffentlichte Anthologie von Grundlagentexten hatte offensichtlich klassische Ansprüche. Was unter dem Titel *The Origins of Digital Computers* vorgestellt wurde, rechnete jedoch nicht wie weiland Darwin mit einem Entwicklungs*prinzip*, das unterschiedliche Arten von Computern hervorbrachte, sondern suchte vielmehr nach heterogenen Entstehungszusammenhängen, aus denen sich „the modern digital Computer"[14] der Gegenwart schlechthin ergeben hat. Einem an technischen Details interessierten Publikum in den entstehenden Computerwissenschaften sollte weder eine Naturgeschichte noch eine Theorie für die Erklärung gegenwärtiger Vielfalt geboten,

---

13 Ludgate, Machine; Randell, Ludgate.

14 Randell, Turing, S. 23.

sondern die Dokumentation einer vergessenen aber vielfältigen Vergangenheit vorgestellt werden, um das gegenwärtig Erreichte zu stabilisieren. Dafür begab sich Randell auf die Suche nach Elementen, aus denen sich ein modernes Computerkonzept zusammenbauen ließ. Seine Suche begann bei der bald schon berühmten *Analytical Engine* von Charles Babbage und Ada Lovelace, für die er eine Beschreibung von 1837 fand. Sie endete bei einer weiteren britischen Maschine, dem 1949 in Betrieb gesetzten *Electronic Delay Storage Automatic Calculator* (EDSAC). Dieses Jahr galt Randell als Beginn der Gegenwart nach einer über hundertjährigen, hochkomplexen und auch etwas kuriosen Entwicklungsgeschichte, deren Protagonisten oft nicht wissen konnten, wie man „es" hätte machen können oder wie sich ihre Probleme auf elegante Weise hätten lösen lassen.[15]

Besonders auffällig an Randells Anthologie war weder der Anfang noch das Ziel der Geschichte. Überraschend war vielmehr, dass Alan Turing darin eigentlich als Leerstelle behandelt wurde. Randell wollte ihn zunächst, wie er später erklärte, nicht einmal erwähnen. Schließlich habe Turing gar nie eine Maschine entwickelt, sondern 1936 nur einen sehr theoretischen Entwurf für eine allgemeine Maschine geschrieben, aus dem nichts Konkretes und Fassbares entstanden sei. In der ersten Ausgabe von *The Origins* kamen dann auf Drängen seiner britischen Kollegen doch noch zwei, allerdings sehr behelfsmäßige Seiten von Donald Michie über Turing zustande. Randell selber war damals in Newcastle zwar auch und ganz munter in Richtung Theorie unterwegs, aber er tat dies selbstverständlich nicht mit der Absicht, dass aus seiner Arbeit dereinst (wie anscheinend bei Turing) nichts Konkretes folgen würde. Man konnte Turing 1973 zwar erwähnen, aber aufgrund seines exklusiv theoretischen Interesses gehörte er nicht zu den Großvätern digitaler Computer.[16]

Noch taugte Alan Turing also nicht zum Säulenheiligen der Informatik. Eine solche Karriere konnte er erst durchlaufen, als sich der Verdacht erhärtete, dass Turing während des Krieges John von Neumann getroffen hatte und dass Max Newman und Tommy Flowers Turings Entwurf verwendet hatten, um im Forschungszentrum der britischen Post einen elektronischen Rechner zu bauen. Im sagenumwobenen Bletchley Park waren verschlüsselte Nachrichten der deutschen Wehrmacht dechiffriert worden. Dieser Verdacht erhärtete sich trotz der Geheimhaltungspolitik der britischen Regierung und wurde als angekündigte Sensation 1976 von Randell auf einer computerhistorischen Konferenz in Los Alamos veröffentlicht.[17]

---

15 Campbell-Kelly u. a., EDSAC; Nofre, Review; Randell, Origins, S. viii-ix.

16 Randell, Turing, S. 24.

17 Randell, Colossus; Randell, Turing.

Nun hatte die historische Arbeit Randells dazu geführt, dass sich wider Erwarten sagen ließ, Turings Arbeit habe Brauchbares hervorgebracht. Vielleicht war ja sogar die in den 1970er Jahren unbestrittene amerikanische Rechnersuprematie doch nicht bei den Kernphysikern in Los Alamos und ihrer Atombombe allein begründet worden. Jedenfalls geriet die bisher geltende Maschinen-Erfinder-Genealogie ins Wanken. Alan Turing und John von Neumann konnten dazu schon lange nicht mehr befragt werden. Und Konrad Zuse, der Randells Enthüllungen in Los Alamos mithörte, war vorerst sprachlos. Es bot sich also an, in alten Unterlagen zu lesen, das heißt, historische Recherchen anzustellen.

Die Entdeckung eines mit Turing verbundenen britischen Rechners während des Zweiten Weltkriegs war ein herber Schlag in die genealogische Ordnung aller Rechner und ihrer Erfinder.[18] Die aktualisierte Figur Alan Turings erwies sich aber als nützlich, nicht nur für britische Informatiker. Im ganz großen Durcheinander der Apparaturen – von Mainframes über Midi-Computer bis hin zu mikroprozessorbasierten Maschinen – lieferte Turing Prinzipien von transnationaler Qualität. Die *Turing Maschine* verknüpfte den Rechner mit den basalen Kulturtechniken Lesen und Schreiben, und der *Turing Test* machte das Mensch-Maschinen-Verhältnis beurteilbar. Zudem war der *historische Alan Turing*, der sich sogar dem biografischen Zugriff seiner Mutter entzogen hatte,[19] für die Computergeschichte fassbar geworden und blieb dennoch von einer Aura des Geheimen, des Enigmatischen sowie des Extrasozialen umgeben.[20] Er eignete sich darum hervorragend sowohl für den unverdächtigen Anfang als auch für die anthropologische Deutung des rechnenden Menschen im Verhältnis zu seiner Maschine.[21]

Dass die Geschichte des Computers in den 1970er Jahren zur Konfliktzone mutiert war, hatte unübersehbare Folgen für ihre Funktion als Orientierungsquelle und Argumentationsressource. Abgesehen davon, dass nationale Ansprüche auf die Urszene des Rechners neu zu beurteilen waren, war Randells Entdeckung vor allem auch Wasser auf die Mühlen der akademischen Informatiker. Als Theoretiker standen sie nun sowohl *vor* als auch *nach* der Maschine. Turings Papier *On Computable Numbers* von 1936 ging dem *Colossus* voraus, John von Neumanns *First Draft of a Report on the EDVAC* von 1945 war der Ent-

18 Randell, Turing, S. 32f.
19 Turing, Turing.
20 Hochhuth, Turing; Hodges, Turing.
21 Ceruzzi, Turing.

wicklungsarbeit nachgelagert.[22] Es brauchte und ergab sich beides: eine dokumentierbare Maschinengeschichte *und* eine akademisch fundierte Informatik.

Aus diesem Relevanzbeleg für die Theorie hätte sich auch umstandslos die endgültige Lufthoheit der Theorie über die Praxis begründen lassen. Als Feld hat die Computerwissenschaft dieses Angebot aber klugerweise nur zögerlich angenommen. Das Gerangel um Turing, von Neumann, Zuse und „deren" Maschinen war für die Disziplin weit besser zu nutzen, wenn „der Maschine" im Allgemeinen eine ganz große Reverenz erwiesen wurde. Sie sollte museal verehrt und endlich ruhiggestellt werden. Um es überspitzt zu formulieren: Der monumentale Rechner (manchmal heißt er *Colossus*) musste Ziel *und* Ursprung der Entwicklung werden. Das beschert der Theorie die gewünschte Relevanz und führt zu einer gründungstechnisch attraktiven Vereinigung aller Fraktionen der Computergemeinde.

Randells Anthologie wurde 1975 und 1982 nochmals überarbeitet und neu aufgelegt. Auch die „Grundlagengeschichte des Computers", die Geschichte seiner Herkünfte, unterliegt einem Wandel. Sie war gleichzeitig historisch und disziplinär wirksam. *A Turing Enigma* überschrieb Randell einen Aufsatz von 2012, in dem er die Geschichte seiner Auswahl an Texten und Autoren erzählte und sie dabei nochmals (und mit viel Schalk) begründete.[23] Ein Jahr später filmte ihn die BBC bei der Eröffnung einer computerhistorischen Ausstellung. In seinem Rücken sah man den eben aufwändig rekonstruierten Colossus, vor sich hatte er einen schmucken Laptop, von dem er eine Präsentation ablas.[24] Was hier als physisches Arrangement zwischen kolossaler Vergangenheit, gelungener Rehabilitation der Theorie und aktueller Projektion zu sehen war, kulminierte in einer großen Verbindungsgeschichte, zwischen dem Geheimen und dem Publizierten, dem Erinnerten und Vorhandenen, zwischen Software und Hardware. Es war eine Geschichte, die der Computerwelt stabil verfügbar geworden war, weil sich die akademisch-mathematische Theorie umstandslos und elegant mit industrieller Praxis verbinden ließ und sie dennoch, wie weiland zwischen Charles Babbage und Ada Lovelace oder zwischen Alan Turing und Tommy Flowers, auf einer erfolgreichen, arbeitsteiligen Kooperation beruhte. Es war eine museale Inszenierung, die immer Heiligenverehrung und Aufklärungswille mit Unterhaltung verknüpft.

---

22 Neumann, Draft; Turing, Numbers.

23 Randell, Turing.

24 Randell, Colossus.

3. Aufbewahren und Dokumentieren

Mit den britischen *Colossi* Rechnern war die Suche nach den historischen Anfängen der Informatik 1976 von einer Entdeckung gekrönt worden. Diese ließ sich leicht damit erklären, dass Computerentwicklung im Krieg geheim gehalten worden war. Die Vergangenheit der Geheimdienstarbeit im Zweiten Weltkrieg ragte bis in die Gegenwart einer sich professionalisierenden Computerwissenschaft. Sie machte den späten Fund brisant, sie machte aber auch plausibel, warum ganze Rechenanlagen verschwinden und vergessen gehen konnten.

Die Existenz der *Colossi* stellte in den 1970er Jahren das unvermeidliche Ausfällen von Zeitmarken in der Computerentwicklung in Frage. Geschichte funktionierte offenbar anders als in der Computerentwicklung und -anwendung angenommen. Sie konnte, wurde sie mit adäquaten Methoden erforscht, in der Computerwissenschaft ganz neuartigen Mehrwert schaffen. Die Entdeckung, dass in Großbritannien Rechner gebaut und anschließend wieder abgebaut worden waren, war nur möglich gewesen, weil Randell sich historischer Recherchemethoden bedient hatte.

Zeitgenössische Computer und Informatik waren nicht präzedenzlos, sondern hatten eine erzählbare Geschichte, das ergab sich aus Randells Nachfragen und -forschungen. Die Grundlagen für seinen Computerfund waren noch einzelne Trouvaillen, Objekte, Indizien und Subjekte sowie Personen, die Computer entwickelt hatten. Zunehmend hatte Randell so die physischen und abstrakten Ordnungen der Computerentwicklung missachtet und jene Ablagen verlassen, die von der Informationstechnik sorgsam verwaltet und in digitale Räume verwandelt wurden. Der Mehrwert seiner Recherchearbeit, ja das Ergebnis, war denn auch die Plausibilisierung neuer Ordnungen, die mit Figurationen und Relationen aufwarteten, die quer zu den bekannten Entwicklungspfaden und „Milestones" der Computerwissenschaft lagen. Wenn die Enthüllung der einst verschwundenen Rechner auf den Bühnen der Fachcommunity und der interessierten Öffentlichkeit überraschend war, so war mindestens genauso überraschend, dass ausgerechnet in den Arbeits- und Argumentationsräumen der Geschichtswissenschaft die Zukunft des Computers gestaltet werden konnte.

Noch auf der Konferenz in Los Alamos und damit in unmittelbarem Anschluss an die Enthüllung der neuen ersten elektronischen Rechner wurde 1976 die Gründung einer Gesellschaft zur Förderung der Computergeschichte in Angriff genommen. William Aspray, einer der ersten Historiker, der sich mit der Geschichte von Computern befasst hat, beschrieb die Urszene dreißig Jahre später. In Los Alamos traf Arthur Norberg, Wissenschafts- und Technikhistoriker aus Berkeley, den Druckerhersteller Erwin Tomash und seine Frau Adele bei einem „picnic away from the rest of the participants", wo man lange über Computergeschichte sprach.[25] Norberg wollte die beiden überzeugen, ein Museum für Computergeschichte zu stiften. Er wird an die Rechnersammlungen der Smithsonian Institution in Washington, des Science Museum of London und des Deutschen Museums in München gedacht haben. Auch baute der Computerhersteller Digital Equipment Corporation (DEC) in Massachusetts ein Computer History Museum auf. Die Tomashes verwarfen die Idee eines Museums, weil sie der Meinung waren, die Kosten nicht aufwenden zu können.[26]

Als sie in den nächsten Monaten mit „industry friends" sprachen, kam durch Fundraising allerdings ein hoher Betrag zusammen. Noch 1977 wurde ein geschichtswissenschaftliches Forschungsinstitut gegründet. Das so genannte Charles Babbage Institute (CBI) wurde 1980 der University of Minnesota angeschlossen, um seine akademische Ausrichtung zu stärken. Das CBI war um Bibliografien zur Computergeschichte besorgt, errichtete ein Archiv und etablierte unter Direktor Arthur Norberg ein Oral History Programm. In einer Buchreihe gab es Reprints von Texten zur Rechnerentwicklung seit Charles Babbage heraus. 1985 erschienen zum Beispiel die Moore School Lectures des Jahres 1946 als viel beachteter Band 9 der Reihe.[27] Historikerinnen und Historiker interviewten in den ersten beiden Jahrzehnten 330 Zeitzeugen der Computerentwicklung und blickten gemeinsam mit ihnen zurück in die vergangenen Zeiten von Gesellschaften, in deren Operationen Computer eine zunehmend große Rolle spielten.[28]

Der kurze Rückblick auf die Wege und Umwege, die das Charles Babbage Institute bei seiner Gründung in den späten 1970er Jahren nahm, legt Begründungsweisen einer Computerhistoriografie offen, die sich in den USA schnell etablierte. Mit der finanziellen Unterstützung von Computerherstellern im Rücken entschied man sich für eine Anbindung an universitäre Forschungsstrukturen und für geisteswissenschaftliche Methoden, die Texte, Erinnerungen und Erzählungen als Rohmaterial für spätere Untersuchungen zu Tage förderten. Den Blick fest auf die Erforschung der Geschichte des Computers gerichtet, archivierte und produzierte diese Computergeschichte erstaunlich viel Output auf Papier und Tonband. Auffällig ist, dass bei der Korpusbildung digitale Dokumentationen keinen Schwerpunkt bildeten und dass der

25 Aspray, Leadership, S. 17.
26 Ebd., S. 17 f.
27 Campbell-Kelly/Williams, Lectures.
28 Norberg, CBI.

Untersuchungsgegenstand Softwareentwicklung ausgespart wurde. Bis ins 21. Jahrhundert ist das CBI damit forschungspraktisch bemerkenswert eng an jenem Programm geblieben, das die digitale Community in den 1960er und 1970er Jahren auf der Suche nach den Ursprüngen ihrer Disziplin vorgespurt hatte. Der Computer stand – noch mehr als in der zeitgenössischen Computerwissenschaft – im Zentrum der Anstrengungen. Die große Klammer bildete dabei nicht die Heterogenität real existierender Computermodelle, sondern eine Maschine, die als universal gedacht wurde. Der britische „Erfinder" Charles Babbage als Namenspatron von Stiftung, Institut und Buchreihe stand für die um 1980 hoffnungsfrohe Vermählung von Industrialisierungs- und Mathematikgeschichte unter dem gemeinsamen Dach einer Technikgeschichte des Computers.

4. Vorgeschichten des Digitalen

Die ersten Historikerinnen und Historiker, die sich mit dem Konvolut von Interviews, alter Vorlesungen und Papers, mit Quellen der Mathematikgeschichte, der Elektrotechnik, und dem Nachdenken der Entwickler über den Computer und seine Bestandteile beschäftigten, kamen aus den Geisteswissenschaften. Paul E. Ceruzzi war Amerikanist, dann Technikhistoriker, William Aspray war Wissenschaftsphilosoph. Nancy Stern war Technikhistorikerin.[29] Sie arbeiteten die historischen Dokumente und Erzählungen in Vorgeschichten des Computers – und des Rechnens – um.

Im Journal der *Society for the History of Technology* erschien 1982 ein Artikel von Nancy Stern, in dem sie ankündigte, den Erfolg von J. Presper Eckert, Jr. und John William Mauchly abzuschätzen. Diese hatten zwischen 1943 und 1951 vier Computer (ENIAC, EDVAC, BINAC, UNIVAC) entwickelt. Stern kam nach der Sichtung vieler Archivschachteln und mit der Unterstützung einiger Interviewpartner zum Ergebnis, es sei nicht einfach, Erfolg zu beurteilen. Zwar waren die beiden Entwickler ihren Konkurrenten („competitors") weit voraus gewesen, weil sie Jahre vor anderen mit dem UNIVAC einen kommerziellen digitalen Computer auf den Markt gebracht hatten. Das Einläuten einer neuen Phase der Computergeschichte war demnach die eigentliche Pionierleistung. Während große Firmen nicht agil genug gewesen waren, digitale Computer zu kommerzialisieren, hätten die beiden Ingenieure die notwendigen Risiken bereitwillig auf sich genommen. Andererseits waren Eckert und Mauchly gerade als selbständige Unternehmer in hohem Grade naiv und alles andere als

29 Aspray, Leadership, S. 18.

erfolgreich gewesen.[30] Durch Sterns personen- und dingfixierte Überlegungen geisterte gut wahrnehmbar ein „Colossus Schock". Die Autorin war auf der Suche nach einem neuen Alleinstellungsmerkmal für die frühen US-Digitalrechner, denen der Status, die ersten gewesen zu sein, von Randell so umfassend aberkannt worden war. Außerdem zog mit der Frage nach der Innovationsfähigkeit großer Unternehmen die Gegenwart der frühen 1980er Jahre in Sterns Betrachtung ein. Der UNIVAC war hier ein Vorläufer der um 1980 weitum und schnell verbreiteten Personal Computer.

Was in den frühen 1980er Jahren unter einer Vorgeschichte des Computers zu verstehen war, brachte schließlich Paul E. Ceruzzi in *Reckoners: The Prehistory of the Digital Computer, from Relays to the Stored Program Concept, 1935-1945* recht schnörkellos auf den Punkt. Vor 1935 habe es Maschinen gegeben, die Berechnungen durchführen und Informationen verarbeiten konnten, „but they were neither automatic nor general in capabilities. They were not computers." In den 1930er Jahren sprach man noch immer von Menschen, „human beings", wenn man „Computer" sagte. Erst nach 1945 habe sich der Begriff Computer als Bezeichnung für eine Maschine etabliert, die Rechnungen anstellte. Von da an hätten Computer sich weiterentwickelt und verbessert, seien billiger und kleiner geworden. Ihr Design aber habe sich nicht verändert. Die Argumentationskette war bis hierhin recht locker gehalten. Ceruzzi schloss aus seiner Argumentation trotzdem, dass Fallbeispiel und Untersuchungszeitraum gut gewählt und repräsentativ waren. Die Geschichte der Jahre 1935 bis 1945, so Ceruzzi, war die Geschichte einer Phase, die ziemlich viel verrate über die Geschichte des Computers, wie sie in den 1980er Jahren bekannt war. „So the story of what happened in that ten-year period will reveal quite a bit of the entire history of the computer as it is known today."[31]

William Aspray fokussierte in einer 1990 publizierten Monografie über *John von Neumann and the Origins of Modern Computing* ebenfalls auf ein Jahrzehnt, das seiner Meinung nach für die Computergeschichte bedeutend gewesen war.[32] Er setzte mit 1943 in dem Jahr an, in dem der Mathematiker einem Kollegen aus Princeton schrieb, er habe in England „an obscene interest in computation" entwickelt und werde verändert heimkommen, und zwar als „a better and impurer man". Bis zu seinem Tod im Jahr 1957 habe von Neumann nachhaltig zum Design, zur Anwendung, zur Theorie, Verbreitung und Legitimation des „Computing" beigetragen. Aspray stützte seine Untersuchung auf die, in eigenen Worten, erste sorgfältige Auswertung des reichen archivalischen

30 Stern, Eckert-Mauchly, S. 582.
31 Ceruzzi, Reckoners, Preface.
32 Aspray, Neumann.

Nachlasses von Neumanns und seiner Weggefährten. Er war deshalb sicher, das Buch zeige ein umfassendes und vollständiges Bild der vielen unterschiedlichen Beiträge, die von Neumann zum „Computing" gemacht habe.[33]

Im gleichen Jahr gab William Aspray den Band *Computing Before Computers* heraus. Paul E. Ceruzzi steuerte Beiträge zum Relaisrechner und zum elektronischen Rechner bei. Hier nun wurde der Untersuchungszeitraum dramatisch ausgeweitet und gleichzeitig wurde deutlich, dass für Aspray der Begriff „Computing" nicht nur computerbasiertes Rechnen, sondern Rechnen ganz allgemein meinte. Dieses Rechnen war seit jeher technisch basiert. Martin Campbell-Kelly schrieb über Lochkartenmaschinen. Mit Allan G. Bromley und Michael R. Williams waren außerdem zwei Autoren aus der Computerwissenschaft vertreten. Sie schrieben über Rechnen in der Antike und im Mittelalter, über den Abakus in Europa und „im Orient", über Rechenschieber – kurz über „early calculation". Auch Charles Babbages *difference engine* und *analytical engine* fehlten nicht. Analogrechner wie Planimeter und Rechner der Flugabwehr komplettierten die Ahnengalerie. Einleitend wies Aspray darauf hin, dass das Buch wider das Vergessen einer „rich history that extends back beyond 1945" gerichtet war. „Since antiquity societies have had a need to process information and make computations, and they have met this need through technology." Dass die Vorgeschichte rechnender Maschinen und Gesellschaften so leicht vergessen ging, sei zwei Gründen geschuldet: einem ubiquitären Diskurs über Computerrevolution und Informationszeitalter sowie dem Wissen der Öffentlichkeit um die Erfindung und die schnelle Verbreitung des Computers seit dem Zweiten Weltkrieg. Der Computer habe fundamentale Veränderungen ausgelöst, „in the way we conduct business, perform scientific research, and spend our leisure time"[34].

Die Professionalisierungsanstrengung der ans Charles Babbage Institute angeschlossenen Forscher zielte auf die Etablierung einer Computerhistoriografie, die Industrie, Mathematik und Technik einschloss. Dass sich dabei Mitte der 1980er Jahre sowohl Schnittmengen als auch Reibungsflächen mit Entwicklerdiskursen ergeben konnten, zeigt eine 1986 erschienene Publikation zu den *Early Computers* bei IBM.[35] Der Wissenschaftshistoriker I. Bernard Cohen schrieb das Vorwort und wies die Lesenden mit Verve auf die Qualitäten des Buches als unternehmenshistorische Untersuchung hin. Geschichten über technikbasierte Unternehmen hätten sich allzu oft als reine Firmengeschichten erwiesen. Technische Entwicklung war außen vor geblieben. Die Verfasser

33 Ebd., S. xv.
34 Ebd., S. vii.
35 Bashe u. a., IBM.

von *Early Computers* nun zeichnete alle eine langjährige Entwicklungstätigkeit in der Computerindustrie aus. Ihnen war daran gelegen, so Cohen, eine Chronik der technischen Entwicklungsphasen von IBM zu verfassen. „IBM's Early Computers is devoted primarily to technology; it endeavors to chronicle, understand, and interpret the technical stages of the transformation of IBM from a relatively small manufacturer and supplier of electric accounting machinery into a large and rapidly growing computer company."[36] Man kann es so formulieren: Die Entwicklercommunity beschäftigte die Geschichte in den 1980er Jahren weiter. Die Autoren bedankten sich denn auch in einer Vorrede ausdrücklich für die Freiheiten, die sie genossen hatten, um eine technische Geschichte zu entwickeln, „in accordance with our own guidelines"[37].

Der Untersuchungszeitraum, den „IBM's Early Computers" behandelte, begann nach dem Zweiten Weltkrieg und endete in den frühen 1960er Jahren. Die Autoren Bashe, Johnson, Palmer und Pugh sahen sich Entscheidungen des Managements in Momenten an, die sie für wichtig hielten, weil sich hier zeigte, wie der Computer das Unternehmen IBM – also den einstigen Hersteller lochkartenbasierter Buchhaltungsmaschinen – transformiert hatte.[38] Sie hatten sich im eigenen Haus auf die Suche nach frühen Computern der Marke IBM gemacht und waren auf etwas gestoßen, das für den Wissenschaftshistoriker Cohen um die Mitte der 1980er durchaus so weit entfernt lag, ja ihm fast schon so exotisch vorkam, dass es ihm erwähnenswert schien: Der universell programmierbare Computer der 1960er und 1970er Jahre hatte Vorläufer.

Die Vorläufer des Allzweckcomputers unterschieden sich nicht durch Seriennummern, sondern aufgrund ihrer Anwendungsfelder. Diese waren von IBM, so eine weitere Leseanleitung Cohens, so streng voneinander unterschieden worden wie die je zuständigen Entwicklungsabteilungen. „One especially interesting theme of this book is the parallel but independent development, during the 1950s, of machines for scientific (or engineering) and business users. Only after a decade or so did it become widely practical to design and manufacture general-purpose computers that could function well in both domains."[39] Auf der Suche nach den Vorläufern der Allzweckrechner von IBM waren die Autoren auf Kollegen gestoßen, die die Zukunft ihrer Produkte exklusiv entweder in Wissenschaft und Ingenieurswesen oder in der Wirtschaft gesehen und die diese Geschichte zunehmend vergessen hatten. Das letzte Kapitel des 700 Seiten starken Buches kulminierte folgerichtig in einer Darstellung

---

36 Cohen, Foreword, S. xi.

37 Bashe u. a., IBM, S. xvi.

38 Ebd., S. xv.

39 Cohen, Foreword, S. xii.

der „architektonischen Herausforderungen", mit denen IBM von den 1940er bis in die 1950er Jahre als aufstrebender Computerhersteller konfrontiert war. „Architektur" war hier im doppelten Sinn als Organisation einer Firma in Abteilungen und Laboratorien sowie als Zusammenstellung eines Computers aus Komponenten zu verstehen. Verkörpert wurde diese doppelte Bedeutung der Architektur und die komplexen Herausforderungen, die sich firmenintern daraus ergaben, durch das System/360, mithin also jene „unified line" von Produkten, die IBM 1964 angekündigt hatte. Laut Bashe et al. war sie genau dazu bestimmt gewesen, die Unterscheidung zwischen „computers for science and computers for accounting" IBM-intern wegzuwischen. Bashe et al. publizierten die Vorgeschichte des IBM-Systems und des Systems IBM.[40]

Sowohl bei Stern, als auch bei Ceruzzi und Aspray, erst recht in den *Early Computers* von Bashe et al. motivierte der breite Erfolg der Personal Computer und kleiner Start-up Unternehmen Fragen nach der Innovationskraft der Branche. Der PC stimulierte die Suche nach Kriterien, anhand derer man Entwicklungsphasen „des Computers" unterscheiden konnte. Es sei hier deshalb auf eine weitere zeitgenössische Publikation verwiesen, die 1984 mit etwas aufwartete, das die Autoren für sensationell hielten: sogar der PC hatte eine Vorgeschichte.

Paul Freiberger und Michael Swain stellten die Entwicklung des Personal Computers ganz anders dar, als es Stern, Ceruzzi, Aspray und Bashe mit seinen Kollegen versucht hatten, nämlich als Geschichte einer Revolution, die von erst wenigen und später immer mehr Helden getragen wurde. Als Anfangspunkt im Narrativ vom beispiellosen Aufstieg stand recht konventionell Charles Babbage. Ihm folgten auf wenigen Seiten weitere Erfinder: Hermann Hollerith, Alan Turing und John von Neumann. Alan Turing erhielt einen Auftritt als ideeller Erfinder des universellen Computers. Denn Turing „envisioned a machine designed for no other purpose than to read coded instructions describing a specific task and to follow the instructions to complete its own design"[41]. In die Realität umgesetzt habe die Vision erst von Neumann. „The instructions became programs, and his concept, in the hands of another mathematician, John von Neumann, became the general-purpose computer."[42]

Die Vorgeschichte des Computers, die Entwicklerinnen und Entwicklern sowie Historikerinnen und Historikern so viel Kopfzerbrechen bereitet hatte, war hier am Forschungsstand vorbei formuliert. Die Journalisten Freiberger und Swain werden sich an Diskussionen ihrer schreibenden Kollegen aus

40 Bashe u. a., IBM, S. 582.

41 Freiberger/Swaine, Fire in the Valley, Making, S. 6.

42 Ebd.

Informatik und Geschichtswissenschaft jedoch auch nicht orientiert haben. So richtig los ging ihre Geschichte und damit auch die Story des Buches erst, oder vielleicht muss man doch sagen, schon auf Seite 17. Hier kamen sie erstmals auf die Digital Equipment Corporation (DEC) zu sprechen. In diesem Abschnitt ihrer Geschichte ließen sie ihre Leserinnen und Leser wissen, dass DEC die große IBM mit kleineren und billigeren Computern herausfordern würde. Der erste Held des Buches, der innovativ wirkte und außerdem mit einem epochalen Auftrag ausgestattet war, weil er in den Augen der Autoren auch der erste war, der gegen bestehende Strukturen rebellierte, war denn auch ein DEC-Mitarbeiter namens David Ahl. Er verließ DEC eines Tages frustriert über die in seinen Augen vielen falschen Entscheidungen des Managements. Freiberger und Swain attestierten ihm, er und viele andere hätten genau das richtige getan. „Had the personal computer revolution waited for the mainframe computer and minicomputer companies to act, it might still lie in the future."[43]

Fire in the Valley, so der Titel ihrer Zusammenstellung kalifornischer Geschäftstüchtigkeit, qualifizierte den 1981 lancierten IBM PC als Nachbau früherer Personal Computer. IBMs Erfolg auf dem PC-Markt basierte demzufolge nicht auf eigenen Innovationsanstrengungen. IBMs Geschick im Marketing erklärte in *Fire in the Valley*, warum zu Beginn der 1980er Jahre gerade auch die kreativen Start-up Firmen ihren Absatzmarkt in Büroanwendungen sahen und es zeigte auf, dass Geschichtsmarketing angesagt war. Mit ihrer Erzählung von den devianten Helden, die vom kalifornischen Silicon Valley aus die Welt eroberten, trafen Freiberger und Swain einen Ton, der später noch oft angeschlagen werden sollte.[44] Bei aller Behauptung, damit eine ganz neue Computergeschichte erfunden oder gefunden zu haben, reiht sich *Fire in the Valley* in andere hagiografische Erfindergeschichten ein. Es stützt auch das gängige Narrativ computerhistoriografischer Darstellungen. Das Buch machte nur deutlich, dass Computergeschichte eine Ressource geworden war, die beinahe beliebig eingesetzt werden konnte, um die jeweils nächste Revolution zu bedienen.[45] Ausblenden mussten PC-Geschichten Mitte der 1980er Jahre offenbar, dass auch die PC Branche sture Formatanforderungen und harte Befehlssequenzen liebte, dass sie auf Prozessen und Protokollen herumritt und nichts Schöneres kannte, als Bürokratien zu übertreffen. Außen vor blieb mit anderen Worten, jene Geschichte unternehmerischen Entscheidens, die für IBM zeitgleich mit viel Aufwand rekonstruiert wurde.

---

43 Ebd., S. 21.

44 Reid, Architects; Ichbiah, Microsoft.

45 Freiberger/Swaine, Fire in the Valley, Birth, S. 297 f.

5. Geschichtswissenschaftliche Stapelverarbeitung

Wenige Jahre später unterzog der Historiker Michael S. Mahoney in einem Aufsatz mit dem Titel *The History of Computing in the History of Technology* das laufende historiografische Programm einer konstruktiv-kritischen Überprüfung. Dass die Computerhistoriografie selbst Teil der Entwicklung der Informationsverarbeitung war, daran ließ er schon auf den ersten Zeilen keinen Zweifel. „We live in an ‚information society', an ‚age of information'. Indeed, we look to models of information processing to explain our own patterns of thought."[46] In den Veranstaltungen und Diskussionen der Wissenschafts- und Technikgeschichte aber war Computergeschichte nicht angekommen. Umgekehrt, so stellte Mahoney fest, zeigte der Blick in die Forschungsliteratur zur Computergeschichte, dass deren Verfasserinnen und Verfasser auch kaum Fragen stellten, die Technikhistorikerinnen und -historiker sonst umtrieben. Er schlug vor, von zwei Seiten her auf die Integration der Computergeschichte in die Technikgeschichte hin zu arbeiten: „the history of computing should use models from the history of technology at the same time that we use the history of computing to test those models"[47].

Mahoney fasste „computing's present history"[48] 1988 zusammen und wollte damit eine Zwischenbilanz ziehen. Er sortierte dazu sämtliches ihm bekanntes Schrifttum, und zwar nach der Art, wie seine Autorinnen und Autoren mit Geschichte und Computern verfuhren. Zum einen waren da Bücher, die sich selbst historische Forschungsliteratur nannten. Geprägt war die Literatur zum Computing – Mahoney sprach wie Aspray von der Geschichte des Rechnens – durch Untersuchungen, die erstens auf die Hardware sowie zweitens auf die Vorgeschichte und die frühe Geschichte des Computers fokussierten. Entgegen der Selbstwahrnehmung ihrer Autoren war diese Literatur jedoch nur beiläufig historisch, zumindest dort, wo sie die Geschichte des 20. Jahrhunderts thematisierte oder eine breitere Perspektive einnehmen wollte.[49]

Auf einem zweiten und hohen Stapel lagen Darstellungen, die von Autoren verfasst worden waren, die einst in die Entwicklungen involviert gewesen waren, die sie beschrieben. Die Formate dieses Stapels waren durchaus variantenreich. Mahoney kannte eine Vielfalt von Publikationen, die von Status Quo Berichten, Editionen bahnbrechender Aufsätze und Retrospektiven über Biografien von Menschen und Maschinen bis hin zu Unternehmensgeschichten

---

46 Mahoney, History, S. 1.

47 Ebd., S. 2.

48 Ebd.

49 Ebd.

reichten. Mahoney zählte Brian Randells Arbeiten zu diesem Bereich wie auch „IBM's Early Computers" von Bashe et al. Diese „Insider"-Geschichten waren voll von Expertise und „facts and firsts". Mahoney kritisierte, dass die Autoren für technisch gegeben nahmen, was eine kritischere Untersuchung als Wahlmöglichkeit und Entscheidung behandelt hätte: „This literature represents for the most part ‚insider' history. While it is first-hand and expert, it is also guided by the current state of knowledge and bound by the professional culture. That is, its authors take as givens (often technical givens) what a more critical, outside viewer might see as choices."[50] Lese man diese Berichte, verliere man jeden Blick für Alternativen, weil die Autoren alles einem Wissen unterordneten, das sie erst zu dem Zeitpunkt hatten, an dem sie die Berichte verfassten. Sie verloren den Bezug zu der Zeit, über die sie schrieben.

Auf einen dritten Stapel legte Mahoney Texte, die er mit „von Journalistinnen und Journalisten verfasst" etikettierte. Seit den 1950er Jahren schrieben sie Texte, die den Geist von Personen und Institutionen einfingen und sie so lebendig porträtierten, dass sie ein Publikum fanden. Sie wussten, wie man Anekdoten zum Sprechen brachte. Sie tendierten aber auch dazu, in Bezug auf Personen und Entwicklungslinien das Ungewöhnliche, Spektakuläre zu betonen und Epochales hervorzurufen. Oft wichen sie auf die Selbstauskünfte der Porträtierten aus, was Mikrocomputer und Artificial Intelligence zu den populärsten Themen avancieren ließ.[51]

Diese Berichte waren in Mahoneys Augen schwer zu unterscheiden von einer vierten Kategorie von Texten, die die Auswirkungen des Computers auf die Gesellschaft diskutieren wollten. Auf Stapel Nummer 4 lagen Statements, die nur allzu gern Aussagen über die Gegenwart machten, dabei aber nur schwer von utopischen Träumereien zu unterscheiden waren. Dafür war hier am deutlichsten, wie einfach Autorinnen und Autoren mit der Geschichte verfuhren. Computer wurden aus der Geschichte herausgelöst, um Geschichte in einem zweiten Schritt zu instrumentalisieren. Geschichte wurde dabei nicht untersucht, aber sie diente dem Zweck der aktuellen Gesellschaftskritik. „Some of this literature rests on a frankly political agenda; whether its modes and models of analysis provide insight depends on whether one agrees with that agenda."[52]

Mit dem Computer in der Mitte war ab 1976 offenbar ein Diskussionsraum entstanden, in dem Computergeschichte aus vielen Perspektiven (Politik, Gesellschaft, Technik, Unternehmen, Kultur) und lange unter Einsatz der in

50 Ebd.
51 Ebd., S. 3.
52 Ebd.

der Technikgeschichte erprobten Rechercheweisen untersucht wurde. Mahoneys Sortieren förderte Ressourcen zu Tage, die Computerhistorikerinnen und -historiker den genannten Publikationen entnehmen und mit Gewinn analysieren konnten: Anekdoten, Fakten, technisches Wissen und politische Strategien. Aus den beschriebenen Limitationen ließ sich auch sehr gut ablesen, was Mahoney in allen oder einigen Büchern schmerzlich vermisste, die er als Steinbrüche für die Computerhistoriografie ansah: Auskunft über Wahlmöglichkeiten und Alternativen; Einblick in Geschichte und der Blick auf das Gewöhnliche; nicht zuletzt: Autorinnen und Autoren mit Engagement für Geschichte.

6. Geschlossene Welten

Auch nach der kritischen *und* programmatischen Begutachtung des computerhistorischen Feldes erschienen tatsächlich einige Studien, die ohne *unité de doctrine* alle ein professionelles Arsenal von Methoden anderer Disziplinen verwendeten und damit nicht nur Beachtung fanden, sondern auch Respekt verdienen. Donald MacKenzies *Inventing Accuracy* ist ein für die Computergeschichte in mehrfacher Hinsicht bemerkenswertes Buch. Sein Thema „Nuclear Missile Guidance" rekurriert recht unbekümmert auf die computerhistorische Vergangenheit der Ballistik und der Atombombe. Das Buch stellt die einfache Frage, was für und von autonom fliegenden Raketen berechnet werden muss – sei dies im Voraus digital oder während des Fluges mit elektromechanischen Geräten.[53] Aufgrund der vielfältigen Wissensbestände, die in dieser Technologie interagieren, gibt es aber weder dominante Theoriebestände noch Überfiguren, weder genealogische noch teleologische Zwangsläufigkeit. Vielmehr geht es immer um die Selektion und Kombination unterschiedlicher Formen des Wissens und des technischen Handelns.

Inventing Accuracy transzendiert Maschinengrenzen, Disziplinengrenzen, Aufmerksamkeitsgrenzen und Akteursgruppen, um zu zeigen, wie eine Blackbox konzipiert, eine technische Revolution entwickelt, ein Waffensystem transformiert und technische Fakten konstruiert wurden. Mit bewundernswerter Gelassenheit hat MacKenzie seither eine ganze Reihe von Aufsätzen und Büchern geschrieben, in denen Gesellschaft und Computer zu einer feinen Textur verwoben werden. Dadurch, dass MacKenzie darauf verzichtet, nur eine bestimmte Form des Rechnens zu behandeln, gelingt ihm eine sehr differenzierte Darstellung soziotechnischer Problemfelder – von den „computer-

53 MacKenzie, Accuracy.

related accidental deaths"[54] bis zur autopoetischen Wirkung, die mathematische Beschreibungen von Finanzmarktdynamiken hatten.[55]

Paul Edwards *The Closed World. Computers and the Politics of Discourse in Cold War America* scheint wieder wesentlich näher „am Computer" geschrieben. Dieser Eindruck täuscht. Was Edwards liefert, ist eine im Vorwort bereits explizit gemachte „implicit critique of existing computer historiography." Es gehe nicht um Fortschritt und Revolution, sondern um Kontingenz und mehrfache Bestimmung, heißt es da. Technischer Wandel solle als technische Wahl behandelt werden, „tying it to political choices and socially constituted values at every level". Dadurch werde Technik als ein Produkt dargestellt, das aus komplexen Interaktionen „among scientists and engineers, funding agencies, government policies, ideologies, and cultural frames" besteht.[56]

Beide, MacKenzie und Edwards, behandeln „den Computer" in seinen operativen Voraussetzungen und Wirkungen; sie können sowohl verteilt also auch zentralisiert sein, sind es aber nie aus selbstverständlichen, quasi natürlichen Gründen, sondern aufgrund einer politischen, strategischen oder kulturellen Wahl. Der Rechner löst sich auf, wird ubiquitär und bildet ein hochintegriertes System mit den gesellschaftlichen Handlungskontexten, in denen gerechnet, sortiert und interagiert wird. Die Analyse spiegelt damit auch einen Kontext, der von der Entwicklungsdynamik rechnergestützter Netzwerke und verteilten Rechnens geprägt war.

„[To] take God out of mathematics and [to] put the body back in" war 1993 in einem Essay über den Geist in der Turing Maschine Brian Rotmans Ziel gewesen.[57] Rotman hatte den Mut gehabt, auf die Körperlichkeit jeder Abstraktion und aller symbolischen Operationen, selbst jene der mathematischen Praxis, hinzuweisen. Und er tat dies mit einem expliziten Bezug auf die Arbeiten von Alan Turing. Das war für die Mathematikgeschichte ziemlich aufregend. Die Technikgeschichte des Computers hat es kurioserweise kaum verändert, und zwar auch dann nicht, als Edwards und Mackenzie mit bewundernswerter Treffsicherheit vorgeführt hatten, wie sich geschlossene disziplinäre Welten durch den Import neuer Methoden und Perspektiven produktiv verändern ließen. Auch das große Interesse vieler Vertreter der *humanities* an Körperlichkeit, an Materialität und an Artefakten wäre eine Steilvorlage für die Technikgeschichte des Computers gewesen. Dass sie damit so wenig anfangen

---

54 MacKenzie, Machines.

55 MacKenzie, Engine.

56 Edwards, Closed, S. xiii.

57 Rotman, Infinitum.

konnte, lag gleichzeitig im historischen Kontext und in der Ängstlichkeit des technikhistorischen Feldes begründet.[58]

7. Zukunft ohne Geschichte

Immerhin war es in den 1990er Jahren, als die digitale Gesellschaft in Schwung kam, gut vorstellbar, dass Computer eine Geschichte hatten und dass die Beschäftigung mit ihr eine Zukunft haben könnte.[59] Aber die Geschichte veränderte sich Mitte der 1990er Jahre viel zu schnell, weil zusammen mit dem Boom des World Wide Web Visionen entstanden, die „den Menschen" „seit jeher" von „Medien und Technik" „umgeben" sahen.[60] Streng nach Mahoneys Motto „Hype Hides History"[61] geriet fast alles wieder in Vergessenheit, was Computergeschichte hätte sein können. Was nun in Medientheorie, -philosophie und Literaturwissenschaft über den virtuellen Raum berichtet wurde, war normativ, identitätsbildend, ästhetisierend und zukunftsgerichtet.[62] Schenkte man den Kommentaren Glauben, dann löste sich alles auf – die Geschichte, die Gesellschaft, die Theorie, der Raum und natürlich die Bibliothek. Cyborgs tummelten sich im Cyberspace, diesem „specific elsewhere", das Klavier wurde zum Hyperinstrument und die Traumfabrik Hollywood sah man im Internet verschwinden.[63] Die mit einem technischen Apriori ausgestatteten Kulturwissenschaftler und Medienwissenschaftlerinnen konzentrierten sich ganz fundamental und ahistorisch auf die Frage nach dem, was „schon immer" war oder „spätestens seit" – zum Beispiel – der Erfindung beweglicher Lettern oder dem Flügeltelegrafen gewesen sein soll. Dabei wurde verwertet, was zwischen jüngsten Agenturmeldungen als Klartext und heideggerschen Aphorismen, zwischen dem medienmythologischen Urknall und der aktuellen Konvergenz aller Medien als Anspielung Platz hatte. Oder man wunderte sich darüber, dass Friedrich Kittler 1993 aufgrund der Lektüre einer Ausgabe der Computerzeitschrift DOS von 1990 „den letzten historischen Schreibakt" ins Jahr 1978 verlegen konnte. Damals habe „ein Team von Intel-Ingenieuren [...] einige Dutzend Quadratmeter Zeichenpapier auf leergeräumten Garagenböden Santa Claras"

58 Gumbrecht/Pfeiffer, Materialität; zur Materialität der Dinge bei Bruno Latour vgl. Schmidgen, Materialität.

59 Zur digitalen Gesellschaft als Selbstbeschreibungsform vgl. Gugerli/Zetti, Gesellschaft.

60 Münker/Roesler, Mythos.

61 Mahoney, Histories, S. 120.

62 Bolz u. a., Computer; Krämer u. a., Medien; Turkle, Life; Warnke u. a., HyperKult.

63 Bolter/Grusin, Remediation; Bolz, Ende; Manovich, Language.

ausgelegt, „um die Hardware-Architektur ihres ersten integrierten Mikroprozessors aufzuzeichnen".[64]

Für die Computergeschichte gab es in dieser Lage keinen Rückzugsort. Computer waren zu heterogen, um als stabile historische Objekte zu dienen, mit denen sich nochmals eine Reise durch die Vergangenheit hätte antreten lassen. Der Computer war inzwischen physisch, konzeptuell und prozedural irgendwie überall gleichzeitig, ein *moving target*, das zwar viele Spuren hinterließ, aber in seiner Vervielfältigung nicht mehr greifbar war. Sich einzugestehen, dass er das nie gewesen war, hätte die bisherigen Ursprungsnarrative der hochintegrierten universellen Maschine aufgelöst.

1996 erschien trotzdem „das Buch", das bereits in seiner ersten Auflage einer sonst recht frei wirbelnden Computergeschichte viele Stolpersteine bot. Seine Neuauflagen begegneten den immer neuen Zukünften mit immer weiteren kuriosen Einteilungen der Geschichte in unterschiedliche „Zeitalter des Computers" und reihten unverdrossen weiter Materialien zum Zwecke der Computergeschichtsschreibung aneinander. Von Ausgabe zu Ausgabe wurde es lauter, bunter, unübersichtlicher und konzeptloser. Dennoch musste dieses Buch in die Hand nehmen, wer Referenzen brauchte für Dinge, die in der Computergeschichte, im Haushalt und im Büro der 1990er Jahre zum Allgemeinwissen gehört hatten. Das waren zugleich Dinge, die der Wissenschaft von der Technikgeschichte und von der Geschichte im Allgemeinen als völlig fremd galten. Während man in diesem Nachschlagewerk also noch nach einem Beleg für „Betriebssystem" oder „Stapelverarbeitung" suchte, fiel man schon über kuriose Fehler und Missgriffe. Eine „Mrs. John W. Mauchly" etwa findet Eingang in die Geschichte als Frau eines Professors, aber ohne eigenen Vornamen und ohne Ausweis ihrer mathematischen Ausbildung. Das Buch war schon wieder ein Steinbruch, also keines, das man mit Genuss lesen konnte. Man musste stolpern und musste es „verarbeiten" und wusste so immerhin gleich noch, was doch wenigstens etwas besser gemacht werden konnte. Mal um Mal fiel zum Beispiel auf, dass es noch keiner Untersuchung gelungen war, eine Überarbeitung der Gemeinplätze über Programmiererinnen und Programmierer anzuregen. Das Buch, das immer wieder neu aufgelegt und dann nie korrigiert, sondern immer nur um die jüngste Zeit verlängert wurde – es war auf eine erniedrigende Art aufmunternd.[65]

64 Kittler, Software, S. 226. Die Rolle, die Computer für die Medienwissenschaften gespielt haben, blenden wir hier ebenso aus wie wir den geschichtsphilosophischen Anspruch der Medienwissenschaft übersehen.

65 Gemeint ist Campbell-Kelly/Aspray, Computer.

So blieb die Computergeschichte auch weitgehend wirkungslos für die Technikgeschichte, und was für diese selbstverständlich war, interessierte jene nicht. Als die Technikgeschichte innovativ wurde und von Artefakten und Diskursen zu sprechen begann, versuchte sich die Computergeschichte gerade von den Maschinengenealogien und den Zeitzeugeninterviews zu befreien. Zudem galt für die Computergeschichte wie für die Technikgeschichte, dass die Wirtschaftsgeschichte weder für die eine noch für die andere als Schutzpatronin auftreten konnte. Als der arrivierte Unternehmenshistoriker Alfred Chandler 2001 auf das gerade überstandene 20. Jahrhundert als ein elektronisches zurückblickte, hätte das die Technikhistorikerinnen und -historiker eigentlich sofort interessieren müssen.[66] Das Fachjournal *Technology and Culture* wartete aber volle fünf Jahre, bevor es doch noch eine Rezension bzw. einen Verriss veröffentlichte.[67] Ganz offensichtlich hatte es die Computerhistoriografie versäumt, Chandler verlässlich über ihre Forschungsgründe und -ergebnisse zu informieren. Die Gründe ließen sich sogar offen ansprechen: „Until recently the history of computing in these fields has been written in terms of the machine and its impact (revolutionary, of course) on them. The emphasis has lain on what the computer could do rather than on how the computer was made to do it", hielt Michael S. Mahoney am Ende seiner Karriere einigermaßen ernüchternd fest.[68]

Dezentrieren ließen sich die betrieblichen Voraussetzungen und Wirkungen historischer Computer vielleicht noch, indem man den Fokus auf „communities, or bodies of shared disciplinary practices, who embraced the new device and helped to shape it by adapting it to their needs and aspirations" legte und dann der Geschichte dieser Gruppen folgte.[69] Damit zollte man der Rolle der *User* Reverenz, beschwor die wissenschaftspolitisch populäre Interdisziplinarität und machte Konzessionen an die Gemeinschaft der *Science and Technology Studies*, die solche Geschichten seit gut dreißig Jahren an Stelle der längst in den Ruhestand getretenen Wissenschaftsphilosophie in ihren Vorlesungen erzählte. Schließlich war es auch ein Versuch, doch noch hinter die Grenze zwischen analogem und digitalem Zeitalter zu gelangen und damit den *origines*, wohl aber auch der Gegenwart universeller Rechner nahe zu kommen. Dabei blieb die Rechnerfixierung erhalten, auch wenn man von Communities

66 Chandler, Inventing.
67 Ensmenger, Review.
68 Mahoney, Histories, S. 127.
69 Ebd.

und von Software zu sprechen begann und nicht mehr museale Sammlungen pflegte, sondern Websites unterhielt.[70]

Den bisherigen Höhepunkt der Verzweiflung aber markiert ein kurzes Statement von William Aspray, der das Unternehmen Computergeschichte für total gescheitert hält.[71] Nicht einmal die Geschichte der Information sei wirklich von der Computergeschichte beeinflusst worden, weil Computerhistorikerinnen und -historiker mit der Geschichte von Bibliotheken, Archiven, Museen und Informationswissenschaften zu wenig vertraut seien. Wörtlich heißt es da, dass sich außer James Cortada eigentlich niemand um ein allgemeines Verständnis der Informationsgesellschaft gekümmert habe. Das ist ein brutales Zeugnis. Denn erstens wird niemand behaupten wollen, aufgrund von Cortadas *How Computers Changed the Work of American Manufacturing, Transportation and Retail* oder *How Computers Changed the Work of American Financial, Telecommunications, Media, and Entertainment Industries* verstehe man die Informationsgesellschaft.[72] Zweitens reduziert Cortada den Computer auf den Prozessor (weil alles andere viel zu kompliziert ist) und leistet mit seinem Prozessorblick auch keinen Beitrag zum Verständnis der Computerentwicklung. Cortada steht für eine Computerverkäuferperspektive auf vergangene Absatzmärkte[73] und ihn beschäftigt etwas, das Mahoney wohl unter die „impact studies" eingereiht hätte: Ähnlich Gedankenspielen über die Zukunft, trennen sie das „Computing" von seiner Geschichte und verwenden diese Geschichte nur als Vorwand für einen – in diesem Fall: technikapologetischen – Kommentar zur Gesellschaft.[74]

---

70 Man besuche etwa eniacinaction.com von Tom Haigh, der zu Mahoneys Hoffnungsträgern einer Sozialgeschichte des Computers gehört hatte. Seit einigen Jahren jedoch lässt er berühmte Rechner dokumentarisch und tabellarisch aufleben, würdigt zuhanden der IEEE Computer-Pioniere und legt Mahoneys Schriften neu auf. Oder man lese Fred Turners unglücklichen Versuch, das „eigentliche" Personal der „Internetrevolution" der 1990er Jahre in der Gegenkultur der 1960er Jahre zu finden (Turner, Counterculture). Das hat Steward Brand schon 1995 versucht und es wird seither von Personal Computer-Historikerinnen und -Historikern nachgebetet, die das Zeitalter der Mainframe Rechner zur Vorgeschichte des Computers zählen.

71 Aspray, Information, S. 2-4.

72 Cortada, Manufacturing; Cortada, Financial.

73 Zetti, Handlungsreisen.

74 Mahoney, History, S. 3.

8. Zukunftsträchtige Probleme und Technikgeschichte

Bei näherer Betrachtung ist die Lage nicht so schlecht, wie sie von William Aspray beschrieben wird. Denn es kann ja kaum darum gehen, mit der Computergeschichte eine wissenschaftliche Disziplin zu gründen.[75] Zwar meldet sich die Zukunft schon wieder in Form der gegenwärtigen Digitalisierung und Überwachungsdiskurse. Auch anthropologisch-ahistorische Fehlschlüsse, die den konstanten Menschen voraussetzen, liegen noch immer nahe und sind sehr vertraut. Die Theoriebildung in der Informatik und die einst für so wichtig gehaltene Suprematie des Geistes über die Materie oder des sogenannten Menschen über die Welt lassen sich hingegen deutlich lockerer angehen, als es zu der Zeit denkbar war, als Informatik und Computerkonstrukteure nach ihren Ursprüngen suchten. Und die digitale Gesellschaft ist keine Bedrohungslage, sondern eine Realität, mit der man getrost rechnen kann. Der Computer (und was damit zusammenhängt) ist eine historische Tatsache und hat eine Geschichte.

Verunsicherungspotential ergibt sich hingegen im Zusammenhang mit der Epistemologie rechnergestützter Wissensproduktion. Hier geht es immerhin um Fragen der Autonomie und der Datenabhängigkeit von Algorithmen. Es geht mit anderen Worten um den Kausalitätsstatus von Argumenten und die Begründbarkeit von Entscheidungen – von der Astronomie über die Medizin bis zu den *digital humanities*.[76] Das betrifft auch die Computergeschichte: Man kann in der computerhistorischen Forschungspraxis nicht in neokonservativem Snobismus auf rechnergestützte Methoden verzichten, für digitale Quellen sind sie sogar unabdingbar. Historikerinnen und Historiker werden in naher Zukunft nicht mehr nur dort graben müssen, wo gute Lichtverhältnisse herrschen.

Wie aber kann die Computergeschichte jenseits des erneuten Einbruchs der Zukunft in die Gegenwart zukunftsträchtige Themen entwickeln? Dafür ist sicher und vor allem eine erneuerte Fragekultur notwendig, die sich unseres Erachtens auf verschiedene Arten entwickeln lässt. Einigermaßen leicht ist eine Umkehrung der dominierenden Perspektiven vorzunehmen. Das ist in einigen Fällen trotz der pessimistischen Einschätzung von Aspray mit Erfolg durchgeführt worden: Gegen die Hardwaredominanz der Computergeschichte haben Martin Campbell-Kelly, Thomas Haigh, Timo Leimbach und andere die Bedeu-

---

75 Dieses Schicksal teilt die Computergeschichte mit der Technikgeschichte.

76 Burdick, Humanities. Zur Geschichte des Humanities Computing und der Digital Humanities siehe: Jones, Emergence.

tung einer Softwaregeschichte aufgezeigt.[77] Das gab auch neue Antworten auf alte Fragen – etwa solche, die die Unternehmenskultur, das Risiko von Entscheidungen oder jenes der Planung betrafen. Die Umkehrung der Perspektive funktioniert allerdings nur dann, wenn beispielsweise die Geschichte der Software nicht wieder so geschrieben wird, wie bereits die Hardwaregeschichte erzählt wurde. Niemand braucht nochmals eine Geschichte von leidenden, aber schlauen Helden (die man jetzt Hacker nennt, weil es um Software geht) und eine Geschichte der Pionierinnen und Pioniere (die nun *first movers* heißen, weil sie eine *killer app* lanciert haben). Niemand möchte wirklich nochmal hören, dass ehemalige IBM-Ingenieure ein Softwareimperium gründeten, weil sie auf Universalstandards setzten. Aber dort, wo das Thema der Mensch-Maschine-Interaktion bzw. -Konkurrenz längst ausgereizt ist, könnte man sich ja mit der NASA und David Mindell die Frage stellen, wie denn Astronauten mit Hilfe von Rechnern und Programmen so ruhiggestellt werden konnten, dass sie zum passiven, also berechenbaren Transportgut eines Raumschiffs wurden und nicht mehr wie weiland Neil Armstrong die sanfte Landung von Apollo 11 in ein Rodeo verwandelten.[78] Ähnliche Perspektivenwechsel lassen sich vornehmen, wenn Rechner nicht als Automatisierungsgeräte, sondern als Instrumente gedeutet werden, die man für den Umbau von Organisationen einsetzen konnte,[79] wenn Computer statt als Geschwindigkeitsagenten hinsichtlich ihrer gezielten Nutzung von langsamen Prozessen, Auslagerungen, Staus und Warteschlaufen betrachtet werden,[80] wenn statt auf Vernetzung auf die Unterbrechungen und Inkompatibilitäten, statt auf Virtualität auf die Materialität von Kabeln und Rechenzentren, wenn statt auf Gerätekosten auf Betriebskosten geachtet wird. Schließlich lässt sich auch gegen die ermüdende Erzählung von der Kolonialisierung der Lebenswelt durch den Computer die Zivilisierung und Besiedelung des Rechners mit Gewinn thematisieren.[81]

Etwas schwieriger zu behandeln sind dagegen *Interdependenzen* oder das, was man soziotechnische Verhältnisse nennen mag. Aus der Entwicklung der Wissensgeschichte könnte man sowohl für die Computergeschichte wie für die Technikgeschichte im Allgemeinen mitnehmen, dass insbesondere die Zirkulation von Wissen, die Interaktion von Akteuren des Wissens sowie die Repräsentation von Wissensbeständen festgefahrene disziplinäre und protodisziplinäre Fixierungen lockern können und zu einer fruchtbaren

77 Haigh, Software; Haigh, Bucket; Mahoney, Software; Campbell-Kelly, Airline; Campbell-Kelly, History of Software; Leimbach, Programmierbüro.

78 Mindell, Apollo.

79 Girschik, Kassen; Gugerli, Banking; Zetti, Erschliessung.

80 Dommann, Papierstau; Dommann, Transportbrett.

81 Gugerli, Computer.

intellektuellen Beweglichkeit führen.[82] Für eine Computergeschichte mit Wiederbelebungspotential für die Technikgeschichte käme es wohl vor allem darauf an, teleologische oder technikdeterministische Argumentationen zu vermeiden. Die Dynamik des computerhistorischen Feldes verbietet es auch, aus purer Sehnsucht nach einfachen Erzählungen oder aus lauter Uninspiriertheit nach dem *big picture* und der Ausbreitung großer Ideen zu fragen. Aber solche Gefahren bestehen eigentlich nur dann, wenn das Wissen um die Technikgeschichte des Computers etwas dürftig ist.

Besonders interessant ist es in der Computergeschichte, wenn jene *Kippmomente* in den Blick geraten, in denen historische Akteure von ihrem eigenen Tun überrascht sind – etwa so, wie die Entwickler der eben erwähnten Apollocomputer, die während der Arbeit an einem Rechnersystem, das Astronauten im All beim Navigieren dienen sollte, feststellten, dass sie gerade dabei waren, aus den Astronauten eine Bedienmannschaft für den Rechner im All zu machen.[83] Solche Perspektivwechsel sind keine zufälligen Ereignisse, sondern können als nichtintendierte Lernprozesse und Rekonzeptualisierungen verstanden werden, die sich in jenen Aushandlungszonen ergeben, die sich sowohl in der Entwicklungsarbeit wie auch im Verlauf von Implementierungsprojekten einstellen. Zu guter Letzt: Die enorme Bedeutung *des Projekts* als Aushandlungsplattform der digitalen Gesellschaft ist nicht nur ein heuristisches Geschenk an die Computergeschichte, sondern auch eine therapeutisch wirkungsvolle Kurpackung gegen fast alle lethargischen Zustände in der Technikgeschichte. In Projekten muss der Lauf der Dinge mit Fantasie und scharfen Argumenten ausgehandelt werden. Mit unheiligen Allianzen sollen unmögliche Ziele erreicht werden, mit dramatischen Abfuhren neue Räume eröffnet. Darum lässt sich selbst noch aus den Hinterlassenschaften von Projekten eine produktive Irritationsquelle erschließen und eine lebendige Technikgeschichte entwickeln. Man muss darum nicht nochmals bei Alan Turings Papieren starten oder den Whirlwind-Computer rekonstruieren, um sich von der Computergeschichte frischen Wind für die Technikgeschichte versprechen zu dürfen.

82 Speich-Chassé/Gugerli, Wissensgeschichte; Gugerli/Tornay, Konfigurationen; Sarasin Wissensgeschichte.

83 Mindell, Apollo.

Literaturverzeichnis

Aspray, William: John von Neumann and the Origins of Modern Computing. Cambridge MA 1990.

Aspray, William: Leadership in Computing History. Arthur Norberg and the Charles Babbage Institute, in: IEEE Annals of the History of Computing 29 (2007), S. 16-26.

Aspray, William: Information Society, Domains, and Culture, in: IEEE Annals of the History of Computing 37 (2015), S. 2-4.

Austrian, Geoffrey D.: Herman Hollerith. Forgotten Giant of Information Processing. New York NY 1982.

Backus, John: The History of Fortran I, II, and III, in: IEEE Annals of the History of Computing 20 (1998), S. 68-78.

Bashe, Charles J. u. a.: IBM's Early Computers. Cambridge MA 1986.

Bashe, Charles J.: Constructing the IBM ASCC (Harvard Mark I), in: I. Bernard Cohen u. a. (Hg.): Maikin' Numbers. Howard Aiken and the Computer. Cambridge MA u. a. 1999, S. 65-75.

Bauer, Friedrich L./Wössner, Hans: The "Plankalkül" of Konrad Zuse. A Forerunner of Today's Programming Languages, in: Communications of the ACM 15 (1972), S. 678-685.

Bolter, Jay David/Grusin, Richard Arthur: Remediation. Understanding New Media. Cambridge MA 1998.

Bolz, Norbert: Am Ende der Gutenberg-Galaxis. Die neuen Kommunikationsverhältnisse. München 1993.

Bolz, Norbert u. a.: Computer als Medium, Bd. 4. München 1994.

Bruderer, Herbert: Konrad Zuse und die ETH Zürich. Zum 100. Geburtstag des Informatikpioniers Konrad Zuse (22.6.2010). Zürich 2010.

Burdick, Anne: Digital Humanities. Cambridge MA 2012.

Campbell-Kelly, Martin/Aspray, William: Computer. A History of the Information Machine. New York NY 1996.

Campbell-Kelly, Martin/Williams, Michael R. (Hg.): The Moore School Lectures, Reprint Series for the History of Computing, Bd. 9. London u. a. 1985.

Campbell-Kelly, Martin u. a.: Past into Present. The EDSAC Simulator, in: Raul Rojas/Ulf Hashagen (Hg.): The First Computers. History and Architectures, Cambridge MA 2000. S. 397-418.

Campbell-Kelly, Martin: From Airline Reservations to Sonic the Hedgehog. A History of the Software Industry. Cambridge MA 2003.

Campbell-Kelly, Martin/Aspray, William: Computer. A History of the Information Machine. New York NY 2004.

Campbell-Kelly, Martin: The History of the History of Software, in: IEEE Annals of the History of Computing 29 (2007), S. 40-51.

Campbell-Kelly, Martin u. a.: Computer. A History of the Information Machine. New York NY 2014.

Ceruzzi, Paul E.: Reckoners. The Prehistory of the Digital Computer, from Relays to the Stored Program Concept, 1935-1945. Westport 1983.

Ceruzzi, Paul E.: Review: Turing Man. Western Culture in the Computer-Age by David Bolter, in: Technology and Culture 26 (1985), S. 341-343.

Ceruzzi, Paul E.: Moore's Law and Technological Determinism. Reflections on the History of Technology, in: Technology and Culture 46 (2005), S. 584-593.

Chandler, Alfred D.: Inventing the Electronic Century. The Epic Story of the Consumer Electronics and Computer Industries. Cambridge 2003.

Chivers, Ian D./Clark, Malcolm W.: History and Future of Fortran, in: Data Processing 27 (1985), S. 39-41.

Cohen, Bernard I./Aspray, William: Howard Aiken and the Dawn of the Computer Age, in: Raul Rojas/Ulf Hashagen (Hg.): The First Computers. History and Architectures. Cambridge MA 2000, S. 107-120.

Cohen, I. Bernard: Foreword, in: Charles J. Bashe u. a. (Hg.): IBM's Early Computers. Cambridge MA 1986, S. xi-xiii.

Cortada, James W.: The Digital Hand. How Computers Changed the Work of American Manufacturing, Transportation, and Retail Industries, Bd. 1. Oxford 2004.

Cortada, James W.: The Digital Hand. How Computers Changed the Work of American Financial, Telecommunications, Media, and Entertainment Industries, Bd. 2. Oxford 2006.

Denning, Peter J.: Third Generation Computer Systems, in: ACM Computing Surveys 3 (1971), S. 175-216.

Dommann, Monika: Papierstau und Informationsfluss. Die Normierung der Bibliothekskopie, in: Historische Anthropologie 16 (2008), S. 31-54.

Dommann, Monika: "Be Wise – Palletize". Die Transformationen eines Transportbretts zwischen den USA und Europa im Zeitalter der Logistik, in: traverse 16 (2009), S. 21-35.

Edwards, Paul N.: The Closed World. Computers and the Politics of Discourse in Cold War America. Cambridge MA u. a. 1996.

Ensmenger, Nathan: Review: Inventing the Electronic Century. The Epic Story of the Consumer Electronics and Computer Industries by Alfred D. Chandler, in: Technology and Culture 47 (2006), S. 680-681.

Freiberger, Paul/Swaine, Michael: Fire in the Valley. The Making of the Personal Computer. Berkeley CA 1984

Freiberger, Paul/Swaine, Michael: Fire in the Valley. The Birth and Death of the Personal Computer. Dallas TX 2014.

Füßl, Wilhelm (Hg.): 100 Jahre Konrad Zuse. Einblicke in den Nachlass. München 2010.

Garratt, Gerald R. M.: The Early History of Radio. From Faraday to Marconi. London 1994.

Girschik, Katja: Als die Kassen lesen lernten. Eine Technik- und Unternehmensgeschichte des Schweizer Einzelhandels 1950 bis 1975 (Schriftenreihe der Zeitschrift für Unternehmensgeschichte Bd. 22). München 2010.

Greenfield, M. N.: History of Fortran Standardization, in: Afips Conference Proceedings 51 (1982), S. 817-824.

Gugerli, David: Data Banking. Computing and Flexibility in Swiss Banks 1960-1990, in: Alexandros-Andreas Kyrtsis (Hg.): Financial Markets and Organizational Technologies. System Architectures, Practices and Risks in the Era of Deregulation. Houndmills 2010, S. 117-136.

Gugerli, David: Wie die Welt in den Computer kam. Zur Entstehung digitaler Wirklichkeit. Frankfurt am Main 2018.

Gugerli, David/Mangold, Hannes: Diskussionsforum: Betriebssysteme und Computerfahndung. Zur Genese einer digitalen Überwachungskultur, in: Geschichte und Gesellschaft 42 (2016), S. 144-174.

Gugerli, David/Tornay, Magaly: Das Zeitalter der Konfigurationen 1980 bis 2010. Ein Beitrag zur zeithistorischen Debatte, in: Historische Anthropologie 2 (2018), S. 224-244

Gugerli, David/Zetti, Daniela: Digitale Gesellschaft (Rohfassung). Beitrag zum Historischen Lexikon der Schweiz, in: Preprints zur Kulturgeschichte der Technik 30 (2018).

Gumbrecht, H. U./Pfeiffer, K. L.: Materialität der Kommunikation. Frankfurt am Main 1988.

Güntsch, Fritz-Rudolf: Konrad Zuse und das Konzept des Universalrechners, in: Hans Dieter Hellige (Hg.): Geschichten der Informatik. Visionen, Paradigmen, Leitmotive. Berlin 2004, S. 43-58.

Haigh, Thomas: Software in the 1960s as Concept, Service, and Product, in: IEEE Annals of the History of Computing 24 (2002), S. 5-13.

Haigh, Thomas: "A Veritable Bucket of Facts." Origins of the Data Base Management System, in: ACM SIGMOD Record 35 (2006), S. 33-49.

Heising, William P.: History and Summary of Fortran Standardization. Development for the ASA, in: Communications of the ACM 7 (1964), S. 590.

Hochhuth, Rolf: Alan Turing. Erzählung. Reinbek bei Hamburg 1987.

Hodges, Andrew: Alan Turing. The Enigma. London 1983.

Hollander, Gerhard L.: Data Processing with a Quasi-Random-Access Memory, in: Electrical Engineering 74 (1956), S. 466-468.

Ichbiah, Daniel: Die Microsoft Story. Bill Gates und das erfolgreichste Software-Unternehmen der Welt. München 1993.

Jones, Steven E.: The Emergence of the Digital Humanities. New York NY 2014.

Kittler, Friedrich A.: Es gibt keine Software, in: Friedrich A. Kittler (Hg.): Draculas Vermächtnis. Technische Schriften. Leipzig 1993, S. 225-242.

Krämer, Sybille u. a.: Medien, Computer, Realität. Wirklichkeitsvorstellungen und Neue Medien. Frankfurt am Main 1998.

Leimbach, Timo: Vom Programmierbüro zum globalen Softwareproduzenten. Die Erfolgsfaktoren der SAP von der Gründung bis zum R/3-Boom, 1972-1996, in: Zeitschrift für Unternehmensgeschichte 52 (2007), S. 33-56.

Lesser, Murray L./Haanstra, J. W.: The RAMAC Data-Processing Machine, New York NY 1957, S. 139-146.

Ludgate, Percy. E.: On a Proposed Analytical Machine, in: Scientific Proceedings of the Royal Dublin Society 12 (1909), S. 77-91.

MacKenzie, Donald A.: Inventing Accuracy. An Historical Sociology of Nuclear Missile Guidance. Cambridge MA 1990.

MacKenzie, Donald: Knowing Machines. Essays on Technical Change. Cambridge MA u. a. 1996.

MacKenzie, Donald A.: An Engine, not a Camera. How Financial Models Shape Markets. Cambridge MA 2006.

Mahoney, Michael S.: The History of Computing in the History of Technology, in: Annals of the History of Computing 10 (1988), S. 113-125.

Mahoney, Michael S.: The Histories of Computing(s), in: Interdisciplinary Science Reviews 30 (2005), S. 119-135.

Mahoney, M. S.: What Makes the History of Software Hard, in: IEEE Annals of the History of Computing 30 (2008), S. 8-18.

Manovich, Lev: The Language of New Media. Cambridge MA 2001.

Mindell, David A.: Digital Apollo. Human and Machine in Spaceflight. Cambridge MA 2008.

Münker, Stefan/Roesler, Alexander: Mythos Internet. Frankfurt am Main 1997.

Muxworthy, D. T.: Standard Fortran. Short History, in: Computer Bulletin 16 (1972), S. 211-212.

Neumann, John von: First Draft of a Report on the EDVAC 1945, in: Brian Randell (Hg.): The Origins of Digital Computers. Selected Papers. Berlin u. a. 1975 (1973), S. 355-364.

Nofre, David: Review: It Began with Babbage. The Genesis of Computer Science by Subrata Dasgupta, in: Technology and Culture 56 (2015), S. 537-538.

Norberg, Arthur: Use of CBI's Research-Grade Oral Histories from CBI, in: Charles Babbage Institute Newsletter 24 (2002), S. 3-6.

Postley, John A./Jackabson, H.: The Third Generation Computer Language. Parameters Do the Programming Job, in: Data Processing Management Association (Hg.): Data Processing. Los Angeles CA 1966, S. 408-415.

Postley, John A.: Mark IV. Evolution of the Software Product, a Memoir, in: IEEE Annals of the History of Computing 20 (1998), S. 43-50.

Press, Larry u. a.: The Next Generation of Personal Computers. A Position Paper, in: SIGPC Note 1 (1979), S. 7-17.

Randell, Brian: Ludgate's Analytical Machine of 1909, in: Computer Journal 14 (1971), S. 317-326.

Randell, Brian (Hg.): The Origins of Digital Computers. Selected Papers. Berlin u. a. 1975 (1973).

Randell, Brian: Colossus. Godfather of the Computer, in: New Scientist 73 (1977), S. 346-348.

Randell, Brian: A Turing Enigma, in: M. Koutny und I. Ulidowski (Hg.): CONCUR 2012 – Concurrency Theory. Heidelberg u. a. 2012, S. 23-36.

Randell, Brian: Uncovering Colossus, 7.2.2013, https://www.youtube.com/watch?v=Yl6pK1Z7B5Q (acc. 26.6.2018).

Reid, Robert H.: Architects of the Web. 1000 Days that Built the Future of Business. New York 1997.

Rotman, Brian: Ad Infinitum. The Ghost in Turing's Machine. Stanford CA 1993.

Sandner, Günther/Spengler, Hans: Die Entwicklung der Datenverarbeitung von Hollerith-Lochkartenmaschinen zu IBM Enterprise-Servern von 1887 bis 2000, in 10 Epochen. Böblingen 2006.

Sarasin, Philipp: Was ist Wissensgeschichte?, in: Internationales Archiv für Sozialgeschichte der deutschen Literatur 36 (2011), S. 159-172.

Schmidgen, Henning: Die Materialität der Dinge? Bruno Latour und die Wissenschaftsgeschichte, in: Georg Kneer u. a. (Hg.): Bruno Latours Kollektive. Frankfurt am Main 2008, S. 15-46.

Scholl, Lars U.: Marconi versus Telefunken. Drahtlose Telegraphie und ihre Bedeutung für die Schiffahrt, in: Günter Bayerl/Wolfhard Weber (Hg.): Sozialgeschichte der Technik. Ulrich Troitzsch zum 60. Geburtstag. Münster u. a. 1998, S. 277-286.

Stern, Nancy: The Eckert-Mauchly Computers. Conceptual Triumphs, Commercial Tribulations, in: Technology and Culture 23 (1982), S. 569-582.

Speich-Chassé, Daniel/Gugerli, David: Wissensgeschichte. Eine Standortbestimmung, in: traverse 18 (2012), S. 85-100.

Turing, Alan M.: On Computable Numbers, with an Application to the Entscheidungsproblem, in: Proceedings of the London Mathematical Society 42 (1937), S. 230-265.

Turing, Sara: Alan M. Turing. Cambridge 1959.

Turkle, Sherry: Life on the Screen. Identity in the Age of the Internet. New York NY 1995.

Turner, Fred: Where the Counterculture Met the New Economy. The WELL and the Origins of Virtual Community, in: Technology and Culture 46 (2005), S. 485-512.

Warnke, Martin u. a.: HyperKult. Geschichte, Theorie und Kontext digitaler Medien. Basel 1997.

White, Lynn, Jr.: The Technical Act. The Act of Invention. Causes, Contexts, Continuities and Consequences, in: Terry S. Reynolds/Stephen H. Cutcliffe (Hg.): Technology and the West. A Historical Anthology from Technology and Culture. Chicago IL 1997, S. 67-82.

Williams, Michael R.: Makin' Numbers. Howard Aiken and the Computer, in: Technology and Culture 41 (2000), S. 823-825.

Williams, Michael R.: A Preview of Things to Come. Some Remarks on the First Generation of Computers, in: Raul Rojas/Ulf Hashagen (Hg.): The First Computers. History and Architectures. Cambridge MA 2000, S. 1-16.

Wirth, Niklaus: The Programming Language Pascal, Berichte der Fachgruppe Computerwissenschaften. Zürich 1970.

Zetti, Daniela: Handlungsreisen. James W. Cortadas The Digital Hand, in: David Gugerli, u. a. (Hg.): Nach Feierabend. Zürich u. a. 2007, S. 155-160.

Zetti, Daniela: Die Erschliessung der Rechenanlage. Computer im Postcheckdienst, 1964-1974, in: traverse 15 (2009), S. 88-101.

Anne-Katrin Ebert

Ran an die Objekte! Ein Plädoyer für das gemeinsame Erforschen und Sammeln von Objekten in den technischen Museen

1. Einleitung

Die Forschung an und mit Objekten war immer ein Anspruch der Technikgeschichte. Eng verwoben mit der Formierung der Technikgeschichte als Wissensdisziplin ist die Herausbildung der modernen Technikmuseen mit ihren Objektsammlungen. Die Zusammenarbeit zwischen technikhistorischen Museen und technikhistorischer Forschung an den Universitäten hat eine lange Tradition, sie wurde und wird auf vielfältige Art und Weise betrieben, und doch ist dieser Austausch zwischen den Institutionen immer noch ausbaufähig. Für die Kunstgeschichte wurde vor einigen Jahren konstatiert, es hätten sich zwei Kunstgeschichten herausgebildet, die eine museal, die andere universitär verankert, „with their different audiences, different values, different conceptions of scholarship and, in some cases, mutual suspicion of each other's professional practices".[1] Auch in der Technikgeschichte lässt sich dieses Phänomen in Ansätzen beobachten.

Dieser Aufsatz versteht sich als ein Plädoyer an Wissenschaftler/innen in technikhistorischen Museen und Universitäten gleichermaßen, den traditionell guten institutionenübergreifenden Dialog noch mehr zu intensivieren und einen gemeinsamen Fokus auf die Forschung an den Objekten und die musealen Objektsammlungen zu legen. Dies betrifft zunächst die Museumskurator/innen, die als „Hüter/innen" der Objektsammlungen maßgeblich für deren Zugänglichkeit im physischen wie auch im übertragenen Sinne zuständig sind.[2] Neuere Ansätze in der Museologie haben auf die zentrale Funktion der Kurator/innen in der Vernetzung von Dingen und Menschen

1 Vgl. Haxthausen, Introduction, S. IX.

2 Während im Englischen fast ausschließlich von *curators* die Rede ist, existieren im Deutschen sowohl die Berufsbezeichnung „Kurator/in" als auch „Kustos/Kustodin". Die beiden lateinischen Wortwurzeln haben durchaus unterschiedliche Implikationen (curare als „sorgen, pflegen, sich kümmern", custodire als „bewachen, bewahren"). Die Präferenz der Berufsbezeichnung „Kurator/in" im Folgenden beruht auf der offeneren Konnotation des lateinischen Verbs, schließt aber ausdrücklich alle Kustod/innen an den deutschsprachigen technischen Museen ein.

 | DOI:10.30965/9783657792337_008

verwiesen.[3] Die Stoßrichtung dieser Ansätze gilt vor allem dem Abbau von Hierarchien und der Öffnung der Institution Museum hin zu verschiedenen sozialen Gruppen.[4] Der einstige elitäre Musentempel soll zum „Museum für alle" werden.[5] Die Verknüpfung der Menschen und Dinge kann indes nicht nur mit und durch Ausstellungen, sondern – wie im Folgenden darzustellen sein wird – ebenfalls über die Sammlungspflege erfolgen. Die Museen können und müssen sich in ihrer Arbeit noch viel mehr öffnen und dabei auch eine Vernetzung über die zahlreichen, nicht in Ausstellungen zugänglichen Objekte betreiben.

Umgekehrt versteht sich dieser Aufsatz überdies als Plädoyer an die Dozent/innen an den universitären Einrichtungen, Museen in ihren Seminaren nicht nur in Form von Ausstellungsbesuchen zu berücksichtigen, sondern die Objektforschung sowie die Vielschichtigkeit der musealen Aufgaben inklusive des Sammelns von Objekten zum Gegenstand der Lehre zu machen. Zur Museumsarbeit gehören nach der gängigen Definition des *International Council of Museums* (ICOM) grundsätzlich das Sammeln, Bewahren, Forschen, Ausstellen und Vermitteln.[6] Bemerkenswerterweise stehen in dieser Aufzählung das Ausstellen und Vermitteln, mit denen das Museum ganz allgemein am ehesten assoziiert wird, an letzter Stelle, und sie werden durchaus als Ergebnis der ersten drei grundsätzlichen Aspekte der Museumsarbeit verstanden: dem Sammeln, Bewahren und Forschen.[7]

Das Sammeln als eine grundlegende, das Denken mit und über Objekte bestimmende Form der Wissensproduktion ist indes in der universitären technikhistorischen Forschung selten ein Thema. Dabei ist die Aneignung und Anordnung von Objekten eine symbolische Form der Weltverfügung, deren Formen und Strukturen in den letzten Jahren ausgiebig, jedoch vorwiegend innerhalb der *Museum Community* diskutiert wurden.[8] Kein Museum ohne Forschung, keine Forschung ohne Sammlung – diese programmatische Zu-

---

3 Zur Einführung in die Museologie vgl. Walz, Handbuch; ARGE schnittpunkt, Handbuch; Macdonald, Companion.

4 Siehe zuletzt z.B. John, Museen; Simon/Atkins, Museum; Gesser, Museum; Krasny, Women's Museum; Kazeem-Kamiński u.a., Kuratieren.

5 Siehe Hochreither, Musentempel; Rodekamp, Alle Welt.

6 Deutscher Museumsbund/ICOM Deutschland, Standards, S. 6.

7 Der Hinweis auf diese drei „originären" Aufgaben des Museums findet sich auch auf den Seiten des deutschen Museumsbunds: http://www.museumsbund.de/museumsaufgaben/ (acc. 4.7.2018).

8 Siehe hierzu beispielsweise die Veröffentlichungen von Pearce, Collecting; Pearce, Interpreting; Pearce, Museums. Für diese Diskussionen über das Sammeln im 21. Jahrhundert siehe: Hoins/von Mallinckrodt, Macht; Selheim, Zukunft.

sammenfassung ist ein Appell an die universitären Forschungseinrichtungen, das Forschungspotential der Museen nicht zu unterschätzen.[9]

Ziel dieses Aufsatzes ist es, die Lust auf die Auseinandersetzung mit der materiellen Kultur zu wecken und insbesondere auf das Sammeln und die Sammlungspflege als fundamentale Bestandteile der Wissensproduktion aufmerksam zu machen. Eine intensivere Zusammenarbeit zwischen Universitäten, Forschungsinstitutionen und Museen, bei der die museale Arbeit in ihrem Spannungsfeld des „Deponierens und Exponierens"[10] als gemeinsame Aufgabe erkannt und diskutiert wird, bildet nicht nur die Grundlage für die Forschung an Objekten als Quellen der Technikgeschichte, sondern ist auch ein Wettbewerbsvorteil dieser akademischen Teildisziplin. Denn die Technikgeschichte ist ein kleines Fach mit vielen großen und kleinen Museen. Dies ist im gegenwärtigen Boom der materiellen Kulturforschung eine besondere Qualität, erleichtert es doch das intime, interdisziplinäre Forschen unmittelbar mit dem Objekt.

2. Objektforschung als multiperspektivischer Dialog

In den letzten Jahren wurden mehrere große Forschungsprogramme zur Förderung der Forschung an den musealen Sammlungen implementiert. Seit 2007 zielt das Programm „Forschung in Museen" der VolkswagenStiftung darauf ab, die Forschenden und die Forschung am Museum zu stärken. Das Programm richtet sich insbesondere an mittlere und kleine Museen in kommunaler oder Landesträgerschaft.[11] Den Empfehlungen des Wissenschaftsrats in Deutschland folgend, die Universitätssammlungen stärker in Forschung und Lehre einzubinden, untersuchen zudem seit 2012 eine Reihe von Forschungsprojekten die „Sprache der Objekte" und betrachten die universitären Sammlungen als Medien der Wissensbildung neu.[12] Die Dinge „zum Reden zu bringen",[13] ist zum ehrgeizigen Ziel unterschiedlichster Projekte geworden, wobei die viel beschworene „Sprache der Objekte" eben nicht nur das Sprechen über die Dinge beinhaltet, sondern auch die direkte, unmittelbare Auseinandersetzung

9 Bredekamp, Museum.

10 Korff, Museumsdinge.

11 Vgl. https://www.volkswagenstiftung.de/unsere-foerderung/unser-foerderangebot-im-ueberblick/forschung-in-museen.html (acc. 8.2.2018).

12 Vgl. https://www.bmbf.de/de/kulturelles-erbe-und-forschungsmuseen-746.html (acc. 8.2.2018).

13 Für eine frühe Zusammenarbeit zwischen Kunsthistoriker/innen und Wissenschaftshistorikerinnen bezüglich der Sprache der Objekte siehe Daston, Things.

mit ihnen, d.h. die Bereitschaft, sich sinnlich und haptisch auf die Materialität der Objekte einzulassen, ihre Körperlichkeit mit der eigenen Körperlichkeit zu er-fahren und zu be-greifen.

Als Teildisziplin der Geschichtswissenschaften wird der Technikgeschichte zumeist zugebilligt, sie habe von Anfang an eine größere Affinität und Hinwendung zu Objekten und „Realien" demonstriert als andere.[14] Dies ist unter anderem darauf zurückzuführen, dass die Konstituierung der Technikgeschichte als wissenschaftliche Disziplin von Seiten der Technikwissenschaften beeinflusst wurde, die ein weniger stark ausgeprägtes Misstrauen gegenüber den „Realien" hegten als die humanistisch geprägte Geschichtsschreibung. Letztere richtete sich vor allem auf das Quellenstudium und das Analysieren schriftlicher Zeugnisse und betrieb damit eine bisweilen ins Snobistische gereichende disziplinäre Abgrenzung gegenüber der Volkskunde.

Zur Objektforschung in der Technikgeschichte sind mit den Einflüssen der Alltagsgeschichte sowie der Konsumgeschichte als Gegenstück zur jahrzehntelang gepflegten Produktionsgeschichte zahlreiche neuere Studien entstanden.[15] Technikhistorische Forschungen untersuchen mittlerweile Fragen der Gestalt und des Designs.[16] Auch bezüglich der Funktionsweisen von Objekten wurden neue Forschungsmethoden entwickelt. In der experimentellen Wissenschaftsgeschichte werden historische Instrumente nachgebaut und deren Gebrauch nachgestellt, um Erkenntnisse über historische Praktiken und wissenschaftliche Ergebnisse zu gewinnen.[17] Für die Medienarchäologie ist kürzlich für eine „experimentelle Bildung" plädiert worden, eine gewissermaßen nonverbale, grundlegende Sensibilität bezüglich der Materialien und Funktionalitäten der Objekte, die die Technikhistoriker/innen im Umgang mit den Objekten gewinnen können.[18]

Ein frühes Modell zur Analyse von Objekten in der Kulturgeschichte war das sogenannte Winterthur Modell von 1974.[19] Dies schuf ein bis heute zweckdienliches Raster von Betrachtungsweisen in der Objektanalyse, zu der die Identifikation und Analyse von Materialien, Konstruktion und Design ebenso

---

14 Ein solches frühes Interesse an materialitätsbezogenen Diskussionen im Gegensatz zur allgemeinen Geschichte attestierte der Technikgeschichte zuletzt Knoll, Bodenhaftung? Einen sehr guten Überblick zur Objektforschung in den Sozial- und Kulturwissenschaften bieten Samida, Handbuch.

15 Ruppert, Fahrrad; Ruppert, Chiffren; Ruppert, Um 1968; König, Technikgeschichte; König, Volkswagen. Für eine Produktgeschichte siehe Sudrow, Schuh.

16 Vgl. Röther, Sound; Gerber, Küche; Heßler, Gestalt; Weber, Versprechen; Ebert, Design.

17 Heering u.a., Labor; Breidbach u.a., Wissenschaftsgeschichte; Staubermann, Reconstructions; Ludwig, Modell.

18 Fickers, Plädoyer.

19 Fleming, Artifact.

gehören wie Funktionsweisen und Objektgeschichten. In den 1990er Jahren rangen insbesondere Kurator/innen der Smithsonian Institution in den USA in mehreren Veröffentlichungen um das Erkenntnispotential der Objekte.[20] Den unterschiedlichen Dimensionen von Objekten, ihrer Materialität, ihrer Funktionalität und ihren symbolischen Bedeutungen gingen auch die Autorinnen und Autoren eines Sammelbands des Deutschen Museums über die Objekte und Objektsammlungen in der Gründungszeit des Hauses nach.[21] Dabei ist die einstige starke Konzentration auf das Objekt, wie sie das Winterthur Modell noch vorsah, in den Museen längst einer kontextualisierenden Forschung gewichen.[22] Die Gewichtung und das Verhältnis zwischen der Forschung über und der Forschung am Objekt bleiben jedoch, wie im Folgenden noch aufzuzeigen sein wird, eine ständige Herausforderung, nicht nur in den Museen.

Als regelmäßiger Austausch über Objektforschungen und Objektsammlungen in der stärker museal geprägten Technikgeschichte etablierte sich Mitte der 1990er Jahre die Gruppe *Artefacts*, deren Gründungsväter am *Science Museum* in London, der *Smithsonian Institution* in Washington D.C. und dem Deutschen Museum in München saßen.[23] Die Gruppe veröffentlicht seit 1999 Sammelbände zur Objektforschung, wobei die thematischen Schwerpunkte sowohl auf einzelnen Teilbereichen wie Verkehr, Elektronik oder Medizintechnik als auch auf allgemeinen Fragen wie dem Sammeln der Gegenwart, der wandelnden Bedeutung von Objektsammlungen oder der Globalisierung von Objekten liegen.[24] Seit 2017 sind die Veröffentlichungen online verfügbar.[25]

Objekte können in der Forschung unterschiedliche Funktionen einnehmen. Sie können zur Illustration eines Arguments dienen. Die materielle Kulturforschung nimmt das Objekt selbst in den Blick und nutzt es als Quelle. In einer solchermaßen objektgestützten Forschung stehen die Dinge als gleichberechtigte Quellengattung neben Text und Bild. Anhand dieser unterschiedlichen Quellen werden Aussagen getätigt, überprüft oder nuanciert. In der objektfokussierten Forschung rückt das Objekt in das eigentliche Zentrum der

---

20 Kingery, Learning; Lubar, History.

21 Hashagen u.a., Circa 1903.

22 Zuletzt plädierte noch einmal für eine kontextualisierende Forschung über das Objekt hinaus Schmidt, Bulldog.

23 Vgl. http://www.artefactsconsortium.org/AboutUs/MainAboutUsF.html (acc. 4.7.2018).

24 Zu den starker an Objektgruppen orientierten Veröffentlichungen der frühen Jahre siehe: Trischler/Zeilinger, Transport; Finn, Electronics; Bud, Medicine. Bezüglich der stärker thematisch orientierten Sammelbände der letzten Jahre siehe Boyle/Hagmann, Challenging; Dewalt/Möllers, Objects.

25 http://opensi.si.edu/index.php/smithsonian/catalog/book/168 (acc. 4.7.2018).

Aufmerksamkeit und wird zum Prisma, mit dem in einer Art Mikrostudie gesellschaftliche Prozesse aufgezeigt werden.[26]

Trotz der Objektaffinität der Technikgeschichte dienen die Dinge in vielen Publikationen bei genauerer Betrachtung jedoch nach wie vor der Illustration. Der forschende Blick richtet sich zunächst in die Betriebsanleitung, das Handbuch oder den Werbetext und nutzt das Objekt als Illustration zum Text. Dies liegt mitunter daran, dass der Zugang zu den Objekten im Wissenschafts- und Museumsalltag häufig auf praktische Schwierigkeiten stößt. Die Forschenden müssen von ihren Schreibtischen in die Museen und in die Depots. Dort müssen die Objekte frei geräumt und bereitgestellt werden, der Umgang mit ihnen muss erlaubt und ermöglicht werden. Dazu gehören im Museumsalltag die sprichwörtlichen weißen Handschuhe, und dazu gehört die Auseinandersetzung mit den Kurator/innen und Restaurator/innen, welche Handgriffe erlaubt sind und welche Tests womöglich die Originalsubstanz gefährden. Der Zugang zu den Objekten ist nach wie vor wie ein Privileg. Es ist der Blick hinter die Kulissen, in die Schatzkammern jenseits der offiziellen Ausstellungen.

Für viele Studierende geisteswissenschaftlicher Fächer ist die Forschung mit den Objekten eine Herausforderung, weil sie andere Sinne anspricht als das privilegierte und im Studium vorwiegend trainierte Lesen. Zum aufmerksamen Beobachten treten das Fühlen und das Tasten, das Hören, das Riechen, bisweilen sogar das Schmecken. Bei vielen Mobilitätsobjekten kommen Propriozeption und Gleichgewichtssinn hinzu, und im Betrieb kann selbst die Thermozeption eine Rolle spielen. Alle Sinne werden angesprochen, und häufig sind die Forschenden wenig geübt und unsicher im Umgang mit den eigenen Wahrnehmungen.

In den Geschichtswissenschaften ist die Skepsis gegenüber vermeintlich universellen körperlichen Erfahrungen zu Recht groß. Wissenschaftliche Modelle zum Umgang mit den Dingen stammen zumeist aus der Anthropologie oder Archäologie.[27] Erschwerend kommt hinzu, dass zumindest in den Konventionen der deutschsprachigen Geschichtswissenschaften das Sprechen über eigene körperliche Wahrnehmungen und Erfahrungen eher ungewöhnlich ist.

In einigen Naturwissenschaften hingegen ist das Training der Sinneswahrnehmungen Teil des wissenschaftlichen Selbstverständnisses. Diese disziplinären Unterschiede treten in der Forschung mit Objekten in den Museen schnell zu Tage. Bei der gemeinsamen Betrachtung des Lohner-Porsche Elektrofahrzeugs von 1900 sieht die historisch geschulte Kuratorin zunächst nur den Kut-

---

26 Vgl. zu dieser Unterscheidung Cremer, Kulturforschung.

27 Skibo/Schiffer, People.

schenaufbau aus Holz und Leder.[28] Sie stellt das Fahrzeug gedanklich in eine Reihe mit den anderen Kutschen der damaligen Zeit. Doch die hinzugezogenen Restaurator/innen machen sie darauf aufmerksam, dass trotz ähnlichem Aufbau die eingesetzten Materialien bemerkenswert sind. Das vermeintliche Leder vom Verdeck ist ein früher Kunststoff. Beim Öffnen der Radnabenmotoren fällt sofort das weiche, leichte Metall auf: Die Elektromotoren befinden sich in einem staubdichten Behältnis, das ein früher Aluminiumguss ist. Da die Radnabenmotoren bei jeder Lenkung mitbewegt werden müssen, offensichtlich ein Versuch, Gewicht zu sparen. Außerdem hängt ein eigentümlicher Geruch in der Luft, von dem eine der Expertinnen von der Konservierung und Restaurierung erklärt, er erinnere sie an das Transatlantikkabel. Tatsächlich kam sowohl in den Elektromotoren wie auch beim Kabel ein in Guttapercha getränktes Textil zur Isolierung zum Einsatz. Bei der zusätzlich ausgeführten Farbanalyse wird offenbar, dass die jetzige gedeckte Farbe des Elektrofahrzeugs erst viel später aufgetragen wurde. Ursprünglich war der Lohner-Porsche in bunten Farben gehalten; die Karosserie unterteilte sich in gelbe, grüne und weiße Teile. Rote Zierstriche auf dem Aluminiumguss des Elektromotors formten einen Stern.

In der Forschungsliteratur gelten Elektrofahrzeuge häufig als die weniger spektakulären, da eleganten, verlässlicheren und weitgehend geräuschlosen Automobile im Stadtverkehr.[29] Vor diesem Hintergrund sah die gelernte Historikerin bei ihrem ersten Blick nur die Verwandtschaft mit dem Kutschenbau und die gedeckten Farben. Tatsächlich aber präsentiert sich der Lohner-Porsche nach den Materialerhebungen und -analysen als grelles, kühnes Experiment, bei dem nicht nur der Antrieb, sondern auch die Karosserie und die Farbgebung mit neuer Technik, neuen Materialien und bunten Farben auftrumpften.

Im Museumsalltag sind interdisziplinäre Gruppen keine Seltenheit. Kurator/innen stammen aus den Technik- und Ingenieurwissenschaften ebenso wie aus den Geschichtswissenschaften, der Anthropologie und vielen weiteren wissenschaftlichen Disziplinen. Sie arbeiten mit Restaurator/innen zusammen, die zumeist über einen wissenschaftlichen Hintergrund in den Material- und Konservierungswissenschaften verfügen, und sie begrüßen immer wieder Besucher/innen im Depot, deren Interesse an den Objekten häufig wissenschaftlicher, aber vielfach ebenso privater Natur ist. Dieser interdisziplinäre, multiperspektivische Dialog über die Objekte, der im Museum immer wieder zwischen Museumsleuten, Wissenschaftler/innen sowie den

28 Vgl. http://data.tmw.at/object/138776.
29 Mom, Vehicle.

Museumsbesucher/innen und Oldtimer Fans stattfindet, bildet eine große Stärke dieses spezifischen Ortes und kann noch wesentlich stärker in die allgemeine Technikgeschichte eingebracht werden.

Die Arbeit der Museumskurator/innen ist in den letzten Jahren insbesondere durch das Internet und die digitale Präsentation von Sammlungen und Objekten in Online-Datenbanken transparenter geworden. Ob sich dadurch nach und nach die Hierarchien in der Wissensproduktion und in der Kompetenz bezüglich der Objekte verschieben, wird in Museumskreisen heftig diskutiert. So machen Schlagworte von der *co-creation of knowlegde production* bzw. vom *Ko-Kuratieren* die Runde. Im Bereich der Sammlungspflege bauen Kurator/innen online mit Hilfe von Social Tagging und Folksonomy neue Wissensordnungen gemeinsam mit den Nutzer/innen auf, um damit die bisherigen traditionellen Thesauri der Experten zu ersetzen. Gegenüber den kontrollierten Vokabularen, die zumeist in Anlehnung an die Technikwissenschaften zur Verschlagwortung in den technischen Museen angewandt werden, hat das gemeinschaftliche Indizieren den Vorteil, dass hier die Nutzer/innen der Museumsbestände selbst von ihren Interessen geleitet die Begriffe vergeben. In den Ausstellungen teilen die Kurator/innen mit teilnehmenden Besucher/innen ihre kuratorische Autorität, um eine gemeinsame Ausstellung zu kreieren.[30]

Dass diese Ansätze tatsächlich zu einer Neubewertung der Rolle der Kurator/innen als *knowledge broker* führen, die die Dinge, die Besucher/innen und die Kontexte verbinden, ohne selbst eine verbindliche Lesart vorgeben zu wollen, kann aber durchaus hinterfragt werden.[31] Schließlich hat es ein solches Vernetzen und die „Ko-Produktion von Wissen" schon in der Vergangenheit immer gegeben, besuchten zumeist männliche Sammler und Spezialisten die Museumsbestände im Depot und tauschten sich mit den zuständigen Kuratoren aus. Doch die damalige Wissensproduktion erfolgte vielfach im Verborgenen und wurde selten in Museumskatalogen bzw. -publikationen explizit gemacht. Kurator/innen obliegt es, ihren Dialog mit den Dingen transparent zu machen und offen dazu zu stehen, dass sie ihr Wissen koproduzieren – nicht nur im Austausch mit den Dingen und den Wissenschaftler/innen an den Universitäten und anderen Museen, sondern auch im Dialog mit Besucher/innen, den vermeintlichen „Laien", die häufig über ein immenses Wissen im praktischen Umgang mit den Dingen verfügen.

Die Mischung aus undurchsichtigem, elitärem Zugang zu den Dingen einerseits und einer gerade in den technischen Museen lange Zeit vorherrschenden

30 Cairns, Mutualizing; Beaujot, Balade; Cameron, Museum Collections.

31 So Thiemeyer, Depot, S. 269.

Sorglosigkeit im Umgang mit den Objekten andererseits überschattet noch heute das berufliche Image der Kurator/innen. So wird ihnen einerseits von wissenschaftlicher Seite vorgeworfen, sie würden sich angesichts des neuen Interesses an der materiellen Kultur zu wenig auf die Objekte und ihre (unterschiedlichen, historischen) Funktionsweisen einlassen.[32] Andererseits mahnen museumsintern in vielen Häusern die Expert/innen von der Restaurierung und Konservierung zu einem vorsichtigeren Umgang mit Objekten und beklagen den Substanzverlust durch unsachgemäße Inbetriebnahme in der Vergangenheit. Die heutige, zumeist sehr zurückhaltende Praxis der Inbetriebnahme ist eine Konsequenz aus der jahrzehntelangen, allzu achtlosen Umgangsweise mit Objekten. Das Erforschen von Funktionsweisen mit dem Objekt bleibt ein Privileg der musealen Forschung, für das jedoch eine intensive Zusammenarbeit mit den Konservierungs- und Restaurierungswissenschaften notwendig ist.

Die Herausforderungen sind komplex, aber die Voraussetzungen sehr gut: Es gilt, die museumsspezifische Zusammenarbeit von Techniker/innen, Ingenieur/innen, Historiker/innen, Restaurator/innen und Konservator/innen, Wissenschaftler/innen und Laien weiter zu fördern, die museale Interdisziplinarität selbstbewusst in Publikationen zu verdeutlichen und auch in der Begegnung mit Dozent/innen und Studierenden an den Universitäten zu vermitteln. Der Boom der materiellen Kulturforschung und die bereits vorhandenen, zahlreichen Forschungsprogramme bieten eine großartige Gelegenheit, die interdisziplinäre Forschung an den Objekten in den Museen noch weiter auszubauen und über das Museum hinaus in die Forschungslandschaft zu tragen.

3. Vom Sinn und Zweck der musealen Objektsammlungen

Technikmuseen hatten und haben einen hohen Stellenwert als Orte der Wissenssystematisierung und -produktion. Die zahlreichen Museumsgründungen um 1900 – zu nennen sind hier das Deutsche Museum in München (1903), die Technischen Museen in Prag und Wien (1908, 1909), das Tekniska Museet in Stockholm (1911), sowie die Ausgliederung des Science Museum aus dem Victoria and Albert Museum (1909) – sind im Kontext der Entstehung einer modernen Wissensgesellschaft und der damit verbundenen Popularisierung wissenschaftlichen und technischen Wissens zu verstehen.[33] Eng verknüpft

32 Divall, Mobilities, S. 37.

33 Vgl. Trischler, Technikmuseum.

mit dem Bildungsanspruch, der mit der Entwicklung neuer Ausstellungsformen einherging,[34] war der Anspruch auf Systematisierung und Stimulierung des technischen Fortschritts durch das Sammeln und Präsentieren von Objekten. So hieß es unter §1 der Satzung des Deutschen Museums, das Museum habe den Zweck, „die historische Entwicklung der naturwissenschaftlichen Forschung, der Technik und der Industrie in ihrer Wechselwirkung darzustellen und ihre wichtigsten Stufen insbesondere durch hervorragende und typische Meisterwerke zu veranschaulichen."[35] In ähnlicher Weise formulierten die Statuten des Wiener Museums das Ziel, „die Leistungen der österreichischen Technik dar[zu]stellen, eine große Lehranstalt für das Volk [zu] sein, den technischen Fortschritt [zu] fördern und ein bleibendes Denkmal der Regierungszeit des Kaisers Franz Josef I [zu] bilden."[36]

In den einschlägigen Aufarbeitungen der frühen Disziplingeschichte werden vor allem der Aspekt der Standesgeschichte und das Ringen um fehlendes Sozialprestige hervorgehoben. Das Deutsche Museum habe den Zweck einer „Walhalla der Technik" gehabt.[37] Mit den Ausstellungen sollten den Besucherinnen und Besuchern „Achtung vor den Leistungen der Technik [und] ihren Trägern, der Industrie und dem Staat" vermittelt werden.[38] Protagonisten wie Conrad Matschoß, Direktor des Vereins Deutscher Ingenieure, zielten mit dem Museum darauf ab, die viel zitierten „Meisterwerke der Ingenieure" zu präsentieren.[39] Zugleich aber präsentierte sich das Deutsche Museum auch als „eine Stätte des Wissens."[40] Ausgerechnet diesen Aspekt vernachlässigen einzelne Vertreter der Fachdisziplin Technikgeschichte, wenn sie Technikmuseen als „bewunderte Nekropole[n] vergangenen Technikfortschritts" charakterisieren.[41] Umgekehrt beklagen einschlägige Publikationen zur Museumsforschung die seit der Geburt des modernen Museums im 19. Jahrhunderts immer wieder polemisch vorgebrachte einseitige Verknüpfung von Museen mit Sakralräumen der Objektpräsenz und müssen konstatieren, dass die vielfältigen Aspekte der Museumsarbeit nach wie vor eher einem Fachpublikum denn der allgemeinen Öffentlichkeit deutlich sind.[42] Insbesondere das Sammeln als

34 Siehe zuletzt Gall/Trischler, Szenerien.

35 Museum von Meisterwerken der Naturwissenschaft und Technik. Satzung Allerhöchst genehmigt am 28. Dezember 1903. Zitiert nach Füßl, Konstruktion, S.35. Siehe hierzu auch Füßl/Trischler (Hg.), Geschichte; Füßl, Oskar von Miller; Lindqvist, Stadium.

36 TMW Archiv, BPA-009648 Statuten. Vgl. Lackner, Museum.

37 Gleitsmann, Technikgeschichte, S. 95.

38 Osietzki, Gründung, S. 7.

39 Matschoß, Vorwort, S. I; vgl. Lackner, Geschichte, S. 43.

40 Matschoß, Einleitung, S. 1.

41 Gleitsmann, Automobilität, S. 9.

42 Rehberg, Hort, S. 21-22.

spezifische Umgangsweise mit Objekten und als wissenschaftliche Praxis sowie die mit den Sammlungsstrategien verbundene Strukturierung und Ordnung von Sammlungen galten lange Zeit als „blinde Flecken" der Forschung.[43]

Ähnlich den Schmetterlingssammlungen in einem Naturhistorischen Museum waren die Sammlungen der technischen Museen ein Versuch des Ordnens von Phänomenen mit dem Ziel, Unterscheidungen zu treffen, Normalität und Besonderheiten zu klassifizieren und eine zeitliche Abfolge zu bestimmen. In den Worten von Oskar von Miller ging es darum, anhand von Entwicklungsreihen zu erkennen, „wie [jedes Objekt, A.E.] sich auf den Errungenschaften der vorhergehenden Stufe aufbaut und wie es seinerseits wieder die Grundlage für die folgenden Verbesserungen bildet".[44]

Die teilweise übernommenen und teils ganz neu aufgebauten Museumssammlungen bildeten nicht nur das Rückgrat von Ausstellungen, sondern auch die Grundlage einer taxonomischen Forschung im Sinne der damaligen Geschichte der Technik. Erkenntnisse entstanden in und mit der Objektreihe. Ein Beispiel ist die Sammlung Schienenoberbau des Technischen Museums Wien, die mit über 600 Objekten zu einer der größten in Europa zählt.[45] Von Fachleuten der damaligen Österreichischen Bundesbahnen detailliert bearbeitet und im Keller des Museums ausgestellt, diente die Sammlung jahrzehntelang der Ausbildung von Eisenbahnern. Sie zeigte die unterschiedlichen Schienenprofile und gängige Materialabnutzungen und Verformungen. Diese ehrgeizige, enzyklopädisch angelegte Sammlung, die von Experten für zukünftige Experten angelegt wurde, ist ein fachspezifischer Luxus, der in der heutigen, auf ein möglichst diverses Publikum ausgerichteten Ausstellungspraxis kaum mehr leistbar ist. Ein Großteil der Objekte lagert daher als eine Art „Kuriosum" im Museumsdepot.

Die chronologisch-lineare Aufbereitung in der Objektreihe konnte sich umso eindrucksvoller entfalten, je eingeschränkter und klarer umrissen der zu betrachtende Gegenstand war. Daher zerstückelten die Sammlungsstrategen des frühen 20. Jahrhunderts, die in der Mehrzahl ihren wissenschaftlichen Hintergrund in den Ingenieur- und Technikwissenschaften hatten, die ursprünglich thematisch ausgerichteten Sammlungsbereiche wie z.B. „Verkehrswesen" oder „Maschinenbau" in eng definierte Objektgruppen: Schienenoberbau, Automobile, Fahrräder, Dampf- und Kraftgaserzeuger, Wärmekraft-,

---

43 Jardine, Sammlung, S. 214.

44 Vgl. von Miller, Museen.

45 Vgl. http://www.technischesmuseum.at/online-sammlung/site/default.aspx#/includes/viewBrowseMode.htm?mode=browse&exhibitionId=13823&parentExhibitionIds=13388 (acc. 9.2.2018).

Wasserkraft- und Windmotoren etc. Die Objektreihe lieferte gleichermaßen den Beleg wie die Forschungsgrundlage für den technischen Fortschritt. Letzterer manifestierte sich im technischen Vergleich der Objekte.

Aber die geradlinige Entwicklung ließ sich nicht immer eindeutig belegen. Parallelentwicklungen, die sich nicht durchsetzen konnten, hießen im Jargon der musealen Vermittlung noch bis in die 1990er Jahre hinein gerne „Sackgassen". Wenn eine technische Lösung besonders faszinierte, sich aber trotzdem langfristig nicht durchsetzen konnte, so war sie eine „geniale Sackgasse". Die Erklärung des technischen Wandels blieb mithin lange Zeit technikimmanent, insbesondere in den Museen als Hütern der Objektreihen.

Die ingenieurwissenschaftlich orientierte Geschichte der Technik ist in den 1960er Jahren in Deutschland allmählich von einer zunächst vor allem sozialwissenschaftlich orientierten Technikgeschichte der Historiker/innen abgelöst worden.[46] Die Grabenkämpfe prägten Generationen und sind in jüngster Zeit rückblickend noch einmal als Kampf zwischen „internalistischer" und „kontextualisierender" Technikgeschichte beschrieben worden.[47] Für die Objekte in den technischen Sammlungen hatte dieses veränderte Verständnis gravierende Folgen, denn es gab nun plötzlich eine Fülle von Faktoren, die für das Objekt bedeutsam waren. Es genügte nicht mehr, den Erfinder des Objekts zu kennen oder dessen technischen Vorläufer und Nachfolger in einer Reihe zu benennen; auf einmal tauchten Fragen zur Aneignung und Nutzung, zur sozialen Verbreitung und zu Adaptionen und Veränderungen im Gebrauch auf. Um diese neuen Fragen beantworten zu können, hätte es einerseits eines neuen Blicks auf die Objekte selbst und den in ihnen enthaltenen Informationen bedurft, andererseits aber auch eines neuen kontextualisierenden Sammelns von Informationen zum Objekt, über Produzenten, Eigentümer und Objektgeschichten.

Die Theorien „mittlerer Reichweite", mit denen die sozialwissenschaftliche Geschichtswissenschaft antrat, rührten jedoch kaum an der seit dem 19. Jahrhundert hantierten chronologisch-linearen Erschließung und Aufbereitung von Objekten in Museen, obwohl auch in den Technikmuseen zunehmend Historikerinnen und Historiker an die Seite der Techniker und Ingenieure traten. Weder in den Ausstellungen, noch in den Sammlungen gab man die wertvolle Orientierungshilfe der linearen Entwicklung schnell aus der Hand.

Dem Stillstand in der Reflexion von Sammlungsaufbau und -pflege stand paradoxerweise eine Gründungswelle neuer Museen gegenüber. Der seit den 1970er Jahren verzeichnete „Museumsboom" mit dem Bestreben, aus dem eli-

46 Weber/Engelskirchen, Streit.

47 Wengenroth, Ballast.

tären „Musentempel" der Vergangenheit einen offenen, demokratischen Lernort für alle zu machen, führte zur Gründung von zahlreichen industrie- und technikhistorisch orientierten Spezial-, Regional und Heimatmuseen.[48] Während jedoch in den Museen der Naturkunde die taxonomische Forschung auch im 20. Jahrhundert eine große Bedeutung einnahm,[49] registrierte man in den einschlägigen museologische Studien, dass die Forschungsfunktion der Technikmuseen allmählich ausgehöhlt wurde.[50]

Die Ansprüche und Erwartungen an technische Museen sind, so beklagen es die Fachleute, in den letzten Jahren enorm gewachsen.[51] Als Orte der Bildung und außerschulische Lernorte sollen sie technisch naturwissenschaftliches Basiswissen vermitteln. Sie sollen Berufsorientierung bieten und Interesse für den MINT Bereich wecken. Sie sollen aber auch das Public Understanding of Science and Humanities (PUSH) fördern. Sie sollen unterhalten und berühren. In fast allen großen Häusern im deutschsprachigen Raum ist das spielerische, interaktive Erfahren von Funktionsweisen und Prinzipien aus den Science Center in die Ausstellungspraxis integriert worden. Technik- und teilweise im noch stärkeren Maße Industriemuseen übernehmen auch eine identitätsstiftende Funktion für den Ort und die Region. Sie sollen touristisches Potenzial abschöpfen bzw. überhaupt erst generieren. Sie sollen ein Erlebnis sein, fungieren als Event Location und insbesondere im Falle der Firmenmuseen auch als Brand Parks.[52]

Die Fülle von Erwartungen, die im Bereich der Vermittlung, im Edutainment und in der Interaktion an die technischen Museen gestellt wurden, sind oftmals als Ursache für die Krise dieses Museumstypus als Wissensort angeführt worden. Es ist aber auch genau die umgekehrte Sichtweise möglich. Das technische Museum als Ausstellungsort geriet unter Druck, weil es in einer lang anhaltenden Krise als Wissensort steckte. Technikmuseen gerieten zum Inbegriff des verstaubten, besucherfeindlichen Lagerplatzes für überholte Gerätschaften,[53] weil die alte, fortschrittsgläubige und taxonomische Ordnung der Sammlung durch keine neue Organisation des Wissens ersetzt wurde. An Plädoyers für eine Stärkung der Forschung an Museen mangelte es in den

---

48 Thamer, Museumszeitalter, S. 37.

49 Vgl. Xylander, Sammlung; Wegener, Forschung; Steininger, Forschungsmuseen. Zur unterschiedlichen Definition des vor allem im deutschen Kontext gebräuchlichen Begriffs des Forschungsmuseums vgl. Trischler, Forschungsmuseum.

50 Graf, Museen; Anderson, Thrive; Fox, History.

51 Müller, Gesellschaft.

52 Gold/Lüdtke, Technikmuseen.

53 Isenbort, Einschätzungen.

letzten Jahrzehnten nicht.[54] Doch die Vielzahl der Aufgaben, mit denen sich technische Museen im 21. Jahrhundert konfrontiert sahen, erschwerte die dringend notwendige Neuformulierung der Sammlungsstrategien zur Erforschung des materiellen, technischen Kulturerbes.

4. Museales Sammeln als Grundlagenforschung

Museale Arbeit ist als ein Spannungsfeld des „Deponierens und Exponierens" charakterisiert worden.[55] Innerhalb dieses Spannungsfeldes mussten die Häuser zwangsläufig Prioritäten setzen. Ambitionierte Neugründungen wie das Berliner Technikmuseum wollten wegweisende und publikumswirksame Ausstellungen präsentieren und versuchten gleichzeitig, möglichst rasch eine umfangreiche Sammlung aufzubauen. Oftmals erfolgte der Aufbau dieser Sammlungen eher intuitiv und implizit. Es fehlten übergreifende Strategiepapiere, und es gab auch nicht die gleiche intensive Auseinandersetzung über technikhistorische Traditionen und Ambitionen wie sie im publikumsrelevanten Ausstellungsbereich vorzufinden war. Das Sammeln, Bewahren und Forschen wurde zur häufig ein wenig vernachlässigten Pflicht des „Deponierens". Das Ausstellen und Vermitteln hingegen diente dem Exponieren nicht nur von Objekten, sondern ganz allgemein von Museen.

In der musealen Praxis ergänzen sich die Tätigkeitsfelder Sammeln, Bewahren, Forschen, Ausstellen und Vermitteln nicht nur, sondern sie überschneiden sich auf vielfältige Art und Weise. In kleineren Häusern werden oftmals mehrere Tätigkeiten von einer Person ausgeführt, aber auch in größeren Häusern, in denen sich zumeist unterschiedliche Abteilungen jeweils einem speziellen Aspekt widmen, sei es dem Ausstellen, sei es dem Konservieren und Restaurieren, sei es dem Sammeln, ist der Arbeitsalltag von enger Zusammenarbeit geprägt. Beispielsweise erfolgt die Entscheidung, ein Objekt zu sammeln und für die Nachwelt zu bewahren, in vielen Häusern durch Gremien, bei denen Sammlungskurator/innen gemeinsam mit Expert/innen für die Konservierung und Restaurierung und den Verantwortlichen für Transport und Lagerung im Depot über die Entscheidung zur Akquise beraten und gemeinsam eine Entscheidung fällen, die auch finanziell abgesegnet werden muss.

54 Bredekamp, Museum; Trischler, Forschungsmuseum.
55 Siehe oben, Anmerkung 10.

Losgelöst von den vielen, teils blumigen Beschreibungen über die „Magie der Dinge", deren „Aura" oder gar „Seele",[56] sind Sammlungsobjekte im Museumsalltag häufig vor allem eines: personal- und kostenintensiv. Der finanzielle Aufwand für das Bewahren in großräumigen Depots, für die Konservierung und die Erschließung der Objekte durch das wissenschaftliche Personal ist erheblich.

Hinzu kommt, dass in vielen Häusern nur noch ein geringer Teil der Sammlungsobjekte in den Ausstellungen im Museum zu sehen sind. In großen Museen, sei es den Kunstmuseen, den historischen Museen oder den Technikmuseen, liegt dieser Prozentsatz zumeist unter zehn Prozent. So zeigt beispielsweise das Technische Museum Wien in seinen aktuellen Dauerausstellungen nur ca. fünf Prozent seiner Objektsammlungen.[57]

Die Rolle der Kurator/innen ist eine durchaus zwiespältige und widersprüchliche. Einerseits obliegt es ihnen, eine Sammlungsstrategie für ihren Bereich zu entwickeln. Andererseits übernehmen sie in vielen Fällen eine über Jahrzehnte, wenn nicht Jahrhunderte gewachsene Sammlungsstruktur, deren „Fortschreibung" ein Wert in sich zu sein scheint. Schließlich verantworten sie zwar den inhaltlich-theoretischen Teil der Sammlungsstrategie, müssen sich aber in der Praxis eng mit den Kolleg/innen vom Depot und den Expert/innen von der Konservierung und Restaurierung abstimmen. Häufig entwickeln die Kurator/innen quasi im Alleingang technikhistorisch ausgerichtete Sammlungsstrategien, die in der eigenen Fachdisziplin viel zu wenig rezipiert und diskutiert werden.[58]

Die technischen Herausforderungen an das Sammeln sind enorm: Für die langfristige Lagerung moderner Akkus gibt es momentan keine Leitlinien. Begründete, sicherheitstechnische Bedenken machen das Sammeln funktionierender Technik in diesem Fall praktisch unmöglich. Ganz allgemein stellt das Digitale Sammeln die bisherige Sammlungspraxis vor große Herausforderungen, bei denen immer wieder auch die Frage nach dem Erhalt der Funktionsweisen von Objekten diskutiert wird.

Gerade diese praktisch-technischen Herausforderungen unterstreichen die Notwendigkeit der mittlerweile von vielen Museen adaptierten Strategie eines hochwertig erschlossenen Einzelobjekts, bei dem neben dem Objekt selbst eine Vielzahl von schriftlichen, audiovisuellen und mündlichen Quellen

56 Zur Kritik an der problematischen, mystischen Aufwertung der Dinge vgl. Hahn, Eigensinn.

57 Vgl. https://www.technischesmuseum.at/ueber-den-online-katalog (acc. 9.2.2018).

58 Für aktuelle Sammlungsstrategie vgl. den Band Materielle Kultur der Blätter für Technikgeschichte mit den Beiträgen von Ebert, Mobilitäten; Lackner, Drehmaschine; Wilhelm, Ausstellungen.

mitgesammelt und dokumentiert werden. Es ist dies die in vielerlei Hinsicht durchaus auch als verspätet zu bezeichnende Reaktion auf die veränderten Forschungsansätze in der Technikgeschichte. Das Technische Museum Wien legte 2011 in einer neu formulierten Sammlungsstrategie das Sammeln in Objektreihen im Sinne des systematischen Ordnungsdenkens des 19. Jahrhunderts ad acta und erklärte selektive Sammelstrategien zum neuen Leitsatz.[59] Die Sammlungsobjekte werden nunmehr als „Zeichenträger" begriffen, deren vielschichtige Informationen und Interpretationen über das Objekt hinausweisen und auf vielfältige schicht-, kultur-, alters- oder geschlechtsspezifische Aspekte verweisen. Mit dem Sammeln geht nicht nur das Bewahren des Objekts in seiner Materialität und – nach Möglichkeit – Funktionsweise, sondern auch das Sammeln und Bewahren von Informationen über das Objekt in der Sammlungsdokumentation einher: „Ein vom Kontext isoliertes Objekt ist kaum geeignet, aus sich heraus kulturelle Phänomene, die Beziehung zwischen Mensch und Objekt, die Verankerung der Dinge in der Lebenswelt zu erklären", heißt es in der Sammlungspolitik des Technischen Museums Wien.[60] Neben den Funktionsweisen und der Verschlagwortung nach fachspezifischen Vokabularen gilt es daher eine Dokumentation anzulegen, bei der möglichst viele Facetten des Ding- und Technikgebrauchs festgehalten werden. Dies bedeutet, dass es in der Regel „eine potenziell unendliche Anzahl von nicht im Objekt liegenden Informationen" gibt, „die mitgesammelt oder anhand von Material recherchiert werden müssen."[61]

Nicht nur die Vielzahl an Informationen im Objekt beschäftigt seitdem die Kurator/innen, sondern auch die potenziell unendliche Anzahl von Informationen zum Objekt, die erforscht und dokumentiert werden müssen. Hinzu kommt die schier überwältigende Anzahl von Gegenständen, die für das Sammeln in Frage kommen: Wie soll man sich angesichts der Fülle von technischen Objekten in der modernen Konsumwelt für ein bestimmtes Ding entscheiden? In der Praxis offenbart sich schon jetzt, dass das Denken in Entwicklungssta-

---

59 Technisches Museum Wien, Sammlungspolitik. Mittlerweile veröffentlichen eine Reihe von Museen (Kurz)Versionen ihrer Sammlungsstrategien online vgl. für das Technische Museum Wien: https://www.technischesmuseum.at/sammlungsstrategie (acc. 4.7.2018); für das Science Museum London: https://group.sciencemuseum.org.uk/wp-content/uploads/2017/06/SMG-Collection-Development-Strategy.pdf (acc.4.7.2018); für das Haus der Geschichte vgl. https://www.hdg.de/fileadmin/bilder/10-Sammlung/Sammlungskonzept-Stiftung-Haus-der-Geschichte.pdf (acc. 4.7.2018). Versuche, Sammlungsstrategien national zu koordinieren, gibt es beispielsweise in Frankreich, vgl. http://www.patstec.fr/PSETT/ (22.4.2018).

60 Technisches Museum Wien, Sammlungspolitik, S. 20.

61 Ebd., S. 27.

dien nach wie vor eine wesentliche Orientierungshilfe in der schieren Unendlichkeit des potentiell Sammelbaren bietet.

Ungelöst ist darüber hinaus der Widerspruch zwischen dem in Sammlungsstrategien postulierten Anspruch auf aktives Sammeln und dem in der Praxis häufig dominierenden passiven Sammeln, bei dem Objektangebote von Privatpersonen oder auch Firmen und Institutionen angenommen werden. Die damit verbundenen, legitimen Interessen, das eigene Leben oder die eigenen Leistungen auf dem Gebiet der Technik anerkannt und im Museum für die Ewigkeit dokumentiert zu wissen, werden vorwiegend von genau jenen gesellschaftlichen Gruppen und Institutionen erhoben, die auf eine lange Tradition der Repräsentation in technischen Museen zurückblicken können. So führt das überwiegend passive Sammeln zu einer Verfestigung vorhandener Muster: Während eine eher kleinere Zahl von Konsumentinnen Haushaltsgeräte ins Museum trägt, mit denen sich Nutzungsgeschichten verbinden, bieten Ingenieure und Unternehmen Objekte an, mit denen sie technische Entwicklungsschritte und Innovationen verbinden. Nicht zuletzt die kürzlich erneut zu Recht monierte immense Kluft zwischen den Ergebnissen geschlechterwissenschaftlicher Forschung und der gegenwärtigen wissenschaftlichen und gestaltenden Arbeit in Technikmuseen kann mit einer abwartend passiven Sammlungspolitik der Technikmuseen kaum durchbrochen werden.[62]

Erst in jüngster Zeit sind die technischen Museen also dazu übergegangen, der bisherigen, meist 100 Jahre alten Sammlungspolitik neue Strategien entgegenzusetzen. Die Formulierung von Sammlungsstrategien und deren aktive Umsetzung, nicht nur im Rahmen von Ausstellungen, ist eine Herausforderung, die vordergründig vor allem die Museen betrifft. Sie betrifft aber auch das Selbstverständnis der Technikgeschichte als Disziplin: Welche Erkenntnisinteressen verbinden sich mit den Objekten, welche Objekte und Informationen wollen wir für zukünftige Generationen aufbewahren und was wollen wir über das materielle Erbe der Vergangenheit wissen?

5. Sammlungspflege: Von der Schattenarbeit zur Online-Präsenz

An Objektsammlungen besteht, zumal in den großen Häusern, kein Mangel. Museen stehen zunehmend unter Druck, wie sie die gewaltigen finanziellen Ausgaben für den Erhalt von Objekten legitimieren. Der Sammlungsbegeisterung vergangener Jahrzehnte ist die Einsicht in teilweise Überforderung und

62 Siehe hierzu Zentrum für Interdisziplinäre Frauen- und Geschlechterforschung, Gender. Döpfner, Frauen.

Sinnlosigkeit des langfristigen Bewahrens aussagearmer Objekte im Depot gewichen. In den letzten Jahren wurden in den meisten europäischen Ländern Regelwerke zur gezielten Deakzession von Objekten aufgestellt.[63] Der ebenso naheliegende wie anspruchsvolle Grundsatz, das Wegwerfen erst dann erfolgen kann, wenn man weiß, was man eigentlich alles hat und wozu man es braucht, führt zurück zur Frage der Beschaffenheit einer Sammlung: Was ist vorhanden, wie ist es physisch zugänglich und inhaltlich erschlossen?

Diesen Fragen widmet sich die interdisziplinäre Sammlungspflege, die als wenig glamouröse „Schattenarbeit" zumeist im Abseits medialer und museumspolitischer Interessen, Ausstellungseröffnungen oder Pressekonferenzen erfolgt.[64] Die Sammlungspflege garantiert die Zugänglichkeit des Objekts in mehrfacher Hinsicht: Sie sorgt für den Lagerungsort und die Transportfähigkeit, sie garantiert das Wiederfinden des Objekts über Standortverwaltung und Datenbanken. Sie sorgt für den Erhalt des Objektes durch Konservierung und Restaurierung und sie sorgt für die inhaltliche Erschließung des Objekts, zu der die Frage nach Größe und Masse, verwendeten Materialien, Fabrikationsnummern und Gebrauchsspuren ebenso gehört wie die nach Design, Form und Funktionsweisen, nach Gebrauchskontexten und Objektkarrieren. Lediglich ein Teilaspekt dieser Sammlungspflege, nämlich die Frage nach der Provenienz von Objekten in öffentlichen Sammlungen, hat in den letzten Jahren Eingang in die öffentliche Diskussion gefunden. Erst allmählich entwickelt sich in den Technikmuseen das Bewusstsein, dass manche Objekte als NS-Raubgut in die Sammlung kamen, die gemäß dem Washingtoner Abkommen restituiert werden müssen.[65]

Das Problem der Sammlung im Verborgenen und die Frage nach deren Erschließung und Zugänglichkeit ist indes kein neues. Schon 1970 veröffentlichte der Architekt Paul Jesberg seine Vision eines „Museums der Zukunft", in dem die Besucherinnen und Besucher aktiv in das Ausstellungsgeschehen eingreifen, indem sie Sammlungsstücke „wie aus einem Warenautomaten" aus den Magazinräumen entnehmen.[66] Das „Museum der Zukunft" kulminierte in der Vision eines gigantischen Paternosters, auf dem Objekte permanent in Bewegung hervorgeholt, betrachtet und wieder in den Hintergrund geschoben werden. Damit verband Jesberg eine räumlich-bewegliche Umwandlung der statisch auktorialen Erzählung der Museen im 19. Jahrhundert sowie das

63 Siehe hierzu Deutscher Museumsbund/ICOM Deutschland, Sammeln; ICOM Österreich, Deakzession; Museums Association, Disposal toolkit; Lackner, Abfall.

64 Griesser-Stermscheg, Tabu.

65 Vgl. Carstens, Autoraub; Klösch, Inventarnummer.

66 Jesberg, Museum, S. 145.

Versprechen einer permanenten Zugänglichkeit der Objekte für die Besucherinnen und Besucher. Das Museum der Zukunft sollte die Dinge erhalten und gleichzeitig zur aktiven Aneignung der Sammlungsstücke animieren. Der Paternoster, technisch gesehen ein „Stetigförderer", wurde zur räumlichen Chiffre: Er sollte zwischen „Deponieren" und „Exponieren" vermitteln, mithin Bewahren und Zeigen gleichermaßen erfüllen.

Als gewinnbringender Ansatz, über die Aufgaben von Museen sowohl theoretisch als auch räumlich nachzudenken, hat Jesbergs Vision vom Museumspaternoster bis heute große Strahlkraft und findet sich in den Inszenierungen aktueller Dauerausstellungen wider.[67] Im „Fahrzeugtheater" des Verkehrshaus Luzern können die Besucher/innen eine (begrenzte, vordefinierte) Anzahl von Fahrzeugen aus einem großen Regal auswählen. Die Objekte werden automatisch aus dem Regal genommen und in einem Amphitheater mit audiovisuellem Kommentar versehen präsentiert. Beim Schiffsmodelle-Fließband im Riverside Museum Glasgow defilieren die maßstabgetreuen Schiffsmodelle aus der Werften von Glasgow auf einem Fließband an den Besucher/innen vorbei. Sie entziehen sich den Blicken und tauchen wieder auf, wobei zusätzlich textliche Informationen eingeblendet werden.[68]

Doch die Kluft zwischen Ausstellungsobjekten und Depotobjekten ist vielerorts groß. Viele Museen haben Sammlungen von Objekten, die noch nie in einer Ausstellung zu sehen waren und aller Voraussicht nach in nächster Zukunft nicht ins Licht der Öffentlichkeit gezerrt werden. Thematische Ausstellungen mit einem Mix aus Inszenierung, Interaktion und historischen Objekten, wie sie mittlerweile üblich geworden sind, präferieren visuell und räumlich attraktive Objekte. Fragen des Handlings und der Aufstellung tonnenschwerer Objekte in Ausstellungsräumen mit begrenzter Deckenlast führen zu einer „Zwei-Klassen-Gesellschaft" unter den Sammlungsgegenständen: den Depot- und den Ausstellungsobjekten. Der Trend der Museen, Depots weit entfernt von den Ausstellungsräumen und sogar außerhalb der Städte zu bauen, um die finanziellen Belastungen durch die Depots zu reduzieren, verstärkt die Polarisierung. Deponieren und Exponieren sind nicht mehr länger nur zwei Kräftepunkte eines Spannungsfeldes, sondern drohen zu zwei voneinander isolierten Polen zu werden.

Mit der Digitalisierung von Objekten und der Veröffentlichung gesamter Museumsdatenbanken im Internet verbindet sich jedoch die Chance, dass

67 Vgl.hierzu auch te Heesen, Theorien, S. 167-170.

68 Zu Luzern siehe https://www.verkehrshaus.ch/de/museum/strassenverkehr/autotheater (acc. 4.7.2018); zu Glasgow vgl. http://presentations.thebestinheritage.com/2013/Riverside%20Museum, (acc. 4.7.2018).

die Sammlungspflege ihr bisheriges Schattendasein verlässt und der vernetzte Austausch zwischen Museen, Universitäten, interessierten Laien und den (Depot)Objekten verstärkt wird.[69] In vielen Museen gibt es Projekte, die die Präsentation der Sammlungen und die Aufarbeitung der Bestände für den Online-Bereich zum Ziel haben. Doch das Potential dieser gewaltigen Aufgabe, die häufig auch mit der Erstellung von neuem Bildmaterial und der Besichtigung der Objekte vor Ort im Depot einhergeht, ist bisher zu wenig ausgelotet worden. Die Übertragung vom Analogen ins Digitale erfolgt als vermeintlich technische Notwendigkeit. Vorhandene Karteikarten-Einträge werden vielfach lediglich übertragen, alte Objektgruppen zumeist fortgeführt. Dabei besteht mit den neuen Präsentationsformen in Datenbanken im Internet nicht nur die Möglichkeit der Vernetzung von Archiv- und Bibliotheksbeständen und Objektsammlungen,[70] sondern vor allem auch die Chance, unzugängliche Objekte online sichtbar zu machen, sich über deren Material, Gestalt und Funktion auszutauschen und im Zuge dessen Fragen der Verschlagwortung, der Strukturierung und Definition von technischem Kulturgut zu diskutieren.

Allerdings dürfen die zahlreichen neuen Möglichkeiten, die Schattenarbeit der Sammlungspflege öffentlich zu machen und die Depot(Objekte) in die Öffentlichkeit zu bringen, nicht dazu verleiten, den physischen Zugang zu den Objekten weiter zu erschweren. Online-Datenbanken dürfen nicht als Ausrede für unzugängliche Depots auf der grünen Wiese herhalten. Vielmehr müssen sie als neues Tor und neuer Zugang zu den Objektsammlungen verstanden werden. Die Zugänglichkeit der Objekte in den Datenbanken und den Depots sind zwei Seiten einer Medaille. Nur so verbindet sich mit der Veröffentlichung der Objekt-Datenbanken im Internet die bislang noch zu wenig genutzte Chance der intensiven, institutionenübergreifenden Objektforschung und des fruchtbaren Austauschs über die Objekte.

6. Ran an die Objekte: Ein Ausblick

Technische Museen und technikhistorisches Lehren und Forschen an den Universitäten haben unterschiedliche Zielgruppen, sie sind auf unterschiedliche Weise institutionell und finanziell aufgestellt und pflegen unterschiedliche

69 Hauser, Weg, S. 9-20.

70 Siehe hierzu exemplarisch die Erläuterungen zu den Online Datenbanken des Deutschen Museums München, des Technischen Museums Wien und der Stiftung Technikmuseum Berlin. https://digital.deutsches-museum.de/ueber/ (acc. 4.7.2018); http://www.technischesmuseum.at/online-sammlung/site/default.aspx (acc.4.7.2018); https://www.museum-digital.de/nat/index.php?t=institution&instnr=481, (acc. 4.7.2018).

Forschungsschwerpunkte. Aber sie haben auch viel gemeinsam, nicht zuletzt das gemeinsame inhaltliche Interesse an der Technikgeschichte, und sie sind traditionell eng verknüpft. Das gemeinsame Forschungsinteresse an den Objekten bietet das Potential, in Zukunft wieder stärker aufeinander zuzugehen und im Bewusstsein der jeweils unterschiedlichen Aufgabenspektren und Herangehensweisen eine gemeinsame, institutionenübergreifende materielle Kulturforschung in der Technikgeschichte zu schaffen.

Materielle Objekte sind eine andere Form von Quellen als Bilder oder Texte. Objekte berühren – wie eingangs beschrieben – unsere Wahrnehmung auf vielfältige Weise, sie können erschreckend groß und massiv sein, sie können stinken oder wahnsinnig laut sein, sie können nichtssagend in einer schwarzen Kunststoffbox versteckt sein. Sie können faszinieren oder erschrecken oder übersehen werden. Wissenschaftliche Distanz zum Gegenstand bedeutet nicht, diese Erfahrungen zu negieren oder in der eigenen wissenschaftlichen Auseinandersetzung auszusparen, sondern vielmehr sie zu benennen, sie einzuordnen und zu reflektieren.

Zugänge zu den Dingen müssen erlernt und geübt werden. Die materielle Kulturforschung sollte deshalb selbstverständlicher Bestandteil von Seminaren sein. In einigen Fällen ist sie dies bereits.[71] In Zeiten, in denen zahlreiche neu entstandene Master und Bachelor of Arts Programme mit Schwerpunkten in *Public History* und *Museum Studies* alternative Ausbildungswege für Karrieren im wissenschaftlichen Bereich in Museen anbieten, sollte die universitäre Technikgeschichte ihre starke Tradition in der materiellen Kulturforschung bewusst aufgreifen und als Wettbewerbsvorteil eines kleinen Faches begreifen, das auf einen großen Kreis disziplinnaher Museen verweisen kann. Der Umgang mit den Objekten als historische Quelle stellt dabei ebenso eine berufliche Qualifikation dar wie das allgemeine Wissen um das Berufsfeld Museum.

In Museen wird Objektforschung zumeist interdisziplinär und multiperspektivisch betrieben. Das wandelnde Berufsbild der Kurator/innen ermöglicht es, diesen Dialog mit und über die Dinge transparenter zu gestalten. Wissen im Museum wird koproduziert, nicht nur im Austausch mit den Dingen und den Wissenschaftler/innen an den Universitäten und anderen Museen, sondern auch im Dialog mit Besucher/innen, den oft geschmähten Fans und „Pufferküssern“, deren Wissen bezüglich der Funktionalität der Dinge sehr häufig überragend, aber vielfach wissenschaftlich wenig anerkannt ist. Dies bedeutet indes nicht, dass die Kurator/innen als reine „Broker“ agieren und auf

71 Siehe zum Beispiel das Artefakte-Labor an der TU Berlin. https://www.mintgruen.tu-berlin.de/studium-und-lehre/mintgruen-labore/artefakte-in-der-technik-und-wissenschaftsgeschichte/ (acc. 4.7.2018).

ihre Expertise verzichten müssen, sondern vielmehr, dass sie selbstbewusst ihre Position zwischen den unterschiedlichen sozialen Gruppen und den Universitäten einnehmen und ihr Wissensnetzwerk von Dingen und Menschen in die Objektforschung mit einbringen.

Das Erkenntnisinteresse der Technikgeschichte in Bezug auf „ihre" Objekte hat sich im letzten Jahrhundert stark gewandelt. An die Stelle der auf die Darstellung und Erforschung des technischen Fortschritts ausgerichteten taxonomischen Forschung des 20. Jahrhunderts ist die kontextualisierende, stärker qualitativ orientierte Forschung zum technischen Wandel des 21. Jahrhunderts getreten. Vielfach wurden die technikhistorischen Sammlungen unter anderen Voraussetzungen angelegt und spiegeln das gewandelte Erkenntnisinteresse der technikhistorischen Forschung (noch) nicht wider. Inzwischen haben sich bereits zahlreiche technische Museen der Herausforderung gestellt, neue Sammlungsstrategien zu formulieren. Aber die gemeinsame Diskussion über die Strategien und Erkenntnisinteressen bei der Erforschung des materiellen, technischen Kulturerbes kann durchaus noch ausgebaut werden. Schließlich bildet das kontextualisierende, aktive Sammeln von Objekten die Grundlage für Objektforschungen und Objektsammlungen gleichermaßen.

Gleichzeitig sind die großen Chancen, die sich mit der Veröffentlichung der musealen Objekt-Sammlungen im Internet verbinden, bisher noch viel zu wenig erkannt und genutzt worden. Die Digitalisierung ermöglicht nicht nur neue Formen der Vernetzung von Menschen und Dingen, sondern fördert auch die erneute Auseinandersetzung mit der jeweils vorhandenen eigenen Sammlung. Das museale Spannungsfeld zwischen Deponieren und Exponieren kann durch die Digitalisierung nicht aufgelöst, aber neue Zugänge zu den deponierten Objekten können durchaus entwickelt werden.

Das Sammeln ist eine grundlegende, das Denken mit und über Objekte bestimmende Form der Wissensproduktion. Mit dem gegenwärtigen Sammeln in technischen Museen verbindet sich die Suche nach neuen Wissensordnungen, die über den enzyklopädischen, fortschrittsorientierten technikhistorischen Ansatz der Vergangenheit hinausweisen. Die Aneignung und Anordnung von Objekten ist eine symbolische Form der Weltverfügung. Sammlungen bieten ein Reservoir für das jeweilige gesellschaftliche Selbstverständnis und für kollektive Identitätskonstruktionen. In einer Welt, die von einer Flut von Artefakten und gleichzeitig von einer zunehmenden Digitalisierung geprägt ist, brauchen wir für das Bestreben, technische Gegenwart und Vergangenheit in ihrer materialisierten Form zu sammeln, zu dokumentieren und zu erforschen, mehr denn je die fachkundige Zusammenarbeit von Museen und Universitäten.

Literaturverzeichnis

Anderson, Robert G.W.: To Thrive or Survive. The State of Research in Museums, in: Museums Management and Curatorship 20 (2005), S. 297-311.

ARGE schnittpunkt (Hg.): Handbuch Ausstellungspraxis und -theorie. Wien 2013.

Artefact Gruppe Online. http://www.artefactsconsortium.org/AboutUs/MainAboutUsF.html (acc. 2.7.2018).

Artefakte-Labor an der TU Berlin. https://www.mintgruen.tu-berlin.de/studium-und-lehre/mintgruen-labore/artefakte-in-der-technik-und-wissenschaftsgeschichte/ (acc. 2.7.2018).

Beaujot, Ariel/Balade, Blanche: Putting New Museum Theory into Practice, in: Curator 58, 1 (2015), S. 17-26.

Boyle, Alison/Hagmann, Johannes-Geert (Hg.): Challenging Collections. Approaches to the Heritage of Recent Science and Technology (Artefacts Series: Studies in the History of Science and Technology 11). Washington D.C. 2017. http://opensi.si.edu/index.php/smithsonian/catalog/book/168 (acc. 8.2.2018).

Bredekamp, Horst: Kein Museum ohne Forschung – keine Forschung ohne Sammlung, in: Museumskunde 66 (2001), S. 101-105.

Breidbach, Olaf u.a. (Hg.): Experimentelle Wissenschaftsgeschichte. München 2010.

Bud, Robert u.a. (Hg.): Manifesting Medicine (Artefacts Series: Studies in the History of Science and Technology 1). London 2005.

Bundesministerium für Bildung und Forschung: Geistes- und Sozialwissenschaften. Kulturelles Erbe und Forschungsmuseen. https://www.bmbf.de/de/kulturelles-erbe-und-forschungsmuseen-746.html (acc. 8.2.2018).

Cairns, Susan: Mutualizing Museum Knowledge. Folksonomies and the Changing Shape of Expertise, in: Curator 56,1 (2013), S. 107-119.

Cameron, Fiona: Museum Collections, Documentation, and Shifting Knowledge Paradigms, in: Ross Parry (Hg.): Museums in a Digital Age, London, New York 2010, S. 80-95.

Carstens, Peter: Der größte Autoraub aller Zeiten. Was wurde aus den Fahrzeugen verfolgter Juden? In deutschen Museen und Oldtimer-Sammlungen interessiert das niemanden, Frankfurter Allgemeine Sonntagszeitung, 16. Spril 2017, S. 4.

Cremer, Annette C.: Zum Stand der Materiellen Kulturforschung in Deutschland, in: diess./Martin Mulsow (Hg.): Objekte als Quellen der historischen Kulturwissenschaften. Stand und Perspektiven der Forschung. Köln, Weimar, Wien 2017, S. 9-22.

Daston, Lorraine (Hg.): Things That Talk. Object Lessons from Art and Science. New York 2004.

Deutscher Museumsbund/ICOM Deutschland (Hg.): Nachhaltiges Sammeln. Ein Leitfaden zum Sammeln und Abgeben von Museumsgut. Berlin/Leipzig 2011.

Deutscher Museumsbund/ICOM Deutschland (Hg.): Standards für Museen, 2. Auflage. Berlin/Kassel 2006.

Deutscher Museumsbund: Museumsaufgaben. http://www.museumsbund.de/museumsaufgaben/ (acc. 22.4.2018).

Deutsches Museum: Das Deutsche Museum im 21. Jahrhundert. https://digital.deutsches-museum.de/ueber/ (acc. 9.2.2018).

Deutsches Technikmuseum: Museum Digital. https://www.museum-digital.de/nat/index.php?t=institution&instnr=481 (acc. 9.2.2018).

Dewalt, Bryan/Möllers, Nina (Hg.): Objects in Motion.: Globalizing Technology (Artefacts Series: Studies in the History of Science and Technology 10). Washington D.C. 2016.

Divall, Colin: Mobilities and Transport History, in: Peter Adey u.a. (Hg.): The Routledge Handbook of Mobilities. London/New York 2014, S. 36-44.

Döpfner, Anna: Frauen im Technikmuseum. Ursachen und Lösungen für gendergerechtes Sammeln und Ausstellen. Bielefeld 2016.

Ebert, Anne-Katrin: Mobilitäten sammeln. Materielle Kultur, das „mobilities paradigm" in den Sozialwissenschaften und der Beitrag der technikhistorischen Museen, in: Blätter für Technikgeschichte 78/79 (2016/2017), S. 109-128.

Ebert, Anne-Katrin: Nationales Design? Auf der Suche nach dem ‚Holland-Rad', 1900-1940, in: Technikgeschichte 76,3 (2009), S. 211-231.

Fickers, Andreas: Hands-On! Plädoyer für eine experimentelle Medienarchäologie, Technikgeschichte 82 (2015), S. 67-85.

Finn, Bernard u.a. (Hg.): Exposing Electronics (Artefacts Series: Studies in the History of Science and Technology 2). London 2003.

Fleming, E. McClung: Artifact Study. A Proposed Model, Winterthur Portfolio 9 (1974), S. 153-173.

Fox, Robert: History and Public Understanding of Science. Problems, Practices, and Perspectives, in: Michael Kokowski (Hg.): The Global and the Local. The History of Science and the Cultural Integration of Europe. Krakau 2006, S. 174-177.

Füßl, Wilhelm: Konstruktion technischer Kultur. Sammlungspolitik des Deutschen Museums in den Aufbaujahren 1903-1909, in: Ulf Hashagen u.a. (Hg.): Circa 1903. Artefakte in der Gründungszeit des Deutschen Museums (Abhandlungen und Berichte des Deutschen Museums, Neue Folge, Bd. 19). München 2003, S. 33-53.

Füßl, Wilhelm/Trischler, Helmuth (Hg.): Geschichte des Deutschen Museums. Akteure, Artefakte, Ausstellungen. München 2003.

Füßl, Wilhelm: Oskar von Miller 1855-1934. Eine Biographie. München 2005.

Gall, Alexander/Trischler, Helmuth (Hg.): Szenerien und Illusion. Geschichte, Varianten und Potenziale von Museumsdioramen (Deutsches Museum Abhandlungen und Berichte N.F. 32). Göttingen 2016.

Gerber, Sophie: Küche, Kühlschrank, Kilowatt. Zur Geschichte des privaten Energiekonsums in Deutschland, 1945-1990. Bielefeld 2014.

Gesser, Susanne: Das partizipative Museum zwischen Teilhabe und User Generated Content. Neue Anforderungen an kulturhistorische Ausstellungen. Bielefeld 2012.

Gleitsmann, Rolf-Jürgen u.a.: Technikgeschichte. Konstanz 2009.

Gleitsmann, Rolf-Jürgen: Einfach nur schön? Automobilität und Museum. Stuttgarter Tage zur Automobil- und Unternehmesgeschichte 2016. Einführung zum Tagungsband, in: ders. (Hg.): Einfach nur Schön? Automobilität und Museum. Stuttgarter Tage zur Automobil- und Unternehmensgeschichte 2016 (Technikdiskurse. Karlsruher Studien zur Technikgeschichte 13). Karlsruhe 2017, S. 3-24.

Gold, Helmut/Lüdtke, Hartwig: Technikmuseen, in: Bernhard Graf/Volker Rodekamp (Hg.): Museen zwischen Qualität und Relevanz. Denkschrift zur Lage der Museen. Berlin 2012, S. 367-379.

Graf, Bernhard u.a.: Museen als Orte der Wissensproduktion in historischer Perspektive, in: Bernhard Graf/Volker Rodekamp (Hg.): Museen zwischen Qualität und Relevanz. Denkschrift zur Lage der Museen. Berlin 2012, S. 103-114.

Griesser-Stermscheg, Martina: Tabu Depot. Das Museumsdepot in Geschichte und Gegenwart (Konservierungswissenschaft, Restaurierung, Technologie Band 10). Wien u.a. 2013.

Hahn, Hans Peter: Der Eigensinn der Dinge – Einleitung, in: ders.(Hg.): Vom Eigensinn der Dinge. Für eine neue Perspektive auf die Welt des Materiellen. Berlin 2015, S. 9-56.

Hashagen, Ulf u.a. (Hg.): Circa 1903. Artefakte in der Gründungszeit des Deutschen Museums (Abhandlungen und Berichte des Deutschen Museums, Neue Folge, Bd. 19). München 2003.

Haus der Geschichte: Sammlungskonzept. https://www.hdg.de/fileadmin/bilder/10-Sammlung/Sammlungskonzept-Stiftung-Haus-der-Geschichte.pdf, (acc. 22.4.2018).

Hauser, Walter: Auf dem Weg zu einem Public Understanding of Research. Das Zentrum Neue Technologien des Deutschen Museums in: Annette Noschka-Roos u.a. (Hg.): Mit Neuen Medien im Dialog mit den Besuchern? Grundlagen und Praxis am Beispiel des Zentrums Neue Technologien im Deutschen Museum. Berlin 2005, S. 9-20.

Haxthausen, Charles W.: Introduction, in: ders. (Hg.): The Two Art Histories. The Museum and the University. New Haven u.a. 2002.

Heering, Peter u.a.: Im Labor der Physikgeschichte. Zur Untersuchung historischer Experimentalpraxis. Oldenburg 2000.

Heßler, Martina: Die Gestalt der technischen Moderne. Forschungen im Schnittfeld von Design- und Technikgeschichte, NTM 16 (2008), S. 243-256.

Hochreiter, Walter: Vom Musentempel zum Lernort. Zur Sozialgeschichte deutscher Museen 1800 bis 1914. Darmstadt 1994.

Hoins, Katharina/Mallinckrodt, Felicitas von (Hg.): Macht – Wissen – Teilhabe. Sammlungsinstitutionen im 21. Jahrhundert. Bielefeld 2015.

ICOM Österreich (Hg.): Deakzession. Entsammeln. Ein Leitfaden zur Sammlungsqualifizierung durch Entsammeln. Wien 2016.

Isenbort, Gregor: Einschätzungen zur Entwicklung der europäischen Technikmuseen und ihrer Ausstellung, in: Rolf-Jürgen Gleitsmann-Topp (Hg.): Einfach nur schön? Automobilität und Museum. Stuttgarter Tage zur Automobil und Unternehmensgeschichte 2016 (Technikdiskurse. Karlsruher Studien zur Technikgeschichte 13). Karlsruhe 2017, S. 38-49.

Jardine, Nicholas: Sammlung, Wissenschaft, Kunstgeschichte, in: Anke te Heesen/Emma C. Spary (Hg.): Sammeln als Wissen. Das Sammeln und seine wissenschaftsgeschichtliche Bedeutung, 2. Auflage. Göttingen 2002, S. 199-220.

Jesberg, Paulgerd: Das Museum der Zukunft – Aufgabe, Bau, Einrichtung, Betrieb, in: Gerhard Bott (Hg): Das Museum der Zukunft. 43 Beiträge zur Diskussion über die Zukunft des Museums. Köln 1970, S. 138-156.

John, Hartmut: Museen neu denken. Perspektiven der Kulturvermittlung und Zielgruppenarbeit. Bielefeld 2008.

Kazeem-Kamiński, Belinda u.a.: Kuratieren als Antirassistische Praxis. Wien 2017.

Kingery, David W.: Learning from Things. Method and Theory of Material Culture Studies. Washington D.C. 1996.

Klösch, Christian: Inventarnummer 1938. Provenienzforschung am Technischen Museum Wien. Wien 2015.

Knoll, Martin: Nil sub sole novum oder neue Bodenhaftung? Der material turn und die Geschichtswissenschaft, in: Neue Politische Literatur 59 (2014), S. 191-207.

König, Wolfgang (Hg.): Technikgeschichte (Basistexte Geschichte 5). Stuttgart 2010.

König, Wolfgang, Geschichte der Konsumgesellschaft. Stuttgart 2000.

König, Wolfgang: Volkswagen, Volksempfänger, Volksgemeinschaft. „Volksprodukte“ im Dritten Reich: Vom Scheitern einer nationalsozialistischen Konsumgesellschaft. Paderborn 2004.

Korff, Gottfried: Museumsdinge. Deponieren – Exponieren, hg. Martina Eberspächer u.a., 2. Auflage. Köln u.a. 2002.

Krasny, Elke: Women's: Museum. Curatorial Politics in Feminism, Education, History, and Art = Frauen:Museum: Politiken des Kuratorischen in Feminismus, Bildung, Geschichte und Kunst. Wien 2013.

Lackner, Helmut u.a. (Hg.): Das Technische Museum Wien. Wien 2009.

Lackner, Helmut: Von der Geschichte der Technik zur Technikgeschichte. Die erste Hälfte des 20. Jahrhunderts, in: Wolfgang König/Helmuth Schneider (Hg.): Die technikhistorische Forschung in Deutschland von 1800 bis zur Gegenwart. Kassel 2007, S. 35-61.

Lackner, Helmut: Was sammeln und deponieren wir eigentlich, oder wie kommt der „Abfall" ins Museum? in: Stefan Oláh/Martina Griesser-Stermscheg (Hg.): Museumsdepots. Inside the Museums Storage. Mit Fotografien von Stefan Oláh. Salzburg 2014, S. 164-166.

Lackner, Nora: Von der Drehmaschine zum 3D-Drucker. Neue Ziele für die Sammlung Handwerk & Produktion des Deutschen Technikmuseums, in: Blätter für Technikgeschichte 78/79 (2016/2017), S. 161-175.

Lindqvist, Svante: An Olympic Stadium of Technology. Deutsches Museum and Sweden's Tekniska Museet, in: Brigitte Schroeder-Gudehus (Hg.): Industrial Society and its Museums 1890-1990. Reading 1993, S. 37-55.

Lubar, Steven/Kingery, David (Hg.): History from Things. Essays on Material Culture. Washington u.a. 1993.

Ludwig, David u.a. (Hg.): Das materielle Modell. Objektgeschichten aus der wissenschaftlichen Praxis. Paderborn 2014.

Macdonald, Sharon (Hg.): A Companion to Museum Studies. New York 2010.

Matschoß, Conrad: Einleitung, in: ders. (Hg.): Das Deutsche Museum. Geschichte, Aufgaben, Ziele. Berlin, München 1925, S. 1-6.

Matschoß, Conrad: Vorwort, Beiträge zur Geschichte der Technik und Industrie, in: Jahrbuch des Vereines Deutscher Ingenieure 1 (1909), S. I-VI.

Miller, Oskar von: Technische Museen als Stätten der Volksbildung, in: Deutsches Museum, Abhandlungen und Berichte 1,5 (1929), S. 1-27.

Mission nationale de sauvegarde du patrimoine scientifique et technique contemporain. http://www.patstec.fr/PSETT/ (acc. 22.04.2018).

Mom, Gijs: The Electric Vehicle. Technology and Expectations in the Automobile Age. Baltimore 2013.

Müller, Rita: Braucht unsere Gesellschaft noch Museen? Die Antworten der Technik- und Industriemuseen in einer digitalisierten und globalisierten Welt, in: Rolf-Jürgen Gleitsmann-Topp (Hg.): Einfach nur schön? Automobilität und Museum. Stuttgarter Tage zur Automobil und Unternehmensgeschichte 2016 (Technikdiskurse. Karlsruher Studien zur Technikgeschichte 13). Karlsruhe 2017, S. 25-38.

Museum von Meisterwerken der Naturwissenschaft und Technik: Satzung Allerhöchst genehmigt am 28. Dezember 1903. München 1904.

Museums Association (Hg.): Disposal Toolkit. Guidelines for Museums. London 2014.

Osietzki, Maria: Die Gründung des Deutschen Museums. Motive und Kontroversen, in: Kultur und Technik 1-2 (1984), S. 1-8.

Pearce, Susan (Hg.): Interpreting Objects and Collections. London/New York 1994.

Pearce, Susan (Hg.): Museums, Objects and Collections. A Cultural Study. Leicester 1992.

Pearce, Susan: On Collecting. An Investigation into Collecting in the European Tradition. London/New York 1995.

Rehberg, Karl Siegbert: Hort der Materialität in einer virtualisierten Welt. Überlegungen zu Chancen und Miseren einer kulturellen Erfolgsinstitution, in: Bernhard Graf/Volker Rodekamp (Hg.): Museen zwischen Qualität und Relevanz. Denkschrift zur Lage der Museen (Berliner Schriftenreihe zur Museumsforschung Band 30). Berlin 2012, S. 17-32.

Riverside Museum Glasgow: Presentations. The Best in Heritage. http://presentations.thebestinheritage.com/2013/Riverside%20Museum (acc. 8.2.2018).

Rodekamp, Volker (Hg.): Alle Welt im Museum? Museen in der pluralen Gesellschaft (Museumskunde 77,2). Berlin 2012.

Röther, Monika: The Sound of Distinction. Phonogeräte in der Bundesrepublik Deutschland (1957-1973). Eine Objektgeschichte. Marburg 2012.

Ruppert, Wolfgang (Hg.): Chiffren des Alltags. Erkundigungen zur Geschichte der industriellen Massenkultur. Marburg 1993.

Ruppert, Wolfgang (Hg.): Fahrrad, Auto, Fernsehschrank. Zur Kulturgeschichte der Alltagsdinge. Frankfurt am Main 1993.

Ruppert, Wolfgang (Hg.): Um 1968. Die Repräsentation der Dinge. Marburg 1998.

Samida, Stefanie u.a. (Hg.): Handbuch Materielle Kultur. Bedeutungen, Konzepte, Disziplinen. Stuttgart 2014.

Schmidt, Oliver: A Bulldog Travels around the World. Global Perspectives on the Tractor Production of Heinrich Lanz and John Deere in Mannheim, ca. 1921-1965, in: Nina Möllers/Bryan Dewalt (Hg.): Objects in Motion. Globalizing Technology (Artefacts. Studies in the History of Science and Technology 10). Washington D.C. 2016, S. 130-146.

Science Museum: Collection Development Strategy. https://group.sciencemuseum.org.uk/wp-content/uploads/2017/06/SMG-Collection-Development-Strategy.pdf.

Selheim, Claudia/Dippold, Christine: Welche Zukunft hat das Sammeln? Eine museale Grundaufgabe in der globalisierten Welt. Beiträge der 19. Arbeitstagung Sachkulturforschung und Museum in der Deutschen Gesellschaft für Volkskunde vom 26. bis 28. Januar 2011 im Germanischen Nationalmuseum. Nürnberg 2012.

Simon, Nina/Atkins, Jennifer Rae: The Participatory Museum. Santa Cruz 2011.

Skibo, James M./Schiffer, Michael B.: People and Things. A Behavioral Approach to Material Culture. New York 2008.

Staubermann, Klaus (Hg.): Reconstructions – Recreating Science and Technology of the Past. Edinburgh 2011.

Steininger, Fritz F.: Naturwissenschaftliche Forschungsmuseen im Spannungsfeld nationalen Auftrags und internationaler Forschung, in: Museumskunde 67,2 (2002), S. 122-129.

Sudrow, Anne: Der Schuh im Nationalsozialismus. Eine Produktgeschichte im deutsch-britisch-amerikanischen Vergleich. Göttingen 2010.

te Heesen, Anke: Theorien des Museums zur Einführung. Hamburg 2012.

Technisches Museum Wien (Hg.): Sammlungspolitik des TMW. Hausinternes Manuskript. Wien 2011.

Technisches Museum Wien: Online-Sammlung: http://www.technischesmuseum.at/online-sammlung/site/default.aspx (acc. 9.2.2018).

Technisches Museum Wien: Online-Sammlung Schienenoberbau. http://www.technischesmuseum.at/online-sammlung/site/default.aspx#/includes/viewBrowseMode.htm?mode=browse&exhibitionId=13823&parentExhibitionIds=13388 (acc. 9.2.2018).

Technischens Museum Wien, Archiv, BPA-009648 Statuten des Technischen Museums für Industrie und Gewerbe in Wien, Genehmigt mit Allerhöchster Entschließung vom 13. April 1909.

Technisches Museum Wien: Sammlungsstrategie: https://www.technischesmuseum.at/sammlungsstrategie (acc. 9.2.2018).

Technisches Museum Wien: Über den Online-Katalog: https://www.technischesmuseum.at/ueber-den-online-katalog, (acc. 9.2.2018).

Thamer, Hans-Ulrich: Das „zweite Museumszeitalter". Zur Geschichte der Museen seit den 1970er Jahren, in: Bernhard Graf/Volker Rodekamp (Hg.): Museen zwischen Qualität und Relevanz. Denkschrift zur Lage der Museen (Berliner Schriftenreihe zur Museumsforschung Band 30). Berlin 2012, S. 33-43.

Thiemeyer, Thomas: Das Depot als Versprechen. Warum unsere Museen die Lagerräume ihrer Dinge wiederentdecken. Köln u.a. 2018.

Trischler, Helmuth: Das Forschungsmuseum – Ein Essay über die Position und Bedeutung forschungsorientierter Museen in der Wissensgesellschaft, in: Stefan Brüggerhoff u.a.(Hg.): Montan- und Industriegeschichte. Dokumentation und Forschung. Industriearchäologie und Museum. Festschrift für Rainer Slotta zum 60. Geburtstag. Paderborn u.a. 2006, S. 587-604.

Trischler, Helmuth: Das Technikmuseum im langen 19. Jahrhundert. Genese, Sammlungskultur und Problemlagen der Wissenskommunikation, in: Bernhard Graf/Hanno Möbius (Hg.): Zur Geschichte der Museen im 19. Jahrhundert, 1789-1918 (Berliner Schriften zur Museumskunde 22). Berlin 2006, S. 81-92.

Trischler, Helmuth/Zeilinger, Stefan (Hg.): Tackling Transport (Artefacts Series: Studies in the History of Science and Technology 3). London 2003.

Verkehrshaus der Schweiz: Autotheater. https://www.verkehrshaus.ch/de/museum/strassenverkehr/autotheater (acc. 8.2.2018).

VolkswagenStiftung: Unsere Förderung. Unser Förderangebot Forschung in Museen. https://www.volkswagenstiftung.de/unsere-foerderung/unser-foerderangebot-im-ueberblick/forschung-in-museen.html (acc. 8.2.2018).

Walz, Markus (Hg.): Handbuch Museum: Geschichte, Aufgaben, Perspektiven. Stuttgart 2016.

Weber, Heike: Das Versprechen mobiler Freiheit. Zur Kultur- und Technikgeschichte von Kofferradio, Walkman und Handy. Bielefeld 2008.

Weber, Wolfhard/Engelskirchen, Lutz: Streit um die Technikgeschichte in Deutschland 1945-1975 (Cottbuser Studien zur Geschichte von Technik, Arbeit und Umwelt 15). Münster 2000.

Wegener, Dietrich: Forschung an Museen. Beobachtungen bei der Evaluation der Blauen Liste (WGL), in: Museumskunde 67,2 (2002), S. 112-116.

Wengenroth, Ulrich: Ballast und Flügel. 25 Jahre gemeinsames Bemühen um die Technikgeschichte. Zum 25jährigen Bestehen der Gesellschaft für Technikgeschichte, Vortrag am 30.4.2016. https://www.fggt.edu.tum.de/fileadmin/tueds01/www/Wengenroth-offen/Wengenroth_GTG_Vortrag_2016.pdf (acc. 7.2.2018).

Wilhelm, Wenke: Heute für die Ausstellungen von morgen sammeln. Die Suche nach einem historischen Blick auf die Gegenwart am Beispiel eines zeitgeschichtlichen Ausstellungsthemas, in: Blätter für Technikgeschichte 78/79 (2016/2017), S. 177-189.

Xylander, Willy: Sammlung oder Ansammlung – Forschung als tragende Säule der Museumsarbeit, in: Das Museum als Ort des Wissens. Bodenseesymposium. Bericht über ein internationales Symposium vom 22., 23. und 24. Juni 2006 in Schaffhausen, Zürich 2008, S. 37-49.

Zentrum für Interdisziplinäre Frauen- und Geschlechterforschung: Gender; Technik; Museum. Strategien für eine geschlechtergerechte Museumspraxis, hg. von Daniela Döring und Hannah Fitsch. TU Berlin 2016.